長岡亮介
はじめての線型代数

長岡亮介 著

東京図書

はじめに

線型代数を名に冠する書籍の数は膨大である．著者自身も，線型代数に関して，有限次元の話題に限られているとはいえ，教科書にありがちな，他書に書かれていない事項まですべて拾いあげるという完全主義（現実には網羅主義）とは反対に，「最小限これだけでもしっかり理解していれば」という厳選した必須主題に焦点を当て，その先は読者が自分の必要性と興味でいくらでも進んで行けるように，という願いを込めてまとめた，『線型代数入門講義』を上梓している．

といっても，これは，高度化した情報通信技術を使って高品質の高等教育を国民に公平に届けるという 20 世紀末に大きな国際潮流となっていた高邁な生涯教育の理念に共鳴して，一時期奉職していた放送大学を，生涯教育とは，余暇の有効活用で終わるべきではないという考えがあって退職した後に，「放送授業」で使っていた「印刷教材」を再利用したものに過ぎない．まさに，当時の放送大学の理想として掲げられていた 21 世紀の知識基盤社会に向けて「生涯に渡って真剣に学び続ける」という《本当の意味での学ぶ力》を築く《学理的世界への招待状の数学版》であり，著者としては独学者に向けた「世界で一番読者に優しい独学可能な線型代数の入門書」のつもりであったが，放送大学時代の分厚い 2 冊を強引に 1 冊にまとめるという元々の無理もあり，編集者が，その無理の調整に努力をしてくれたが，全体のバランスを考えると関係者すべてが満足できるものでは必ずしもなかった．ジョルダンの標準型や線型微分方程式までを複数の章にわたって取り上げたことにも無理はあった．

それでもこの風変わりな本を教科書・参考書として採用して下さっていた大学の先生方，数理科学系の学生諸君には感謝とともに，教科書の過不足を補うために必須であったに違いない数学にかける並々ならない情熱と工夫の努力に，深く敬意を表したい．

しかし，他方で，これを使って勉強している学生諸君の間には「厚すぎて読み切れない」という声もあったに違いない．このような読者の《声なき声》を，前任編集者に代って遅筆の筆者を担当した，筆者の 4 半世紀近くの後輩に当たる，東京図書の若い，といっても困難な仕事を誠実に積み重ねていらっしゃる，もういまは立派な編集者である清水剛氏が，勇気（蛮勇？）をもって代弁し，その際，「現代数学を勉強してみたいという，いまも存在しているやる気のある読者が少しその気になれば，読み切れて線型代数の全体像を把握できる，もう少し手軽に手にとれる入門的理論書が欲しい」という，老齢のいまも，緊急の課題をいろいろと抱えている筆者には「無理にして無茶！」という回答が待っているに決まっている要望を出してきたのである．

その後粘り強い長きに渡る説得期間があったが，その間に，筆者に対する「殺し文句」が二つあった．その一つを紹介したい．

それは，「現在の世の中には多くの線型代数の書籍があるように見える．しかし，わかりやすさを謳うものは，基本的に『出題される問題をどのように解くか』という，良くいえば，かつてなら演習書と分類された本，しかし現代では，『大学の講義がさっぱりわからないが，単位だけはもらいたい』という《現代の市場ニーズ》に呼応するハウツーものばかりなので，いまの若者でも気楽に読める理論書が必要ではないか．主要な大学の学生までが，『いかにして単位をとるか』という風潮に支配されつつあることに対して，書籍の著者としてできることがあるのではないか」という趣旨の台詞であった．

確かに，もしそうなら大変なことである！

わずかな印税のために数学者・教育者としての魂を売り渡す，情けない著者が存在するのは末世の特徴であろう．

考えてみれば，数学の学習において，本来，問題演習（数学科では単に「演習」と略されることが多い）は極めて重要な役割を果たすものである．演習を通じてこそ，講義や独習を通じてわかったつもりでいた知識の本当の理解が試され，達成されるからである．だから，問題演習は，この本当に深い理解を達成するための重要な手段である．しかし決して目的ではない．言い換えれば，難しい問題が解けるのは深い理解の結果であり，「理解はさておき単位がとれる試験対策の勉強」のような，いかがわしい風潮を容認して良いわけはなく，ましてその風潮に数学者が率先して乗るようでははしたない．

おそらくは，高校以下の数学教育がそうであるように，数学における《理解の意味》がまったく理解されず，「過去問」の「解法」を《真似》て解答らしきものを再現することが学習の最終目標であると信じ込まされている現代のわが国の青年の状況は，「経済復興に成功」した戦後のわが国特有の《教育の崩壊》の象徴である．大衆化の進んだ中等教育までに染み付いた学習習慣から，大学生になって以降も，自らを解放できないのは，高校までの「教育」が《刷り込み》となって働いているからであり，それは哀しいほどの低俗化に走った中等教育の責任であるというだけでなく，そのような幼稚な学習スタイルから《解放》し《一人前の大人》にすることに成功できない，名ばかりの「高等教育」の限界でもある．

普段からそのように考えていた著者としては，現状にこまねき嘆くばかりでは現状を打破する解決には結び付かないし，いわんや現状に阿(おもね)るようでは話にならないという意見にもちろん賛同せざるを得ない人間の一人である．

そこで，半世紀以上前の決心を思い出し，文字通り，老骨に鞭打って，現代数学の理解への意欲はあるが数学的な準備が十分に整っていない人々のために，一般には《線型代数》という大学初年級で学ぶ素材を利用しながら，《現代数学》の原点にある《思想》と《発想》の目くるめく展開を，短編中編小説の読破に取り組むわくわく感をもって体感的に理解してもらえるように，書籍で俯瞰する全体範囲を最初から小さく構えなおして現代数学への《短編的中編》を書き上げるという大決心をしたのである．

老齢の著者がこの企画を受けた契機となった，編集者のもう一つの殺し文句についてはいずれ別の機会にしてここでは省こう．

その結果，以前の『線型代数入門講義』と比較してすら，取り上げていない説明項目はたくさん増えた．目指したのは，長い物語の筋道だけを要約した「線型代数のダイジェスト」ではなく，感動に残る壮大な『フーガの技法』のように主題の展開を印象づける《本質的主題の反復的提示》である．いつの日か読者が時間を見つけたときにもう一度より本格的な本に挑戦してみようと思ってくれるような学理的世界への誘いである．だから，話の転回点／展開点では，全体のストーリの中での位置がはっきりと見えるように記述するようにしたのは従来本の通りであるが，本書では記述の順序を通常の線型代数のような「行列」からはじめる代わりに多くの読者が不思議に感じているであろう高次元の量からはじめた．また重要な項目は敢えて数学書では許されない反復を恐れず叙述した．

本書では，特に次の点に注意した．多くの本書の読者にとっては，本書が現代数学との最初の出会いの場であるに違いないことを考慮して，単に線型代数という「現代数学の基礎分野の一つ」の小さな技法的理解を目標とするのではなく，線型代数を現代数学の特徴的な分野として際立たせて叙述することにより，現代数学という歴史上稀有というべき思想的な方法論的革命の体験の場を提供することを願って書いたことである．言い換えると，「汗と涙なしに読める線型代数への基礎的な入門書」でも「数学の実践ユーザのための，いまさら聞けない線型代数の極意のポイント」のようなものでもなく，「数学音痴の自認を強いられている《数多くの隠れ数学ファンのための》線型代数を素材とした《現代数学という名の現代思想への誘（いざな）い》」を目指したということである．

また，数学書にありがちな，著者の好みによる簡潔さを重視して読者に不親切な，意味の分からない形式的な叙述に陥らないことにも注意を払った．具体的には，数学書のもっとも基本的な要素である定義，定理の記述に際して，その《背後にある数学的に重要なことがらの存在への気付き》が，数学書の読解という特有な思索のために重要な要素であるとして伏せておかれて来た古き良き時代の伝統を敢えて翻し，理解の妨げになり兼ねない《暗黙の前提の明示化》を通じて初学者にも《数学書を楽しめるコツ》を伝えたいと願った．結果として叙述が饒舌とか露骨であるという誹（そし）りを受ける覚悟をした．

さらに，確立された伝統となっている数学書の記述のスタイルについても学習の効能を考慮して大胆な変更を行なった．本書におけるもっとも重要な提案の一つは，学習者に負担ばかりが大きく実際の理解に結び付いていない定理の「厳密な証明」や，今後の理解の発展のためについでについ触れておきたいと教師や著者が思いがちな数学的話題のための数学的話題，つまり現代の線型代数の理解には必須でない話題をごっそり省いたことである．行列の積の結合則の証明のような重要な事項ですら，具体的な計算例での検算に止めたり，掃き出し法に関する説明の目標をアルゴリズムの理解に変更したり，置換を利用して行なう行列式の定義を捨て，掃き出し法という実用的な計算に直結する交代性，多重線型性を基礎にしたベクトル変数実数値関数という現代的定義だけに定義を絞ったこと，などなどである．これらを通じて，中学高校の数学との決定的な違いを鮮明化することができ，現代数学の考え方という線型代数を理解する上で重要な思想を，少しでも身近に感じてもらえたら，著者の企図が単なる乱暴狼藉ではないと暖かく理解してもらえるだろう．

本書には，この結果，数学的叙述としての論理的不完全性はいくらでもあるが，その不名誉は，完全で厳密な叙述は国内外に存在する他の線型代数の好著への接近の数学的動機づけになるという望外の名誉で帳消しにできると判断した．意欲ある学習者から線型代数の理解の喜びを奪うことこそ，本書でもっとも警戒した点である．

ただし，これらが本書の書名『はじめての線型代数』に込められた意味ではない．筆者は従来多くの書籍を上梓して来たが，書名は編集者の専権事項としてきた．これは本書でも同じである．

以上の意味で，本書は線型代数の「新しい学び方」を提案するものにはなっているが，それが読者や，大学の初年級の学生に数学を講義する先生方に歓迎してもらえるかどうか，まったく分からない．しかしながら，本書が，現代数学という現代科学の必携の基礎であり，近年は Big Data に基づく尤もらしい判断を導く数理的な応用分野へのアプローチに不可欠の道具となっている線型代数の基本概念の理解に進もうとする人々に，その理解に向けた粘り強い思索への勇気を応援するものとなって欲しいと願っている．

約半世紀前の大決心を思い出しながら

2023 年 1 月 18 日

長岡 亮介

ここまでは，大決心のおかげで原稿の本体は1年前に書きあげたのに，近年は，原稿執筆を視力の低下からPC入力に頼っているためにその結果を推敲するのに予想以上に時間がかかり，編集者に渡すのに，約1年を要してしまったことを本書を待っていて下さったすべての 関係者に深くお詫びしたい.

なお，図版の作成にあたっては，主として LaTeX に相性の良い Ti*k*Z を利用する予定でいたが，実際の制作にあたっては，新妻翔氏，川久保圭吾氏の献身的な協力を得た．両氏に深く感謝したい.

2023年10月21日

長岡 亮介

目　次

第10章　高次元空間の中でも意外に難しい3次元空間　219

◆装幀　今垣知沙子

第0章

線型代数への最初の一歩
——ベクトルという概念の現代的な起源

0.1　ベクトルという考え方の多面性と多様性

数学の概念は，文字で書かれたいわゆる歴史 history 以上に古い起源をもっている．実際，動物の骨に彫られた規則的な傷跡の文様，石器時代に巨石で作られた不思議な人工的構造物，洞窟の壁に繊細に描かれた動物の生き生きとした絵画——これらは，数学的な営為の記録である．おそらくは日数などを数え上げるための《数》という概念，容易には動かない巨石を通じて精密に記録して再利用する《方角》(あるいは直線の向き）という概念，自然界に生きる動物の一瞬の姿を切り取って 2 次元的な壁に記録するという《射影》という変換の手法など，極めて素朴なレベルの，しかし《確かな数学的理解》が，文化や歴史の前提となる《文字の発明》よりも遥かに先行して達成されていたことを物語っているといえよう．文字をもつよりも先に人類は数学的手法を獲得していた！

このような古い起源をもつ数学に比べると，本書で解説を展開しようとしているベクトル vector という数学的な概念と，それを取り巻く**線型代数** linear algebra という理論は，現代数学に接近した主題である．古代〜近世初期までの古典的話題が中心を占める学校数学（school methematics）にあっては，例外的ですらある．数学的にも，多くの代数系の重要性がわかったかなり後になって，線型代数という代数系の，数学すら超えた，現代文明に普遍的な理論的意義が明らかになるからである．一般相対性理論と並んで現代物理学の出発点となった量子力学の理論的基礎付けは最も典型的な一例であろう．

ベクトルの概念のユニークな点は，その概念のもつ《多面性》に由来する応用範囲の《多様性》にある．この多面性と多様性のために，「ベクトルとは何か」というもっとも基礎的な問題に対して，一般的かつ厳密に答えようとすると，それだけでひどく抽象的でわかりにくいものになり，他方，取りあえず重要で身近な応用を視野において具体的にわかりやすく答えようとすると，応用の効かない狭過ぎる理念化という高い代償を支払わなければならない．

そこで本書では，線型代数という現代数学への入門的話題を，その考え方が現代の数理系諸科学，とりわけデータサイエンスをはじめとする情報科学の応用技術で不可欠の前提となっている現状に配慮して，急所だけを丁寧に，というスタイルで叙述を進めて行きたいと思う．反対に数学的な理論としての厳密な体系性はあまり気にしない．日常生活の近くにある具体的な応用例を念頭におきつつ，しかし将来の多様な応用を視野に入れて，このスタイルは本書全体を通じて一貫させるつもりであるが，とりわけ本章ではそれを明瞭に打ち出したい．

まず最初に，本書でいうベクトルとは何か，これを一言で言えば，

多次元の量

である．もう少し言い換えると，「1 次元の直線」，「2 次元の平面」，「3 次元の立体」という，次元ごとに異なる**制約的なアプローチ**を一気に跳び越えて，さらに高次元の量に至るまで，さまざまな**次元の量を統一的にとらえる数学的な考え方**ということになろう．しかし，これだけの説明ではわかった気になれまい．これを理解するために，まず従来の理解の限界，あるいは理解したと思っていた誤解について明確化することは重要であろう．

■ 0.2　次元の概念

多くの人が引っかかっているのが，「次元」という概念であろう．「直線のような 1 次元，そして平面のような 2 次元，そして空間のような 3 次元」という基本的な区別を知っている人は多い．その結果であろうか，私達の住んでいる現実世界は，3 次元の空間であると固く信じられている．中に

は時間という第4の次元を加えて宇宙は時空4次元であるという少し昔の現代的な物理空間の話を耳にしている人も多くいるかもしれない．

「4次元」という言葉を聞くだけで身構えてしまう人がいるかもしれないがその必要はない．有限の広がりでないと図にできないので，1次元の線分，2次元の正方形，3次元の立方体の《絵》を描くと次のようになる．

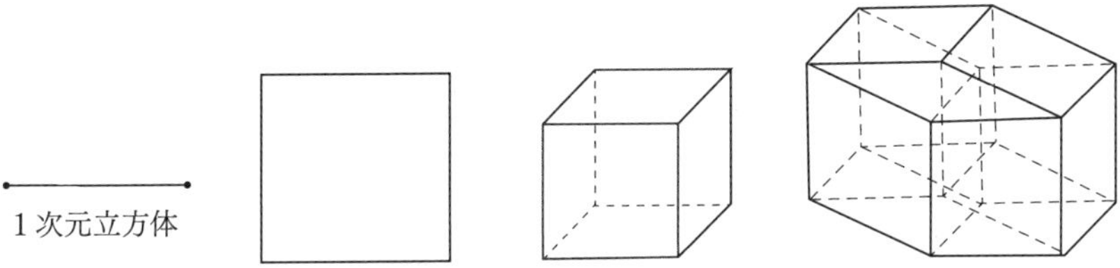

1次元立方体　2次元立方体　3次元立方体　4次元立方体

これら次元ごとに異なる表現の違いを敢えて乗り越えて，「1次元立方体」，「2次元立方体」，「3次元立方体」と呼ぶことにすれば，それぞれの頂点が

$(0), (1)$

$(0,0), (1,0), (0,1), (1,1)$

$(0,0,0), (1,0,0), (0,1,0), (1,1,0), (0,0,1), (1,0,1), (0,1,1), (1,1,1)$

のように，既にある下位の次元の立方体の座標に，その次の座標として，0または1を書き加えるという操作をしているだけであるから，4次元の立方体は，$(0,0,0,0)$, $(1,0,0,0)$, $(0,1,0,0)$, $(1,1,0,0)$, $(0,0,1,0)$, $(1,0,1,0)$, $(0,1,1,0)$, $(1,1,1,0)$, $(0,0,0,1)$, $(1,0,0,1)$, $(0,1,0,1)$, $(1,1,0,1)$, $(0,0,1,1)$, $(1,0,1,1)$, $(0,1,1,1)$, $(1,1,1,1)$ という16個の頂点をもつことが分かる．

1次元→2次元→3次元 のとき，各次元の立方体が1つ上の次元の立方体に移るときは，

元の立方体と「直交」する方向に単位長（長さ1）だけ移動する

という運動があることを思えば，あまり知られていない3次元→4次元の際（前ページ，4つめの図）も同じように直交する方向に1移動しているだけである．

「図ではそうなっていない」と主張する人がいるかもしれないが，そういう素朴な疑問に対しては，すでに3次元の立方体を描いたときにも少なくとも図では直交性が保たれていないことに注意したい．紙という2次元世界に描く以上，3次元以上は，より低い次元に《射影》して描くために元の図形と比べて《歪んだ絵》になる．3次元の立体図形の場合は，我々は，この見た目の歪みを補正する訓練，いわば2次元の図形を3次元の図形として見る訓練を学習を通じて積むことで無意識にこの補正をしているに過ぎない．

歪みを補正して元の図形を復元するには，多くの人が立体感覚と呼ぶこの数学的／絵画的な補正力の鍛錬を積み，画家としての職人的な修行あるいは形而上学的な哲学的思索の訓練に似て，他の補正があり得ないと自然に感じてしまうほど慣れ切ることが重要である．

実際，次図は，どれも基本的には「同じ図形」であるが，それぞれ

　　手前に出っぱった立方体として

　　奥にへこんだ立方体型の屋根と壁として

　　単なる平面図形として

と見えるように些細な細工をいれたものである．しかし，もっとも単純な歪みのない見え方である最後が一番見えにくいのではないだろうか．

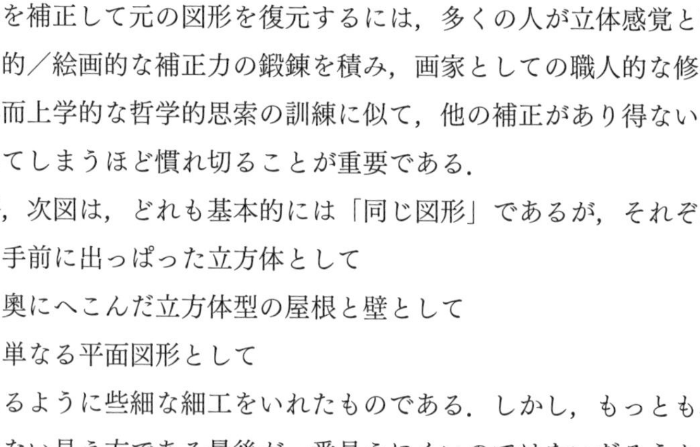

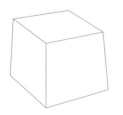

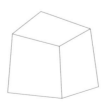

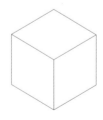

3 次元の世界に実現された 4 次元立方体も，歪みを補正して見る訓練を長く積めば，4 次元立方体も「正しく」見えるようになるに違いない．

しかし本書で話題としようとしているのは，このような 4 次元をも易々と超える高次元空間の量である．そして，高次元の世界を把握するには，私達の生得的な身体感覚は，十分な訓練を受け入れる能力すらもっていない．「次元」という言葉ですら，わからないまま使っていたに過ぎないと認めることから再出発しなければならない．

0.3　身近に存在する分かりやすい高次の量

例えば，私達が携帯電話などで日常的に管理している電話番号や住所の情報，少し大袈裟に一般化していえば「人脈データ」には，各個人に属する固有の情報として，氏名，電話番号，住所，email のアドレス，ときには生年月日の情報までが入っているであろう．これらを

（氏名，電話番号，住所，email address，生年月日）

のように横一列に並べて書けば，「座標が 5 個ある」という意味で 5 次元のデータということになる．

もし氏名を姓と名前に分けたり，職場名やその連絡先も管理するとなれば次元はさらに高くなる．健康管理の情報としては，血液型や持病，または日本では個人の同定に使われる運転免許証番号や健康保険証番号なども必要になるかも知れない．

パンデミックが日常化する一方，健康保険制度の合理的な運用を迫られる時代には，医療記録（単なる病歴や生体検査のデータだけでなく治療，投薬の全記録）という《個人情報》の管理は従来と比較にならないほど重要性を増すであろう．最近導入を急いで莫大な経費をばらまきながら致命的な大失態を演ずることになった*わが国のマイナンバーカードも，背景にはこのような緊急性があるに違いないのである．

* 2023 年度にあった漫画のような大スキャンダル．その背景にあるのは，功を焦って数学的熟慮を欠いたことに過ぎない．

このように考えると，「個人データ」ですら極めて「高次元の量」になることがわかるであろう．金融機関であれば，貸し付けの信頼性をチェックするために，さらに預貯金や所有する不動産の評価の情報も必要になるかも知れない．こうして個人情報の次元はさらに上がる．

ついでのことながら，個人の情報がこのように豊かになると，情報の漏洩や不正利用，そして改竄の危険性が深刻な問題となる．これを防ぐための技術的な方法はいろいろあるが，管理するのが最終的に人間であることに由来する《絶対的な脆弱性》という，コンピュータの暗号の複雑化では解決できない，軽視しがたい深刻な問題が残ることにも一言触れておきたい．筆者自身は，PGP/GPG の熱烈な愛好家の一人であるが，この秘密鍵を Internet 上で分散生成する Block Chain のような優れた発想もこのリスクから完全に自由であるとは思えない．

■ 0.4　基本データベースの「レコード」と「フィールド」の概念

コンピュータの世界では，各個人に所属する，分節化の進んだ情報などを全体として一つにまとめたものをレコード record といい，各レコードに記録されるべきこの細々とした情報のことをフィールド field ということがある．各レコードの全フィールドを縦横の2次元的に並べるスプレッドシート（Spread Sheet，日本では「表計算ソフト」）と呼ばれるコンピュータ・ツールは，この最も基本的な情報管理のアイディアに沿ったものである．そのような簡易なツールで管理する情報ですら，管理される情報は，前節で述べたように高次元に及ぶわけである．

このように長方形状に並ぶデータが線型代数で学ぶ**行列** matrix の現代的な原型の一つである．横一列に並ぶ各 record の各々の field 情報をまとめたものが**行ベクトル** row vector，他方，field ごとに縦一列に並ぶ 各々の record の情報が**列ベクトル** column vector と呼ばれるものの原型の一つであると考えると，行列，ベクトルという言葉も少し身近に感じられるであろう．スプレッドシートや座標空間に慣れた人になら，ベクトルは，セ

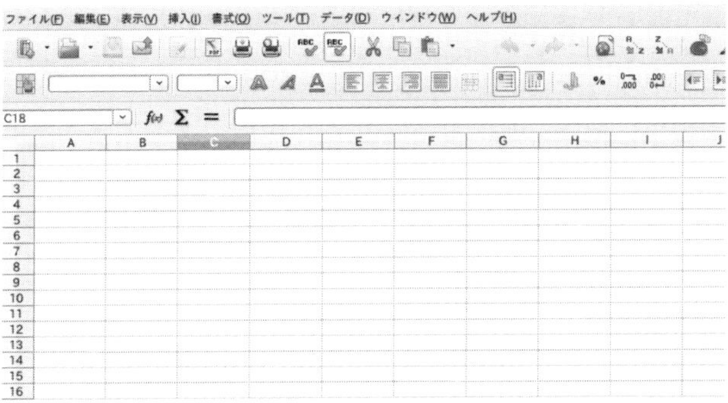

スプレッドシートの例

ルないし座標を抽象化したものに過ぎないといってもよい.

0.5　数値データと非数値データ

ところで，このような情報では，行列の升目に入るのが固有名詞や年月日であって，通常の座標のような数値でないではないかという反論がありそうである.

確かに数学的な実数ではないが，生年月日は例えば，1900 年 1 月 1 日からの経過日数を計算すれば，27393 のようなごく平凡な整数で表現でき，通常はしていないが，出生時刻も，この整数に続く 24 進の時間，60 進の分，秒をそれぞれ十進に換算して小数点以下の数として秒単位で付け足せば精度の高い有理数になる．氏名も，各文字をコンピュータ上の 4bytes=32 bits の文字コード（Unicode）を数と読み換えれば，4294967296 のような平凡な十進の整数と見なせる．2 文字以上の氏名ならば，このような数を小数点で区切って繋げればよい．通常 2 文字程度の姓はかくして 10 桁程度の整数に 10 桁程度の小数部分がついた有理数となる.

物理学をはじめとする実数を前提とする近・現代の自然科学においてすら，これほど精密な値は通常ほとんど登場しないといって良いくらいの精度である.

本来は数と無縁なデータであっても，このように何らかの《符号化の約束》に従ってディジタル化すれば，まるで「数学的な数」のように表現できる．これがコンピュータ（＝計算機）を使って，数とは無縁に見える映像や音声の解析，修復，加工などの処理が可能であることの根拠である．

0.6　業務管理は，行列やベクトルという現代数学的世界

情報というとこのような個人情報が身近であるが，今日では産業界において情報管理が重要な役割を果たしている．例えば自動車産業の場合，パーツと呼ばれる数多くの部品を下請けと呼ばれる外部企業から調達してきて，それらを組み立てて自社製品として仕上げる（アセンブル assemble）のが生産業務の中心である．このような企業では，assemble するための膨大な数のパーツの在庫をもっとも合理的に管理するためには，大量のパーツごとの在庫データの日々の変化を，

- 生産に遅滞が生じないように

しかし，

- 使わない不良在庫を抱える非効率に悩まされることがないよう

管理しなければならない．数万個（数十万個？）以上にも及ぶであろうパーツごとに発注日，発注先，発注数，納品日，納入数，在庫数を管理するとなれば，それが気が遠くなるほど膨大な数の record についての高次元の field となることがすぐに想像できるだろう．部品調達のいわゆる購買システムは，製造業では企業の生命線と言ってよいほど重要なものである．

もちろん製造業にとっても，製造以上に売り上げが重要であり，そのためには，需要の予想も重要である．いかなる車種のどのモデルのどの色が，北海道から沖縄までの各地方で何台，売れるか，これも法外な次元のデータである．当然，製品の出荷に関しても，地方ごとにいかなる車が何台であるか，配送を管理することも同じように膨大な次元のデータを考える必要がある．

そして，さらに一般の人にも身近なところにあるのは，現代人の生活に欠かすことのできないコンビニエンスストアなどの小規模店舗であろう．

そこでは，

- 顧客に売れる商品を
- 過不足なく仕入れ
- それらをできるだけ完全に売り切る

のが，利益を出すための基本であるから，どんな商品をどれだけ仕入れ，残りをいつ処分し，また売上結果に応じて翌日以降の仕入れ計画を立てなければならない．そういう決断を，小売店の店主の采配だけで決めるとなると，店主の負担やリスクは小さくない．このような商品の納入，陳列，広告などを数学的な合理性をもって自動化する上で，先に述べた数学の行列，ベクトルという考え方が不可欠のものになっている．

このような商品管理は，最近では大袈裟に人工知能（AI）と呼ばれるコンピュータ上の計算処理に基づいて行なわれているという．ただし，「知能」といっても，本当に人間的な知能で判断しているわけではない．過去の膨大なデータに基づいて，最尤(ゆう)値（一番ありそうな値）を計算して割り出し，それを産業の担当者あるいはコンビニエンスストアの店主に提供するように今はなってきている，というだけのことである．

0.7　なぜ，数学では身近な世界から出発しないのか？

そういう意味で，多次元の量といっても，実は決して縁遠いどころか，とても身近な存在であるということである．

このような多次元の量を理解するために，それが「何に役立つか」という実用的な関心を離れ，《そもそも次元とは何か》というような抽象的な発想で議論を精密に組み立て行くのが現代の線型代数を含む数学の立場である．

抽象的な発想といっても理論の組み立てスタイルや議論の出発点の取り方はいろいろある．本書では，20 世紀初頭から一般的に採用されている，《論理的な厳密性》，《記述の簡潔性》といった，著者の都合を優先した，しかし結果として，初学者にはそれぞれが何のためなのか，その意味のわからない，天下り的，形式的に構成された理論をコツコツと学ぶ《数学的行者》の道を読者に強制することはできるだけ避けることにした．そして読者が，多少大雑把でも良いので，線型代数で行なわれる話題が何であるか，その一番大切な基礎を理解することを最優先したいと思った．

基礎となる考え方さえ理解することができたならば，それを様々なものに応用することができるようになるのは，水が高きから低きに流れるように自然である．「基礎と応用」と対立的にいわれることが多い「基礎」と「応用」であるが，実は基礎こそが応用の出発点であり，かつ弾力的な応用のための土台なのである．基礎なくては，豊かな応用はあり得ない．これを心に留めて，以下，第1章から読み進めていただきたい．

Question 1

私達が壁に絵を描くとき，既に3次元と思われている現実の世界を平面という2次元の世界に射影しているという指摘にははっとしましたが，それなら空間的世界をそのまま再現しようとしている彫刻は絵画より抽象性が少なく現実世界に接近していて分かりやすいように思うのですが，私自身は，近現代彫刻よりは，近現代絵画の方になんとなく親近感を覚えます．それは，次元を超えようとする芸術家の衝動が強く伝わるからか，と考えたのですが，いかがでしょう．数学的な質問でなくてすみません．

【Answer 1】

数学は，すべてを根源的に，しかも，なにものにもとらわれずにひたすら論理的に思索することを目指すものですからそのままでは数学的に十分でないとは思いますが，十分に数学的に深い発問に昇華し得るご質問だと思います．

さて，「私達の現実の空間」と人々が信じている3次元空間が，本当に現実の空間かどうかは分かりません．実際，ラスコー洞窟の「壁画」は，単に3次元の図柄を射影したものでなく，生き生きとした緊張感の中で動く動物の絵であることを思えば，石器時代の「画家」たちが目指していたのは，動物の生命活動を描いているように私には見え，彼らの「空間」がもっと高次元であったのではないかとさえ思います．彫刻が急激な発達を遂げるのは，大理石など硬い高価な石材以外の材料が使えるようになったのがごく最近であるため，近現代絵画と比べても，近現代彫刻は歴史が短いので気楽に比較することは難しいと思いますが，遥かに古代のものが残っているという点では，彫刻は絵画とは決定的に違う歴史と伝統があります．何度でも塗りなおせる絵画と一度削ったら元には戻せない彫刻の違いも重要でしょう．現代彫刻の歴史の短さを補うには，長い歴史を背負いながら日々現代的に進化している陶磁器の世界を考慮してはいかがでしょう．姿，形，質感という具象性を伴いながら抽象的な美の世界を追求しているという意味で，陶磁器は彫刻に劣らない立体美の世界です．

抽象性が高いから，高尚であるとか，現代的であるとかでなく，具象的世界に立脚しながら，まだ多くの人が気付いていない深くに潜む美と真実の世界の開拓を目標としているという意味では，絵画，彫刻，陶芸，音楽，舞踊，書，$\cdots$，は，それぞれの分野の違いを超えて，数学にとても良く似ていると思います．

どうか，芸術に触れるときの《緊張感》と《愉しさ》をもって数学にも接して下さい．

Question 2

私は，商品管理という業務に関わって来た人間ですが，この章を読んで，私の長年の仕事が数学的に整理するとこんなに単純化されてしまうことに大きな感動と大いなる讃歎と，そして少々の落胆を感じています．

特に若い頃は，業務全体を見渡すことなく，その場その場でOA化＝合理化という業務に携わって来た私の立場で考えると，もし若い頃からこのように高等数学をきちんと学んで来たなら，私の人生の時間をもっと有効に活用できたといって良いのでしょうか．

【Answer 2】

システム作りのお仕事に生涯を捧げて来た方なら，いまさらいわれても，という気分もあるでしょうね．しかし，今日のように膨大なデータを再利用できる形で管理することなどちょっと前までは夢でした．コンピュータの性能の向上とそれに伴って可能になった多様な開発ツールなどソフトウエアの発達がなければ，数学の力だけではどうしようもありませんでした．

蒸気機関の導いた産業革命以上に社会に大きな変化をもたらしたのは，内燃機関の開発と電力機器の発達でありました．蒸気機関が可能にした工業，紡績・紡織産業，鉄道・船舶輸送の範囲を遥かに超えて，農業，林業，水産業，自動車・航空産業，そして軍事産業にまで機械化・自動化が進み，人間は古典的な意味での「労働」というエデンの園からの追放以来の奴隷的《苦役》から自らを解放する一方，もっとも非人間的な戦争は一気に悲惨化しました．

さらに電気電子技術の発達は，金融業，流通業も含め社会全体に大きな変革をもたらしました．それは事務仕事からも人を「解放」したからです．この革命は，人々を，労働の苦役からだけでなく労働の喜びからも「解放」してしまい，人々は余暇の愉しみや人間的コミュニケーションすら仮想世界との区別の難しい空虚な現実の中に求める傾向に進んで走っています．そして，いまや，生きがいというもっとも基盤的な人間の生存理由の危機すら叫ばれる状況が生まれています．

この革命はさらに加速しながら新しい価値を求めて今後も続いていくでしょう．その革命を支えているのが数学であることに，日本では数少ないながら，あなたは気付きはじめたということです．国際的には日本の遅れは現実ですが，しかしまだ決して遅すぎはしません．是非，数学的な思索を強みとして，同世代の人を鼓舞し，今後一層進行する巨大な社会変革の波を，創造的で思索的な人間的生活の生きがいを回復し人間的生命を充実する方向に進めることに，あなたの力を発揮して下さい．

従来からの日本的やり方に拘ることの無意味を知っているあなたは，人間がしなくてすむことと，人間だからこそできることを区別し，今後私が心配している人間の疎外傾向［AI, Alienation Inclination（Artificial Intelligence ではありません！)］の進展を，人間生活を真に豊かにする文化と教育の真の充実に寄与する創造的運動に逆転することにあなたの貴重な経験を役立てることで，大きな役割を果たせるに違いないと私は思います．

第1章

ベクトルという線型代数の基本概念

そもそもベクトルとは何だろう．本章では，まず，ベクトルという線型代数の基礎概念をやや高い立場から概観しよう．「大きさと向きをもった量」というような学校数学で学ぶ論理的意味の不明瞭な「定義」を離れて，もう少し本格的な線型代数への準備を整えたいからである．

本書の特別の約束

本書では特に断らない限り，文字 i, j, k, l, m, n など中央付近に配置されているラテン・アルファベット小文字は「与えられた正の整数の定数」，先頭付近に配置されているアルファベット，及びギリシャ文字小文字 $a, b, c, d, \cdots; \alpha, \beta, \gamma, \delta, \cdots$ などは「与えられた実数の定数」，終端付近に配置されているその他のアルファベット u, v, w, x, y, z は（ニュアンスの違いだが）「任意の実数の変数」を表現するものと約束する．また「実数全体の集合 the set of real numbers」という線型代数で特に重要な集合を $\mathbb{R}$ という特殊な記号で表す．これらの約束によって，つまらない断り書きのために貴重なスペースを使うのを少しでも防ぎたいからである．ただし，以上はあくまで原則である．

1.1　もっとも基本的な数ベクトルの概念

ベクトルとは何か，まずその「定義」を与えよう．

縦横に広がったスプレッドシートでは，横一列，あるいは縦一列に注目すると，それは，セルと呼ばれる升目（ますめ）に入った《情報》が一列に並んでいるものである．これに対し，線型代数で最初に考えるのは，加法（和，差）

とスカラー倍（本書では実数倍）が**定義できる**ように，**数**（本書では実数）が（縦にでも横にでも）**一列に並んでいるもの**——より厳密な表現では後で紹介する**多重対**——で作られるベクトル vector である．最も基本的な形では，中学高校の数学で座標平面，座標空間の点の座標の表現として学んでいるが，これをよりしっかりとした形で書くと次のようになる．

ベクトルとは

【定義】　n 個の実数が横一列に並んでいる $\boldsymbol{n}$ **重対**を考え，そのようなものに対して次のような**加法**と**スカラー倍（実数倍）**という2種類の演算が定義されたものを $\boldsymbol{n}$ **次の実数ベクトル** number vector という．

加法:

$$(x_1, x_2, \cdots, x_n) + (y_1, y_2, \cdots, y_n) = (x_1+y_1,\ x_2+y_2, \cdots,\ x_n+y_n)$$

スカラー倍（実数倍）：$\alpha \cdot (x_1, x_2, \cdots, x_n) = (\alpha x_1, \alpha x_2, \cdots, \alpha x_n)$

本書の特徴的な記述である《暗黙の前提》の明示化について

本書ではここから先は，定理や定義の下に，その説明の影に潜んでいる多くの《**暗黙の前提** tacit assumption》があることを可能な限り明記して行く．

暗黙の前提は，ときに阿吽（あうん）の呼吸などと呼ばれ，人間の思考やその共有（意思疎通）に不可避，不可欠のものであるが，厳密な論理性を謳う数学においてさえ，意外にたくさんあることを知って本書を読み進めて欲しいと願うからである．

「現代数学がわからない」という人の中には，このような暗黙の前提を知らないためにそこでひっかかって前に進めない，という論理的に「厳密過ぎる」タイプの人，反対に，練習問題の繰り返しだけで，「数学ができる」ような高校以下での成功体験が仇（あだ）になってこのような暗黙の前提の存在にすら気付かない，本当に理論的な理解を内面化していないタイプの人が存在する（人間世界は多様性に富んでいる！）ことも併せて指摘しておきたい．以下では，現代数学にさえ数多く存在する，この《暗黙の前提》を，短く *Notes* として箇条書きにしていく．

Notes

1° 「数ベクトル」という表現は，これが，やがて学ぶ，より一般的・抽象的なベクトルの特別の場合であるからである．

2° スカラー倍を表現するスカラーとベクトルの結合記号である・は書かなくても誤解される可能性がないので省略されることも多い．ただし，通常の積と違って，「スカラー・ベクトル」の左右の順序は厳格に守られる．

3° 「スカラー scalar」という用語については，ここでは，長さを計る尺度である scale がその語源であるという説明で済ませておこう．より重要な意味が込められていることは，「ハミルトンの四元数」という４次元の虚数を学ぶまでは待って欲しい．なお，「スカラー倍としては実数倍を考える」ことが，「実ベクトル」という単純な表現に隠された最も重要な数学的意味である．英語では厳密には real number vector over $\mathbb{R}$ と表現される．

4° うるさいことをいうと，したがって，「実数ベクトル」は，「{ 実数 }{ ベクトル }」ではなく「{ 実 }{ 数ベクトル }」と読むのが正統的である．$\mathbb{R}$ 上で考える数ベクトルという意味だからである．もちろん並んでいる数が実数であるという意味でなら，「{ 実数 }{ ベクトル }」も間違っているわけではないが，それをいうなら「{ 実 }{{ 実数 }{ ベクトル }}」というのがより良いであろう．ただし，日常的な表現に厳密な論理性を求めることは不可能であるだけでなく，不毛な議論に巻き込まれる危険がある．

5° 最初なので，「実数」という言葉に拘（こだわ）っているが，本書では，実数以外の数の理解や，実数についての中学や高校の常識を超えた理論的な理解を必要とすることは基本的にはない．

6° ただし，線型代数の理論的な叙述には，実数ではなく**複素数** complex number で考える方が例外扱いの少ない統一的な扱いができるので，数学的には複素数上のベクトルが好まれる．しかし，実用的な応用では複素数が登場しない場面も少なくないので，本書では理論的な合理性を犠牲にして話を進める．実数の場合で線型代数の基礎がしっかり理解できれば，それを踏台にして複素数の場合に理解を進めて欲しいという願いがこの戦略をとる理由である．

7° 上に示したベクトルの加法 $+$ や実数倍 $\cdot$ は，**実数同士の和や積**が既に定義されているという前提の下で定義されていることに特に注意したい．言い換えると，前々ページの定義では，左辺の加法，α 倍が，右辺の実数同士の和，積を利用して定義されている，ということである．なお，意外に聞こえるかも知れないが，実数の和や積を厳密に定義することは，本書のような入門的な線型代数よりも遥かに難しい話題である．

8° 上に登場した数ベクトルの元になる $\boldsymbol{n}$ **重対**という概念は，詳しくは後に触れるが，$n=1$ のときは数直線上の点の座標として，$n=2$ のときは座標平面上の点の座標として，$n=3$ のときは空間内の点の座標 として高校以下でも登場しているものであるのでその延長で理解してもらえば，とりあえずいまは十分である．

1.2　数ベクトル空間という考え方

線型代数でベクトル以上に重要なのは，このようなベクトルの集合の作る《空間》である．すなわち，

最も基本的なベクトル空間の定義

【定義】 n 個の実数の n 重対全体の集合 $\mathbb{R}^n$ に，上のような加法と実数倍が定義されたとき，$\mathbb{R}^n$ が，$\mathbb{R}$ 上の n 次の**数ベクトル空間**として定義されたという．

Notes

1° 数ベクトル空間という表現は，これが，抽象的な**ベクトル空間** vector space（あるいは同じ意味で**線型空間** linear space）と呼ばれる，線型代数で論ずる重要な対象の最も簡単な一例であるからである．とはいえ，本書のレベルで中心的に話題とするのは数ベクトル空間である．なお，ベクトル空間の数学的な定義と詳しい内容に関しては後の章で主題として取り上げる．「空間」space という用語のもつ重要な意味についても後に大きく取り上げる．

2° ここでいう n 次とは，実数が n 個並んでいる n 重対に由来する表現である．

ベクトル空間としての次元 dimension とは意味が少し違う．その違いは後に空間の次元や部分空間を学ぶとわかるようになるはずである．

3° 「集合 $\mathbb{R}^n$」と「ベクトル空間 $\mathbb{R}^n$」の意味の違いと使い分けについては後に詳しく触れる．

4° 単なる $\mathbb{R}$ 上のベクトル空間として見るならば，複素数全体 $\mathbb{C}$ は，とりあえずは $\mathbb{R}^2$ に過ぎない．しかし，$\mathbb{C}$ は，$\mathbb{C}$ 上のベクトル空間としては 1 次元空間であり，さらにベクトル空間としてよりも構造の複雑な《体》という構造をなしている．この意味については，次章を読み終われば，理解できる．

1.3　前提として必須の多重対の概念

ここで登場している $\boldsymbol{n}$ **重対**は，n 個の構成要素からなる順序対である．詳しくいえば，次のようになる．

多重対の概念

【定義に先立つ説明】 2 個の場合に使われる日常語の対(つい) pair という考え方から，**並び順序を考慮した対**という具合に意味を強めた**順序対** ordered pair の概念を作り，それを 2 個以上の場合に一般化したものを一般に **多重対** と呼ぶ．

Notes

1° 多重対では，並び順序を考慮していることを表現するために，しばしば (と) **で全体を囲む**．それをより強調するために，< と > という記号で囲むこともある．これらの記号はふつうは発音されないが，順序を考慮しているという重要なメッセージを担う．

2° **多重対の核心**は簡単にいえば，その相等性が，並び順に**対応する構成要素**の相等性で定義されること，すなわち，

$$(x_1, x_2, \cdots, x_n) = (x'_1, x'_2, \cdots, x'_n) \quad \Longleftrightarrow \quad \begin{cases} x_1 = x'_1 \\ x_2 = x'_2 \\ \quad \vdots \\ x_n = x'_n \end{cases}$$

となることにある．素朴に考えれば，この相等性の条件こそが **n 重対の定義**といってもよい多重対の最も基本的な性質である．

3° ここに述べた n 重対の相等性は，当り前すぎて，ともすると看過されがちであるが，そもそもこれが前提されていないと，上に述べた加法，定数倍の定義も**定義として意味をなさない**ことに注意しよう．

4° その意味で本書の記述の順序は通常の数学書のように論理的に正しい順で書かれていない．順序対の定義を後に回したのは，哲学と同様，数学でも**相等性ないし自己同一性** identity が最も基礎的なのであるが，その重要性に目を向けることが意外に難しいので，その点を考慮して，敢えて論理的な順序を無視した記述でスタートしたのである．

5° さらにまた，ここでは多重対としてのベクトルの相等性を実数の相等性に帰着させていることに注意しよう．実は，実数の相等性の議論も，この後に続く抽象的な線型代数入門よりも遥かに難しい数学科向けの話題である．

6° n 重対を構成する個々の数は，その**成分** component，k 番目の成分は第 k 成分と呼ばれる．

7° 実数の n 重対全体の集合及びそれの作るベクトル空間は本書では $\mathbb{R}^n$ という同じ記号で表現される．数直線は $\mathbb{R}$ であり，座標平面は $\mathbb{R}^2$, 座標空間は $\mathbb{R}^3$ という具合である．「集合」と「空間」の使い分けは初学者にはもっとも難しい課題である．これについては，p. 22 *Notes* 8° 及び章末の Question 4 で，もう少し詳しく触れる．

1.4　多重対を表現する記号について

$(x_1, x_2, \cdots, x_n)$ や $(y_1, y_2, \cdots, y_n)$ という記号は，中に登場する記号 "$\cdots$" に関しては，「x_1, x_2 の後は，x_3, x_4, x_5 と x につく添字の数が 1 ずつ増えて x_nまで続く」というような書き手と読み手との間に共通の「常識的理解」?! が存在するという，隠れた前提の下で使われている．そういう意味ではこの記号は，積極的に書くに値しないものであるが，省くわけにはいかないという厄介な事情がある．そこでそれを避けるために，次のような記号法を使う．

多重対で作られるベクトルの表現

【表記法の約束】 ベクトルを表現する多重対を $\boldsymbol{x}$ や $\boldsymbol{y}$ のような**太文字**で表す．

Notes

1° 特別の記号を用いるのは，通常の x, y などの記号では，ベクトルと対照的なスカラーと呼ばれる，**単なる数量**（本書では単なる実数）と区別がつかなくなるからである．

2° 初学者対象の場合には $\vec{x}$ や $\vec{y}$ のように**矢印**を上につけた記号で表すこともある．

3° 字体表現による概念の区別は初学者には面倒な約束であるには違いないが，その昔は，$\mathfrak{x}$, $\mathfrak{y}$ のような，わが国ではいまも「ドイツ文字」と呼ばれる，もっと面倒な記号で表現されていたことを思い，現代の短い太文字記号に早く慣れると良い．

4° ここに登場する $(x_1, x_2, \cdots, x_n)$ という多重対の記号は，人間，特に初学者にとって「わかりやすく」表しているもので，高校数学なら有限数列の際に用いられる教育特有の表現であるが，上の本文で述べたように筆者と読者の間に暗黙の前提が共有されていないと意味のない，いかがわしい表現である．

5° 多重対の概念をコンピュータという機械でも理解可能な，つまり《杓子定規な》表現で表すとすれば `array(x(k), k=[1:n])` のように，1 以上 n 以下の範囲で値を 1 ずつ増やして行く `k` に対して，それを**変項**にもつ**関数** `x(k)` で作られる**配列** array ということになる．配列を表現するコマンドはコンピュータ言語によって微妙に違うが，どれも似たようなものである．

6° x_k という添字（そえじ）（下付き番号）suffix は，本来は関数記号を用いてコンピュータ言語と同様 $x(k)$ などと書くべきものであるが，特に，自然数を変数にもつ関数の場合，つまりいわゆる数列の場合は，数学では好まれる記号である．

7° なお，日本語では記号 x_k は「エックス ケイ」と発音することが多い．「x 下つき添字 k 」とか「 x サブ k 」と記号を正確に読むことは滅多にないが，本来はコンピュータ言語のように「配列 $\boldsymbol{x}$ の，添字 $\boldsymbol{k}$ に対応する第 $\boldsymbol{k}$ 成分」などとでも読むべきものである．このように，文字使用の慣習は，《暗黙の前提》だらけであるので，独学で身につけることは困難であるが，読み方は一種の作法に過ぎず，読み方の見せかけの伝統を守るのは数学の理解には本当は必要ない．残念ながら学校教育では，概念や理論の理解以上に，このような「お作法」が強調されすぎる傾向があるようだ．

1.5　行ベクトルと列ベクトル

以上の叙述では，多重対の成分が**横一列**に並ぶことが強調されているが，良く考えれば，横と縦の間には見掛けの違いがあるだけで論理的に明確な区別があるわけではない．線型代数の書籍では，一般に次のように定義されている．

行ベクトルと列ベクトル

【定義】 横一列に並ぶものを**行**(ぎょう)**ベクトル** row vector，縦一列に並ぶものを**列ベクトル** column vector（あるいはより即物的にそれぞれ横(よこ)ベクトル，縦(たて)ベクトル）と区別して呼ぶ．

Notes

1° 上の区別は一般的なものであるが，それは**両者を区別すると便利な場面**がこれから登場してくるからに過ぎない．その利便性がまだ明らかでないこの段階では，論理的には成分を斜めに並べた「対角ベクトル」を考えることすら許される．ただしその表記に意味の乏しいスペースを食うので，記号の経済学からすれば良い記法ではあるまい．

2° 他方，列ベクトルの記法は，**印刷上，無駄なスペースを食うという不便に耐えれば**，加法や定数倍の定義の際などには，

$$\begin{pmatrix} x_1 \\ x_2 \\ \vdots \\ x_n \end{pmatrix} + \begin{pmatrix} y_1 \\ y_2 \\ \vdots \\ y_n \end{pmatrix} = \begin{pmatrix} x_1+y_1 \\ x_2+y_2 \\ \vdots \\ x_n+y_n \end{pmatrix}, \qquad \alpha \cdot \begin{pmatrix} x_1 \\ x_2 \\ \vdots \\ x_n \end{pmatrix} = \begin{pmatrix} \alpha x_1 \\ \alpha x_2 \\ \vdots \\ \alpha x_n \end{pmatrix}$$

のように，視認的なわかりやすさの点で優れている．一般に2次元に広がる視覚的な情報は，本質的な意味の理解とはまったく別の話だが，情報の伝達に関して効率の点で圧到的に優れている．これが古くは新聞，雑誌，テレビ，いまでは，漫画，アニメ，携帯電子端末が流行(はや)る根拠であろう．

しかし，表記に多くの行数を要するので，本書ではこのような列ベクトルの表

記が必須でない間は，とりあえず行ベクトルのみを使って話を進めていこう.

3° 行ベクトルでは，$(x_1, x_2, \cdots, x_n)$ のように $\boldsymbol{x}$ の成分同士の区別を明確にするために使われていた**区切り記号**「,」が，列ベクトルでは，改行によって不必要になっていることにも注意しよう.

4° なお，いうまでもないことであるが，ベクトルを表現する際の左右の括弧記号は上のように丸括弧（小学生時代なら小括弧）と呼ばれる記号 (と) を使うのが一般的で，本書もこのスタイルを継続して行くが，括弧記号に関しては

$$[x_1, x_2, \cdots, x_n] \quad \text{や} \quad < x_1, x_2, \cdots, x_n >$$

のような記法もあり得る.（唯一不都合なのは，集合の記号として予約されている $\{$ と $\}$ である.）

特に，列ベクトルに関しては，次元が高くなるにつれ丸括弧では微妙な湾曲の表現が（印刷では）難しいので，特に少し専門的な書籍などでは書きやすい鉤括弧を使って $\begin{bmatrix} x_1 \\ x_2 \\ \vdots \\ x_n \end{bmatrix}$ のように表現することも少なくない.

5° 数ベクトルを表現する際の左右両脇の括弧はベクトルとしての纏まりを表現するだけのための数学的には意味のない便宜的な記号に過ぎず，核心は上に述べた「順序を考えた成分の集まり」である点にある．言うまでもなくここで肝腎なのは「順序を考え」ていることであり，「成分の集まり」としての単なる集合ではない.

6° 列ベクトルで考えれば，すぐに納得できるように，多重対に対する演算（加法と実数倍）を**成分ごとに** componentwise 定義するのは，極めて自然なものである.

$$\frac{1}{2}+\frac{1}{3} = \frac{2}{5}$$

という分数で表現された等式に対して，分数計算としての間違いが断罪されることが多いが，

$$\begin{pmatrix} 1 \\ 2 \end{pmatrix} + \begin{pmatrix} 1 \\ 3 \end{pmatrix} = \begin{pmatrix} 2 \\ 5 \end{pmatrix}$$

というベクトルの計算だと思えば正しい．有理数の標準的な和の計算としては間違っているというだけである．この列ベクトルの記法を使えば納得でき

るように，ベクトルを知らない人でも，つい，そう誘導されてしまうほど，ベクトルの**加法とスカラー倍の定義は自然**なものなのである．

7° そして，このような加法ないし和は，$n = 2$ や $n = 3$ の場合には**「平行四辺形則」**と呼ばれる．通常の数であるスカラーと異なる「ベクトル独自の加法の法則」であると誤解されているが，それは和を考えるとき正の数しか考えていなかった時代の話である．平行四辺形則は，$n = 1$ のときは数直線上の線分につぶされていて平行四辺形自身は見えないが，正負の符号を考慮して加法を考えれば，$n = 2$ や $n = 3$ の場合と同様に自然な「平行四辺形則」が成立している．

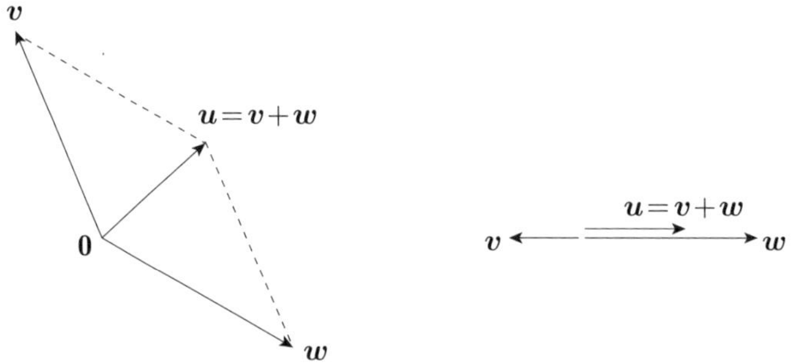

$n = 2$, 及び $n = 1$ のときの平行四辺形則

8° 暗黙の前提の最たるものは，$\mathbb{R}^n$ という記号自身は，純粋な多重対の《集合》を表しているのか，その中で加法，スカラー倍が定義された**《ベクトル空間》**——これを線型代数では単に**《空間》**と呼ぶ——を表すのか，はっきりしないことである．（好ましくないことであろうが，記号がしばしば両義的 ambiguous，つまり場面によって異なる意味で使われるということである．）しかし，後者の意味で使うときには，２種類の演算 $(+, \cdot)$ が定義されていることを明示する $(\mathbb{R}^n, +, \cdot)$ という記法も一応はあるし，前者の意味で使うことは，集合論など一部の場面を除いてはむしろ少ないので，ふつうは「ベクトル空間 $\mathbb{R}^n$」のような簡略な表現に慣れてそれで混乱なく話が通ずるようになると良いと筆者は思う．厳密に使われるはずの数学記号ですら**利便性のために文脈依存性を許容する**ことは是非とも心得ておきたい，《厳密知の人間的な理解のために専門家の間で許容される例外原則》である．なお，代数的な演算構造も大小の順序構造もない純粋な "実数全体の集合" はそもそもイメージすることは

容易にできるものではない！《構造のない集合》を考えることは「屋根，柱，壁，床のない家」を考えるのと同様にあまりに抽象的で想像すら容易でないことである．空間について，より詳細な議論は次章でまとめて行なう．

数ベクトルを通じて線型代数の基礎となるベクトルという概念を提示することができたので，これからの議論ではこの内実を幾分抽象的な立場から論じよう．

以下では，ベクトルの加法とスカラー倍に関する基本構造を議論しよう．その前に定義に関する重大問題の存在を指摘しておこう．

1.6 well-defined という問題

一般に，集合 S において加法やスカラー倍という演算が《定義》できるとは，そもそもどういうことだろう．「定義は単なる約束であるからどんな定義も自由のはずでは？」というのが初学者の当惑した意見であろうが，数学の定義は実は案外，自由でない．

定義が論理的に意味をもつ（つまり矛盾がない）ために，まず，定義として正しいことが必須である．意図的に一般読者に違和感のある記号を使って，例えば対象 ξ, η と対象 ζ の間に

$$\xi \dagger \eta = \zeta$$

という等式を通じて，演算 $\dagger$ が定義できたように見えても，もし，ξ, η が固有名詞で指示されるような唯一の個物の名前（固有名詞）でなく，何らかの対象の表現の一つであって，

$$\begin{cases} \xi = \xi' \\ \eta = \eta' \end{cases}$$

のように見掛けが違う別の表現があったときには，演算 $\dagger$ の結果が表現の選び方によらないこと，つまり

$$\xi \dagger \eta = \xi' \dagger \eta'$$

であるという保証がないといけない．この保証があるときは「うまく定義さ

れている」（日本では，ドイツ語 wohldefiniert に由来する英語 **well-defined** を使うのが一般的である）という．なお，意味の分からない対象を代表させるために，敢えて読者に違和感のある記号 ξ, η, ζ を用いたが，これらは [ksi:], [e:ta], [ze:ta] と読まれるギリシャ文字（ξ, ζ はほぼ x, z に対応する）であり*，やはり意味不明の演算記号を表現するための最近の日本では滅多に使われない記号 †(dagger) と同様に，記号自身からその意味を推定できないように，という趣旨で用いている．

しかしながら幸い，**数ベクトル**の加法とスカラー倍の場合は，一つのベクトルを表現する場合には，表現方法を（例えば行ベクトルなどと）決めれば一つだけであるため，上のような心配はしなくてすむ．そしてこのための前提として n 重対の相等性の定義が効いていることにも注意したい．

他方，小学校低学年で学ぶ自然数の場合には，この問題が同様の理由で生じないが，高学年で学ぶ分数の場合は，分数が有理数の表現に過ぎないので，well-defined の問題が生ずる．例えば，有理数の加法を

$$\frac{a}{b}+\frac{c}{d}=\frac{ad+bc}{bd}$$

と定義したとしても，これでは well-defined になっているかどうか保証がない．実際，有理数を表現する分数は

$$\frac{1}{2}=\frac{2}{4}=\frac{3}{6}=\cdots, \qquad \frac{4}{5}=\frac{8}{10}=\frac{12}{15}=\cdots$$

のように表現が無数にあるので，どの表現を使っても，和として同じ有理数が定義できるかどうか実は問題である（少なくとも証明するまでははっきりしない）からである．だが，幼い児童にとっては，好運なことに，

$$\frac{1}{2}+\frac{4}{5}=\frac{13}{10}, \quad \frac{3}{6}+\frac{8}{10}=\frac{78}{60}=\frac{13}{10}, \quad \frac{4}{8}+\frac{12}{15}=\frac{156}{120}=\frac{13}{10}, \quad \cdots$$

など必要なら約分するとすべて同じになる．

この例証では数学的な証明になっていないが，より厳格な証明も中学生

---

* 日本ではギリシャ語を勉強する機会があまりないため，ギリシャ語の発音を知らずに [pi:] と発音されるべき π と同じく，英語風の発音で読んでいる人も多くそれがラテン文字との対応を理解しにくくしている．

以上なら実行可能である．その結果，有理数の加法の計算では「既約分数しか登場させず，結果に可約分数が登場したら約分する」という《計算技法》は結果として正当化される．

同様の事態が，高校数学レベルの「矢線ベクトル」あるいは「幾何ベクトル」に関してはより深刻な形で存在するのだが，ここではその事実を指摘するに止め，学校数学を正当化する作業は第 3 章の最後に取り組む．

1.7 加法と呼ぶからには

加法 addition という用語は，伝統的には 2 数の和 sum をとる計算を意味していた．しかし，現代では次の諸性質（加法群の公理 axioms of additive group と呼ばれる）を満たすことが暗黙に／明示的に要請される．群 group という言葉自身は最初に出会うと難しそうに映るが，演算が定義できるためのもっとも根本的な代数構造であるので，内容を納得すれば表面的な言葉使いは気にしないでよい．

加法群

【定義】 集合 A が加法群をなすとは，次の諸性質がすべて成り立つことである．

(1) 任意の $x, y \in A$ に対して，A の唯一の要素として $x+y$ が定まる．

(2) 任意の $x, y, z \in A$ に対して $(x+y)+z = x+(y+z)$ である．（結合性）

(3) 任意の $x, y \in A$ に対して $x+y = y+x$ である．（交換性）

(4) 任意の $x \in A$ に対して，$x+n = n+x = x$ となる決まった n が A の要素として存在する．（加法単位元の存在）

(5) 任意の $x \in A$ に対して，それに応じて，$x+x' = x'+x = n$ となる x' が A の要素として存在する．（x の加法逆元の存在）

Notes

1° 性質 (1) が成り立つことを,「和に関して集合 A が閉じている closed」という.

2° 性質 (2),(3) は初学者には当り前のように見えるが, とりわけ性質 (2) は3個以上の要素の和を考える上で必須である. これについては後の p. 28 でより詳しく触れる.

問題 1　性質 (2) が成り立つとき,「(i) a, b, c の和 $a+b+c$」,「(ii) a, b, c, d の和 $a+b+c+d$」が定義できることを証明せよ.

3° 性質 (4) を満たす要素 n は存在すれば, それはただ一つしかない. それを 記号 0 で表すのが一般的慣習である.

問題 2　性質 (4) を満たす要素 n は存在すれば, それはただ一つしかないことを証明せよ.

4° 性質 (5) を満たす要素 x' は存在すれば, それは x に応じてただ一つしかない. それを 記号 $-x$ で表すのが一般的慣習である.

問題 3　性質 (2), (4) が成り立つとき, 性質 (5) を満たす要素 x' は存在すれば, それは x に応じてただ一つしかないことを証明せよ.

5° 性質 (4),(5) のおかげで,「和」を利用して「差」を定義することができる. すなわち, 任意の $y \in A$ に対して, $-y \in A$ であるので, 任意の $x, y \in A$ に対して差 $x-y$ を $x+(-y)$ でもって定義できるからである. つまり**減法は加法の一種**と見なすことができる. 同様の理由で次項で述べる意味で除法は乗法の一種である. この意味で「四則」という昔からの表現は, 本当は「二則」というべきである.

6° 加法について, 抽象的にその本質を抽出することができたので, 加法群に相当するものを演算 × に関しても考えることができる. それを**乗法群** multiplicative group という. ただし, 乗法群においては演算の交換可能性については仮定しないのが一般的である. 乗法群では, しばしば単位元は 1 で表す. また乗法群では一般に積については交換可能性を仮定しないので, x の逆元は $\dfrac{1}{x}$ ではなく x^{-1} と表現される. 要素 a と b の逆元 b^{-1} の積を気楽に $\dfrac{a}{b}$ と分数で表現することはできない. ab^{-1} と $b^{-1}a$ とが一致するとは限らないからである．そのために，a/b と $b\backslash a$ とを意味を区別して用いるという流儀もある．

7° 実数全体の集合 $\mathbb{R}$ は，加法群をなし，かつそれから加法単位元 $\mathbf{0}$ を除いたもの $\mathbb{R}^* = \mathbb{R}\backslash\{0\}$ は乗法群をなし，さらに乗法と加法の間に，分配性

$$a\times(b+c) = (a\times b) + (a\times c), \qquad (a+b)\times c = (a\times c) + (b\times c)$$

が成り立つ．（演算記号では × の結合力が + の結合力より強いと約束するのでこの規約の下では上式の右辺の () 記号は省略できる．）このことを，$\mathbb{R}$ は，**体**（たい）field をなすという．体は四則演算（0 による除算だけを除く）が自由にできる，もっとも扱いやすい代数構造である．$\mathbb{R}$ の作るこの体を**実数体**と呼ぶ．実数体以外に，有理数全体の作る有理数体，複素数全体の作る複素数体などが基本的である．本書でつねに活躍するのはこの実数体である．

以上に述べた加法群の基本性質を我々の数ベクトルについて敢えて繰り返すならば次のようになる．

数ベクトルの作る加法群

【定理】 n 次数ベクトルの全体は加法群をなす．

Notes

1° 単位元は，$(0, 0, \cdots, 0)$ である．これを $\mathbf{0}$ や $\vec{0}$ などの記号で表し，**ゼロベクトル** zero vector と呼ぶ．

2° 任意のベクトル $\boldsymbol{x} = (x_1, x_2, \cdots, x_n)$ に対して，その加法逆元 $-\boldsymbol{x}$ は $(-x_1, -x_2, \cdots, -x_n)$ のことである．これを $\boldsymbol{x}$ の**逆ベクトル**と呼ぶこともある．

3° 加法逆元の意味で $-\boldsymbol{x}$ とは本来は，$\boldsymbol{x}+\boldsymbol{x}' = \mathbf{0}$ となる $\boldsymbol{x}'$ のことであるから，数ベクトルの場合はすでに示した議論から上の主張は自明であるのでこのように断ることすら必須ではない．ただし，現代数学では，数ベクトルに限らずさらなる一般性を目指す場合，加法群の成立要件を**公理** axiom として明示的に列挙するのが一般的である．

4° 特に注意したいのは，以上の議論では，マイナス記号 − が

- 逆ベクトル（$\boldsymbol{x}$ と加えてゼロベクトルになるベクトル）の記号
- ベクトルの減法（加法の逆演算）の記号
- さらには，実数 -1 がスカラー倍に登場する際の記号

という論理的には異なる，しかし，といっても実質的にはあまり変わらない幾通りもの意味で使われ得ることである．（おそらく中学生にはこの主張の意味すら分からないだろう，つまり，この短い説明の意味を理解すること自身が，初学者には必ずしも容易でない！）

ベクトル空間 $\mathbb{R}^n$ の加法群としての最重要な基本性質は次項にまとめよう．

ベクトルの加法群としての基本性質

【定理】 ベクトルの加法について次の関係が成立する．

I　任意のベクトル $\boldsymbol{x}$, $\boldsymbol{y}$ に対して，

$$\boldsymbol{x}+\boldsymbol{y} = \boldsymbol{y}+\boldsymbol{x} \qquad \text{（加法の交換性）}$$

II　任意のベクトル $\boldsymbol{x}$, $\boldsymbol{y}$, $\boldsymbol{z}$ に対して，

$$(\boldsymbol{x}+\boldsymbol{y})+\boldsymbol{z} = \boldsymbol{x}+(\boldsymbol{y}+\boldsymbol{z}) \qquad \text{（加法の結合性）}$$

Notes

1°　これらはいずれも，実数同士の加法の交換性，結合性の成立を仮定すると，証明は簡単である．

2°　ただし，実数同士の加法の交換性，結合性の自身の証明は，数学科向けのかなり高級な話題である．

3°　このように交換性を結合性の前にもって来るのは親しみやすさへの考慮であり，数学的な重要性の点では，結合性が決定的である．実際，結合性のおかげで，3 個以上のベクトルの「総和」

$$\boldsymbol{x}_1+\boldsymbol{x}_2+\cdots+\boldsymbol{x}_m$$

や次章で中心的な話題となる

$$\alpha_1\boldsymbol{x}_1+\alpha_2\boldsymbol{x}_2+\cdots+\alpha_m\boldsymbol{x}_m$$

が定義され得るからである．（結合性がない世界では，括弧記号を使わずに，$x+y+z$ と気楽に書くことすらできない！）なお，これらは，抽象的な $\sum$ 記号を使うことに慣れた人ならば，それを用いて，それぞれ $\displaystyle\sum_{k=1}^{m}\boldsymbol{x}_k$, $\displaystyle\sum_{k=1}^{m}\alpha_k\boldsymbol{x}_k$ と短くかつ的確に表記できる．これも加法の結合性のおかげである．

4° さらには，このような表現同士を結ぶ《等式》において，《移項》のような等式の変形が許されることには，逆ベクトルの考え方の他に，加法の結合性と交換性も，さらに一般には，次節で述べる加法とスカラー倍の規則も重要な役割を果たす．加法に関する結合性，交換性をはじめ，これらの諸規則は，中学生のときに学んだ文字式の計算が，線型代数のベクトルに関しても同じように実行できることを保証してくれるありがたい性質である．

1.8　ベクトルの加法とスカラー倍が満たすべき基本関係

ベクトルの実数倍（スカラー倍）に関して次の性質が成り立つことも重要である．

ベクトルの実数倍と加法

【定理】　実数 α, β, ベクトル $\boldsymbol{x}$, $\boldsymbol{y}$ について次の等式が成り立つ．

I　$$\alpha(\beta\boldsymbol{x}) = (\alpha\beta)\boldsymbol{x}$$

II　$$\alpha(\boldsymbol{x}+\boldsymbol{y}) = \alpha\boldsymbol{x}+\alpha\boldsymbol{y}$$

III　$$(\alpha+\beta)\boldsymbol{x} = \alpha\boldsymbol{x}+\beta\boldsymbol{x}$$

Notes

1° ここでまず重要なことは，これらが外見上のギリシャ文字とラテン太文字の違いを無視すれば，それぞれ単なる結合性，左分配性，右分配性に過ぎないと誤解されるほど自然なものであること，にも関わらず，単なるスカラー（実数）である α, β とベクトルである $\boldsymbol{x}$, $\boldsymbol{y}$ との違いを考慮すると，それらとはまったく異なる関係であることである．このような《表面的類似》と《理論的な相違》をきちんと理解することは，わかってしまえば何でもないが多くの初学者の躓く点である．

2° 念のため確認すると，それぞれは，概念化して説明すると

I. ベクトルの実数 (β) 倍の実数 (α) 倍と，実数 (α) と実数 (β) の積として定まる実数 $(\alpha\beta)$ 倍の相等性

II. ベクトルの実数 (α) 倍の，ベクトルの和への分配性

III. 実数の和 $(\alpha+\beta)$ のスカラー倍のベクトルの，実数 (α) 倍と実数 (β) 倍の和への分配性

を意味する．ここで，例えば III. に登場する二つの「和」が実数の和，ベクトルの和という具合に意味が異なるものを敢えて同じ記号で混同して使っていることに注意せよ．

3° 他方，これらは，実数の積に関する結合性，実数の（積の和に対する）分配性を仮定すれば，この章の冒頭で行なったベクトルの加法，実数倍の最初の定義に戻るだけで，証明が容易に与えられる．ただし，前にも注意したことであるが，実数の積に関する結合性，実数の（積の和に対する）分配性自身の証明は数学科向けの高級な話題である．

4° 抽象的な線型代数では，これらの性質を有することがベクトルとしての基本的な前提条件（公理）として扱われる．

5° そのような抽象的な扱いでは，$\boldsymbol{1x} = \boldsymbol{x}$ のように初学者には成り立つことが自明に見える性質も公理として前提される．我々の数ベクトルでは，1 という数の基本性質から直ちに導かれる自明な性質として扱ったとしても大過ない．

【付記】 本書の範囲を超えるが，ベクトルの加法や実数倍についてこのような性質を列挙したのは，このような《構造的性質》をもつものなら $\mathbb{R}^n$ の要素で作られる数ベクトル空間でなくとも，一般に線型空間などと，またその要素をベクトルと呼んで，以下に展開するような叙述が広く展開・応用可能であると主張するための伏線である．実は，**ある種の関数全体**の作る線型空間（関数空間）や，1 の累乗根を利用して作られる**代数体**と呼ばれる，実数体や複素数体，有理数体より深遠な興味を引く数の作る数学的世界などが，線型代数のすぐ先にある理論的分野である．さらにその先に量子力学などの重要な現代科学の基盤となる理論的な分野も広がっている．

Question 3

有理数体 $\mathbb{Q}$ 上のベクトル空間って考えないのですか．

【Answer 3】

いいえ，必ずしもそうではありません．円分体というのは，まさに有理数体上のベクトル空間です．実際，円分体 $\mathbb{Q}(\zeta)$ （ζ は，与えられた整数 $n \geqq 3$ に対して，1 の原始 n 乗根と呼ばれる，その累乗が 1 に戻るまでに n 個の 1 の n 乗根をすべてとるような虚数）を用いて $\{p_0+p_1\zeta+p_2\zeta^2+\cdots+p_{n-1}\zeta^{n-1} \mid p_0, p_1, p_2, \cdots, p_{n-1}$ は有理数$\}$ と表現される複素数の集合は，実際上，体 $\mathbb{Q}$ 上のベクトル空間です．後の章で学ぶ言葉を使って良いなら，$\zeta, \zeta^2, \zeta^3, \cdots, \zeta^n=1$ で《生成される空間》です．しかし，このような話は本書を超えた話題ですので，読者としては，ベクトル空間を考えるときは，実数全体の作る体 $\mathbb{R}$ が基本であると考えてよいでしょう．

Question 4

集合 $\mathbb{R}^n$ とベクトル空間 $\mathbb{R}^n$ って，結局なにが違うのですか．

【Answer 4】

《単なる集合》として見ているか，ベクトル空間として考えることができる《構造をもった集合》として見ているかの違いです．例えば，$n=1$ の場合でも，実数を思い浮かべるときに，数直線のイメージや無限小数による表現を通じて四則や大小を考えているときは既にベクトル空間としての構造をもっています．単なる集合としての $\mathbb{R}$ を考えることの方がベクトル空間としての $\mathbb{R}$ を考えることより遥かに難しいことですね．

結論的にいえば，両者は客観的な見え方の違いというより，見る方の能動的な見方の違いに過ぎないといっても良いでしょう．そしてベクトル空間は，ついそのようなものとして見てしまうほど，私達の意識下の《生活感覚》に近い身近な概念なのです．

Question 5

いま勉強している線型代数が量子力学のようなミクロな世界を解明する先端的な物理学の基礎になっているといわれても想像もできません．本当ですか．

【Answer 5】

いま勉強しはじめたばかりの線型代数入門のレベルでは，おっしゃる疑問はごもっともです．偉大な開拓者たちは，この線型代数の少し先に量子力学の神秘的な現象を説明するための手段を発見したということで，彼らは量子力学の探求を進めると同時にそれを真に前進させるために，今日では関数解析と呼ばれる無限次元の線型代数の応用分野を開拓していったのです．さらに数学的にいうと，私達が学んでいるベクトル空間 V それ自身ではなく，空間 V から $\mathbb{R}$ へのこれから学ぶ線型写像の全体がやはりベクトル空間をなす，ということの発見でした．空間 V の双対（そうつい）空間と呼ぶこの抽象的な空間が極微の量子の振る舞いを記述する道具であることを発見したのです．基礎というと抽象的で理論的，応用というと具体的で実用的，という見方をする人が多いのですが，現代数学の応用である現代物理学は，ときに，数学以上に抽象的な想像を膨らませ，その想像の中で新しい数学的な概念を数学者の開拓に先だって誕生させることもあるのです．ですから数学だけを勉強していても応用の世界には行けません．しかし数学を知れば，現代物理学のパイオニアが苦労して想像した世界を数学を駆使してわかりやすく捉えることもできるのです．

そもそも勉強をしていないのに，「それが何に役に立つか」と質問する人が多いのですが，応用は基礎の上に成り立つ，より高度な世界ですから，このような質問に対しては，厳しい解答をするとすれば，十分に人生を生きた経験もないのに「人生の意味は？」という質問に似て，質問したい気持はわかるのですが，いかなる回答を聞いても理解が深まるわけではない，という意味で質問の価値の乏しい質問のように映ってしまいます．まずは，勉強第一ではないでしょうか．

第2章

ベクトルの線型結合と線型空間

線型代数の基礎概念の中で，もっとも重要なのは，次に述べる，ベクトルの加法と実数倍で作られる**線型結合**の概念とそれと密接に結び付いている**線型空間**の概念である．この流れの中で，**線型独立性／従属性**，**基底**，**次元**という線型代数の基幹的な概念が理解されることが本章の目標である．

なお，本章では，実数ベクトル空間 $\mathbb{R}^n$ のベクトルは，行ベクトルで表していくことにしよう．

2.1　線型結合の概念

結合 combination とは複数のものを結び合わせて新しいものを作ることであるが，線型代数で扱うベクトル世界では使えるものは**加法**と**実数倍**という演算だけである．これを何度でも（ただし有限回）繰り返すことを許して**最終的なところまで一般化した概念**がこれから述べる**線型結合**である．

ベクトルの線型結合

【定義】 与えられた有限個のベクトル $\boldsymbol{v}_1, \boldsymbol{v}_2, \cdots, \boldsymbol{v}_m$ に対し，同数個の実数 $\alpha_1, \alpha_2, \cdots, \alpha_m$ を決めたときに作られる

$$\alpha_1\boldsymbol{v}_1+\alpha_2\boldsymbol{v}_2+\cdots+\alpha_m\boldsymbol{v}_m$$

という形のベクトル（または，この形をしたベクトルの表現）を，$\boldsymbol{v}_1, \boldsymbol{v}_2, \cdots, \boldsymbol{v}_m$ の**線型結合** linear combination という．

Notes

1° 線型結合の名前（上の定義の波線部分）に，$\boldsymbol{v}_1, \boldsymbol{v}_2, \cdots, \boldsymbol{v}_m$ というベクトルが現れ，他方，線型結合を決定する上で同じく重要なはずの実数 $\alpha_1, \alpha_2, \cdots, \alpha_m$ への言及がないのは，実数倍の方は，ここでは明示されていないが，やがて

理論が先に進めば，例えば次節の冒頭の定義で「適当な実数」という具合いに《個性が剥奪された存在》になっていくことへの布石である．

2° 線型結合は，慣れて来れば，"$\cdots$" という不明瞭で，しかも簡潔さとかけ離れた表現を使うのを止めて，高校でも学んだ記号を用いて $\sum_{k=1}^{m} \alpha_k \boldsymbol{v}_k$ と表現する方が良い．しかし，記号に対する拒絶反応のために理解が進まないのはもっと残念なので，本書では，$\sum$ 記号の使用は控えるが，読者には $\sum$ 記号の活用を強くお勧めしたい．

3° 上の定義で《**有限性**》が強調されている．有限の世界に限定しても，いくらでも大きな個数の和も許されるので，その意味で制限は無いが，とりあえず高校数学で経験したような，無限級数 $\sum_{k=1}^{\infty} \alpha_k \boldsymbol{v}_k$ は本書の範囲では考えない，ということである．《極限》や《収束》を厳密に定義することなく《無限》を気楽に扱うことはできないからである．逆に極限や収束の概念を準備すれば，線型代数の手法を《無限次元》に拡張して無限個の線型結合を考えるようにできる可能性がここに暗示されている．

2.2　与えられたベクトルの生成する線型空間

以下では，線型空間を実質的には，$\boldsymbol{n}$ 次元実数線型空間 $\mathbb{R}^n$ で考えているものの，記号だけは，抽象的な線型空間でも通用するように，線型空間 V（ただし $V = \mathbb{R}^n$）という記号設定で話を進めよう．

さて，線型結合に関連する第一に重要な応用概念は，**与えられたベクトルの線型結合全体の作る空間**，すなわち，**与えられたベクトルで生成される空間**という概念である．

生成される（部分）線型空間

【定義】 線型空間 V に属する与えられた有限個のベクトル $\boldsymbol{v}_1, \boldsymbol{v}_2, \cdots, \boldsymbol{v}_m$ の線型結合全体の集合は，V の部分集合であるだけでなく，それ自身も**線型空間**をなす．より正確に述べるならば，適当な（勝手な）実数 $\alpha_1, \alpha_2, \cdots, \alpha_m$ に対して $\boldsymbol{v} = \alpha_1\boldsymbol{v}_1 + \alpha_2\boldsymbol{v}_2 + \cdots + \alpha_m\boldsymbol{v}_m$ という形で表すことのできるベクトル $\boldsymbol{v}$ 全体の集合

$$W = \{\boldsymbol{v} \mid \boldsymbol{v} = \alpha_1\boldsymbol{v}_1 + \alpha_2\boldsymbol{v}_2 + \cdots + \alpha_m\boldsymbol{v}_m \text{となる実数} \alpha_1, \alpha_2, \cdots, \alpha_m \text{が存在する}\}$$

は，Vの部分集合であるが，それだけでなく，Vで定義されているのと同じ加法，実数倍に関して，W 自身も線型空間をなす．つまり，Vの**部分空間**をなす．これを，ベクトル $\boldsymbol{v}_1, \boldsymbol{v}_2, \cdots, \boldsymbol{v}_m$ で**生成される（部分）空間** (sub) space generated by $\boldsymbol{v}_1, \boldsymbol{v}_2, \cdots, \boldsymbol{v}_m$ といい，記号 $\mathcal{G}(\boldsymbol{v}_1, \boldsymbol{v}_2, \cdots, \boldsymbol{v}_m)$ で表す．

Notes

1° この定義に現れているように，本書をはじめ線型代数の書籍では，単に「空間」space といったら「線型空間」という空間を意味する．ただし，数学で広くいう「空間」には，この線型空間だけでなく，演算すら定義されていない「位相空間」から，線型空間でありながらさらに計量概念が定義されている「計量線型空間」など，いろいろな空間があることを頭の片隅においておきたい．数学における「空間」という用語は，日常生活で用いられている「空間」とはだいぶ異なることに明確な自覚を持とう．

問題 4 WがVの部分集合であることは自明である．それはどうしてか．

問題 5 Wは $\mathbb{R}$ 上の線型空間である．前章で挙げた線型空間の満たすべき条件（p. 25 の加法群，p. 29 のベクトルの実数倍と加法）をチェックすることでこれを示せ．（実はすぐに後で述べる部分空間の節を学べばわかるように，遥かに能率的なチェック方法があるが，現時点では最も非効率的な方法でよい．）

2° そもそも「(線型) 空間」がよくわかっていない段階では，「生成される空間」という表現がまず初心者には理解が難しいだろう．線型空間という用語への馴染みとともに「生成」generate という言葉を使う気分がやがてわかってくれば違和感は解消するはずである．なお，「与えられたベクトルで生成される」という受動態でなく，「与えられたベクトルが生成する空間」と能動態で表現することもある.

3° ただし,「生成される空間」の定義自身に，幾つかの難しさがあることを断っておきたい．その第一は，通常親しんでいる「集合」set でなく「空間」space という言い回しであろう．Wを単なる部分集合でなく部分空間というのは，それに**線型代数的な《構造》**——つまり加法と実数倍という演算構造——が定義されている（これを「線型空間の構造が入っている」というのが数学の業界用語(jargon)である）からである．すなわち,

- $\forall \boldsymbol{v}_1, \forall \boldsymbol{v}_2 \in W \Longrightarrow \boldsymbol{v}_1 + \boldsymbol{v}_2 \in W$
- $\boldsymbol{0} \in W$
- $\forall \boldsymbol{v} \in W \Longrightarrow -\boldsymbol{v} \in W$
- $\forall \boldsymbol{v} \in W,\ \forall \alpha \in \mathbb{R} \Longrightarrow \alpha \boldsymbol{v} \in W$

となるからである.

4° ここで $\Longrightarrow$ は「ならば」, $\forall$ は「すべての」あるいは「任意の」を意味する，論理学の便利な記号であり，大学以上の数学では必携ツールとして国際的に広く利用されている.

後で詳しく触れるように，正式には,

$$\forall \boldsymbol{v}_1, \forall \boldsymbol{v}_2 [\, \boldsymbol{v}_1 \in W \text{ かつ } \boldsymbol{v}_2 \in W \Longrightarrow \boldsymbol{v}_1 + \boldsymbol{v}_2 \in W \,]$$

のように表すのが丁寧であるが，誤解のない範囲では「記号の経済学」に従うのが，普段は反経済学的に活動している数学者コミュニティの，世間に知られていない特質である.

記号 $\forall$ は，この後すぐに触れる記号 $\exists$ と並んで，数学では欠くことのできない重要な役割を担う.

5° なお，3° で列挙した四つの条件のうち最初の三つの条件は，少し気障(きざ)だが,

$$\forall \boldsymbol{v}_1, \forall \boldsymbol{v}_2 \in W \Longrightarrow \boldsymbol{v}_1 - \boldsymbol{v}_2 \in W \qquad \cdots(*)$$

の一つにまとめることができる．実際，$(*)$ から，$\boldsymbol{v}_1 = \boldsymbol{v}_2 = \boldsymbol{v}$ として第二の条件が，$\boldsymbol{v}_1 = \boldsymbol{0},\ \boldsymbol{v}_2 = \boldsymbol{v}$ として第三の条件が，そして，$(*)$ と第三の条件を用いて第一の条件が導かれるからである．なお，上の条件が保証されていれば，§1.8 で述べた和とスカラー倍についての基本性質の空間 W での成立は，自明である．部分空間について，より詳しくは §2.5 で述べる.

問題 6 最後の「自明である」のはなぜか，一言で説明せよ．

【教訓】 自明であることを納得する思索は必ずしも自明でありません．

6° この定義の第二の難しさは，「$\boldsymbol{v} = \alpha_1\boldsymbol{v}_1+\alpha_2\boldsymbol{v}_2+\cdots+\alpha_m\boldsymbol{v}_m$ という形で表すことのできるベクトル $\boldsymbol{v}$」という表現そのものであろう．これは，何らかの実数 $\alpha_1, \alpha_2, \cdots, \alpha_m$ を用いて $\boldsymbol{v}$ が上のように表現できるという意味である．そしてそれは論理的には，

$$\boldsymbol{v} = \alpha_1\boldsymbol{v}_1+\alpha_2\boldsymbol{v}_2+\cdots+\alpha_m\boldsymbol{v}_m$$

となる実数 $\alpha_1, \alpha_2, \cdots, \alpha_m$ が**存在する** exist ことに他ならない．これを，現代の数学では，「存在する」を意味する述語論理学の記号 ∃ を使って，

$$\exists\alpha_1, \exists\alpha_2, \cdots, \exists\alpha_m \in \mathbb{R} \ \text{ s.t. } \ \boldsymbol{v} = \alpha_1\boldsymbol{v}_1+\alpha_2\boldsymbol{v}_2+\cdots+\alpha_m\boldsymbol{v}_m$$

と表現する．s.t. は ∃ という記号と一緒に使われる such that (以下のような) という英語の省略として特にわが国では頻繁に使用される．論理記号として必須のものでないが，無機質の論理記号にわかりやすい人間的な意味を添えるのは無益でない．数学ではときには論理的には意味のないこのような《人間的な配慮》がなされることがあることにも留意したい．

7° 「実数 $\alpha_1, \alpha_2, \cdots, \alpha_m$ が存在すること」は，そのような実数がこの一組しかないこと unique existence を含意 imply しない．しかし，この後すぐに述べるように，そのような実数が一組しか存在しないこともある．理論的には，このような「一組しか存在しない」という例外的な場合が重要である．

既にそれとなく触れてきていることであるが，「生成される」という用語を使わない，より抽象的，一般的な部分空間の概念を確立しよう．

一般的な部分空間の定義

ベクトル空間 V の空でない部分集合 W であって，その中で加法と実数倍に関して《閉じている》closed ものを線型空間 V の**線型部分空間**，あるいは単に**部分空間** subspace という．

Notes

1° 「加法と実数倍に関して閉じている」というのは，その中で**加法と実数倍**が自由に行なえるという意味であると考えて良い．その意味で「部分空間とは，中に含まれているベクトルの線型結合で広げられるだけ広げた限界的空間」であるといっても良い．それはまた素材として使えるベクトルを含むあらゆる部分空間の中で「最小のもの」であるということもできる．限界というと最大をイメージするので，最小と同居することが不思議であろうが，実は同じことをいっているに過ぎない．

2° 以前にも注意したことであるが，集合 W を，単に部分集合と呼ばず，部分空間と呼ぶのは，W が，《線型空間 V と同様の一人前の空間構造をもつ線型空間》であるからである．

3° また，W, W' がともに線型空間 V の部分空間であれば，$W \cap W'$ も V の部分空間である．しかし $W \cup W'$ は V の部分空間になるとは限らない．前者の証明は定義からすぐにわかるが，後者の反例を思い付くには線型部分空間についての確かな理解を必要とする．

問題 7　W, W' がともに線型空間 V の部分空間であれば，$W \cap W'$ も V の部分空間であることを証明せよ．

問題 8　$W = \{\boldsymbol{v} = (x, y, z) \in \mathbb{R}^3 | x = y = z\}$, $W' = \{\boldsymbol{v} = (x, y, z) \in \mathbb{R}^3 \mid 2x+y = z\}$ とすると，$W \cap W' = \{\boldsymbol{v} = (0, 0, 0)\} = \{\mathbf{0}\}$ である．他方 $W \cup W' = \{\boldsymbol{v} = (x, y, z) \in \mathbb{R}^3 \mid x = y = z$ または $2x+y = z\}$ であり $W \cup W$ は加法に関して閉じていない．これを示せ．($\mathbf{0}$ 以外の，W に属するベクトルと W' に属するベクトルの和を考えてみよ．)

【ひとこと】　集合の演算 $\cap, \cup$ は集合論の解説書では同列，同格に扱われることが多いが，数学では，別格である．なぜなら and に対応する $\cap$ は良い性質を伝搬し易いが，$\cup$ ではこれができないからである．

2.3　線型独立

線型独立性の定義

【定義】 与えられたベクトル $\boldsymbol{v}_1, \boldsymbol{v}_2, \cdots, \boldsymbol{v}_m$ に対し，その線型結合が一通りしかないとき，言い換えると，

$$\alpha_1\boldsymbol{v}_1+\alpha_2\boldsymbol{v}_2+\cdots+\alpha_m\boldsymbol{v}_m = \alpha_1'\boldsymbol{v}_1+\alpha_2'\boldsymbol{v}_2+\cdots+\alpha_m'\boldsymbol{v}_m \Longrightarrow \begin{cases} \alpha_1 = \alpha_1' \\ \alpha_2 = \alpha_2' \\ \quad\vdots \\ \alpha_m = \alpha_m' \end{cases}$$

となるとき，ベクトル $\boldsymbol{v}_1, \boldsymbol{v}_2, \cdots, \boldsymbol{v}_m$ は**線型独立** linearly independent であるという．

Notes

1° 線型独立の数学的概念を理解するには，まず英語表現 linearly indepedent が示唆するように，**線型的には**（i.e. 線型結合を論ずる場面では）**独立**，つまり，他のものに依存しない独自の存在感をもっている，という日常言語的な意味を最初に理解するとよい．

2° 実際，上の定義で最初に登場する式

$$\alpha_1\boldsymbol{v}_1+\alpha_2\boldsymbol{v}_2+\cdots+\alpha_m\boldsymbol{v}_m = \alpha_1'\boldsymbol{v}_1+\alpha_2'\boldsymbol{v}_2+\cdots+\alpha_m'\boldsymbol{v}_m$$

は，移項などによって

$$(\alpha_1-\alpha_1')\boldsymbol{v}_1+(\alpha_2-\alpha_2')\boldsymbol{v}_2+\cdots+(\alpha_m-\alpha_m')\boldsymbol{v}_m = \boldsymbol{0}$$

と書き換えることができる（このような計算ができることは，§1.7 最後の *Notes* 4°，p. 29 に触れたことで保証されている．）ので，ここに現れる $\alpha_1-\alpha_1', \alpha_2-\alpha_2', \cdots, \alpha_m-\alpha_m'$ をそれぞれ改めて，$\beta_1, \beta_2, \cdots, \beta_m$ と表現すれば，

$$\beta_1\boldsymbol{v}_1+\beta_2\boldsymbol{v}_2+\cdots+\beta_m\boldsymbol{v}_m = \boldsymbol{0} \Longrightarrow \beta_1 = \beta_2 = \cdots = \beta_m = 0$$

（つまり，線型結合によるゼロベクトルの表現が，$\beta_1 = \beta_2 = \cdots = \beta_m = 0$ という自明なものだけに限られる）と上の主張は単純化できる．したがって，ベクトル $\boldsymbol{0}$ を表現する線型結合が係数が 0 という自明なもの（係数がすべて 0

なら全体が $\mathbf{0}$ であることは考えるまでもない）だけの一通りしかないという条件だけで，任意のベクトルを表現する線型結合も一通りしかないと直ちに一般化できることが重要なポイントである．そして，もしそうであるならば，与えられたベクトル $\boldsymbol{v}_1, \boldsymbol{v}_2, \cdots, \boldsymbol{v}_m$ のどれかが他のベクトルの線型結合で表現できるはずがない．というのも，もし表現できたならこれと矛盾してしまうからである．「線型独立性」の概念が日常語の「独立」に近いことの理由である．

問題 9　矛盾してしまうことを自分の言葉で説明せよ．

3°　$\Longrightarrow$（ならば）という論理的関係は，その前にある条件* が成り立つときはつねにという意味で使われるので，論理学で「すべての」を表現する記号 ∀ を用いれば，上で単純化に成功した線型独立の条件は，論理的により精密には，

$$\forall\alpha_1, \forall\alpha_2, \cdots, \forall\alpha_m,$$
$$\alpha_1\boldsymbol{v}_1+\alpha_2\boldsymbol{v}_2+\cdots+\alpha_m\boldsymbol{v}_m = \mathbf{0} \Longrightarrow \alpha_1 = \alpha_2 = \cdots = \alpha_m = 0$$

と表現される．

4°　一般に，$\forall x, p(x) \Longrightarrow q(x)$ という文の否定が，

$$\exists x \text{ s.t. } [p(x) \text{ かつ } \overline{q(x)}] \qquad (\text{ここで，}\overline{q(x)}\text{は } q(x) \text{ の否定})$$

であるという論理学の基礎を理解している人なら，$\boldsymbol{v}_1, \boldsymbol{v}_2, \cdots, \boldsymbol{v}_m$ が線型独立ではないという条件は，上の線型独立の定義の条件を否定して

$$\exists\alpha_1, \exists\alpha_2, \cdots, \exists\alpha_m \text{ s.t.}$$
$$[\alpha_1\boldsymbol{v}_1+\alpha_2\boldsymbol{v}_2+\cdots+\alpha_m\boldsymbol{v}_m = \mathbf{0}, \text{ かつ，“}\alpha_1 = \alpha_2 = \cdots = \alpha_m = 0 \text{ でない”}]$$

がすぐに得られる．これが次に述べる線型独立の否定である**線型従属** linearly dependent の概念の定式化である．

5°　なお，線型独立性の定義から，与えられた m 個のベクトル $\boldsymbol{v}_1, \boldsymbol{v}_2, \cdots, \boldsymbol{v}_m$

---

* 日本の学校教育ではしばしば「仮定」と呼ばれているがより正しくは $\Longrightarrow$ の前にあるものという意味で「前件」のように呼ぶべきである．「ならば」で繋がれた文（英語でいえば「If ～ then ～ 構文」）は，「仮定」から「結論」を《論理的に導き出す演繹》あるいは《推論》を意味しているわけではないからである．言い換えると，$p \Longrightarrow q$ は，p であるのに q でない（平たくいえば，p かつ $\overline{q}$）ことを否定しているだけで，その意味では p でないまたは q（つまり $\overline{p}$ または q）と同じなのである．

が線型独立ならば，その中から選んだ k 個 $(1\leqq k\leqq m)$ のベクトル $\boldsymbol{v}_{i_1},\boldsymbol{v}_{i_2},\cdots,\boldsymbol{v}_{i_k}$ も線型独立である．これら k 個の線型結合で $\boldsymbol{0}$ が表現できたなら，登場していないベクトルの 0 倍を付け加えてやると，$\boldsymbol{v}_1,\boldsymbol{v}_2,\cdots,\boldsymbol{v}_m$ の線型結合による $\boldsymbol{0}$ の表現になり，したがって係数がすべて 0 であることがいえるからである．

6° 以上のような線型独立の定義が「生徒には難しい」という「理由」で，「教育熱心」な高校数学の指導者の間では，「同一直線上にない」とか「同一平面上にない」のような表現だけで「直観的」に「説明」することが多いようであるが，これは「同一直線上にある」「同一平面上にある」という概念を定義しないから見逃されてしまう，《同語反復》ないし《循環論法》という論理的な誤謬である．数学における定義は，納得を引き出すためのその場凌ぎの解説に終始すべきではない．無論，敢えて誤謬の責任を負う度量も教育では大切であるが．

線型独立なベクトルの線型結合で表現できる線型独立なベクトルの個数に関して，次の重要な定理がある．

線型独立なベクトルの線型結合

【定理】 与えられた m 個の線型独立なベクトル $\boldsymbol{v}_1,\boldsymbol{v}_2,\cdots,\boldsymbol{v}_m$ の線型結合で表現される n 個のベクトル

$$\begin{cases} \boldsymbol{u}_1 = a_{11}\boldsymbol{v}_1+a_{21}\boldsymbol{v}_2+\cdots+a_{m1}\boldsymbol{v}_m \\ \boldsymbol{u}_2 = a_{12}\boldsymbol{v}_1+a_{22}\boldsymbol{v}_2+\cdots+a_{m2}\boldsymbol{v}_m \\ \quad\vdots \qquad\qquad\qquad \vdots \\ \boldsymbol{u}_n = a_{1n}\boldsymbol{v}_1+a_{2n}\boldsymbol{v}_2+\cdots+a_{mn}\boldsymbol{v}_m \end{cases}$$

の中で線型独立なものはせいぜい m 個しかない．

Notes

1° $n\leqq m$ のときは自明であるので，$m<n$ の場合だけが重要である．証明の流れだけ述べると，m 個のベクトルの線型結合で，m よりたくさんのベクトル $\boldsymbol{u}_1,\boldsymbol{u}_2,\cdots,\boldsymbol{u}_n$ が作れたとして

$$c_1\boldsymbol{u}_1+c_2\boldsymbol{u}_2+\cdots+c_n\boldsymbol{u}_n=\boldsymbol{0}$$

であるとする．この左辺を上の仮定を用いて，$\boldsymbol{v}_1,\boldsymbol{v}_2,\cdots,\boldsymbol{v}_m$ の線型結合で書

き直して，$\boldsymbol{v}_1, \boldsymbol{v}_2, \cdots, \boldsymbol{v}_m$ の線型独立性を考えると，n 個の未知数 $c_1, c_2, \cdots, c_n$ についての m 個の 1 次方程式が出るが，それは定数項がすべて 0 である方程式*を連立したものになる．方程式の個数 m が，未知数の個数 n より足りないので，自明でない解をもつ．したがって，$\boldsymbol{u}_1.\boldsymbol{u}_2, \cdots, \boldsymbol{u}_n$ は線形独立でない，ということである．

2° ただしこの議論をきちんと理解するには，同次形を含む 1 次方程式についての理論的な理解，特に係数行列のランクについての理解があることが望ましい．これらについては後に 1 次方程式の章で学ぶであろう．厳密な理論的な理解に先だって，この定理を紹介したのは，「ベクトルの本数をいくら線型結合で増やしても線形独立なものは増えない」という《線型結合のもつ一種の限界》を理解しておくのが良いと判断したためである．

3° したがって，この定理で，最初の出発点を「与えられた N 個のベクトル $\boldsymbol{v}_1, \boldsymbol{v}_2, \cdots, \boldsymbol{v}_N$ のなかで線型独立なベクトルの最大個数を m とおくと」と変更しても，一般化したように見えて，実質的には変わりない．

2.4　線型従属

線型従属の定義

【定義】　ベクトル $\boldsymbol{v}_1, \boldsymbol{v}_2, \cdots, \boldsymbol{v}_m$ が線型独立でないことを**線型従属** linearly dependent という．それは，

すべてが 0 ではない，ある実数 $\alpha_1, \alpha_2, \cdots, \alpha_m$ に対して

$$\alpha_1\boldsymbol{v}_1+\alpha_2\boldsymbol{v}_2+\cdots+\alpha_m\boldsymbol{v}_m=\boldsymbol{0}$$

が成り立つことである．

Notes

1° 「線型独立」と「線型従属」とは，英語の 'independent' と 'dependent' が語の形式からそうであるように，互いに他方の否定になっている．日常語でも

* このような方程式を同次形と呼ぶ．後で詳しく論じるが同次形の 1 次方程式は，未知数の値としてすべてが 0 という自明な解を少なくとも解の一つとして必ずもつ．

考えてみれば確かに「独立」と「従属」は互いに反対である.「他国に外交政策が従属している独立国家」は政治家の答弁以外にはあり得ない.

2° 「線型独立」と「線型従属」の概念が線型代数の最初の躓きになるといわれるが, それは, これらの概念の定式化が, しばしば論理学(特に述語論理)的な知識なしに学習を強いられるからに違いない. 実際, 先に触れたように, 上の線型従属の定義は, 論理学的な記号を用いてより明確に定式化すれば,

$\exists\alpha_1, \exists\alpha_2, \cdots, \exists\alpha_m$ s.t.

$[\alpha_1\boldsymbol{v}_1+\alpha_2\boldsymbol{v}_2+\cdots+\alpha_m\boldsymbol{v}_m = \mathbf{0}$, かつ, “$\alpha_1 = \alpha_2 = \cdots = \alpha_m = 0$ でない”$]$

となるに過ぎないということであるが, ∃ という記号も, そもそも記号の表す概念も, 高校以下の数学では登場しないように最近数十年の学習指導要領ができているので, 高等教育に進学する若者にはもちろん, 中等教育で「数学を教えている」教員にも, このような基本中の基本というべき基礎がきちんと教えられていない現状が続いて来ているからである. まことに遺憾ながら, 教育の普及(残念ながらわが国では大衆化と同義)に伴う大衆迎合主義的政策が教育に浸透して「論理を避けて数学を教える」という「恐ろしい文化」が既に伝統化しつつある現状に著者も敏感になるべきだと思う.

3° “$\alpha_1 = \alpha_2 = \cdots = \alpha_m = 0$ でない” という付帯的条件を補うことの大切さは, この条件に反する $\alpha_1 = \alpha_2 = \cdots = \alpha_m = 0$ は, $\alpha_1\boldsymbol{x}_1+\alpha_2\boldsymbol{x}_2+\cdots+\alpha_m\boldsymbol{x}_m = \mathbf{0}$ を満たすに決まっており, したがって, そういう自明なもの以外に存在することが肝腎だからである.

4° $\alpha_1 = \alpha_2 = \cdots = \alpha_m = 0$ という条件は, $\alpha_1, \alpha_2, \cdots, \alpha_m$ のすべてがすべて 0 に等しいこと, つまり $(\alpha_1, \alpha_2, \cdots, \alpha_m) = (0, 0, \cdots, 0)$ であることである. したがってその否定を考えて, “$\alpha_1 = \alpha_2 = \cdots = \alpha_m = 0$ でない” という条件は, “$\alpha_1, \alpha_2, \cdots, \alpha_m$ のすべてが 0 に等しくはない” つまり “$\alpha_1, \alpha_2, \cdots, \alpha_n$ の少なくとも一つは 0 でない” ことであり, それは $(\alpha_1, \alpha_2, \cdots, \alpha_m) \neq (0, 0, \cdots, 0)$ と表現することもできる.

ここで, 重要な述語論理の基本規則をもう一度まとめておこう.

論理学的話題から

話題としていることは，その核心を抽象化・単純化していえば，

$$\forall x\ [x \text{ が } p \text{ である} \Longrightarrow x \text{ は } q \text{ である}]$$

の否定が，

$$\exists x\ [x \text{ が } p \text{ であり，かつ } x \text{ は } q \text{ でない}]$$

となることである．

ここで，p, q は x の条件であるから本来は $p(x), q(x)$ のように表すのがよい．

またこの基礎には次の二つがある．

第一には，論理の基本公式

> “$p \Longrightarrow q$” の否定は “p かつ (q でない)”
>
> (ここで p, q は真偽が決まる命題である．)

第二には，命題論理における「ド・モーガンの法則」

$$\overline{p \text{ かつ } q} \Longleftrightarrow \overline{p} \text{ または } \overline{q}$$

の述語論理版

> $$\forall x\ [x \text{ は } r(x) \text{ である}]$$
>
> つまり “すべての x は $r(x)$ である” の否定が
>
> $$\exists x\ [x \text{ は } r(x) \text{ でない}]$$
>
> つまり，“$r(x)$ でないような x が少なくとも一つある”
>
> (ここで $r(x)$ は x で真偽が決まる x の条件である．)

である．

この二つをきちんと踏まえないと線型独立も線型従属の概念もなかなか明確に理解できないだろう.

2.5　線型空間の基底と次元の定義

さて, 線型空間 V に属する有限個の——以下では k 個の, としよう——ベクトルから生成される空間を W とおく. すると,「生成される空間」の定義から W の任意の要素 $\boldsymbol{u}$ は, 空間 W を生成するベクトル $\boldsymbol{v}_1, \boldsymbol{v}_1, \cdots, \boldsymbol{v}_k$ の線型結合で表されるはずである. しかしベクトル $\boldsymbol{v}_1, \boldsymbol{v}_1, \cdots, \boldsymbol{v}_k$ の線型独立性は仮定されていないので, その表現の一意性は保証されていない.

この一意性が保証されるとき, 次に述べる**基底** basis の概念が生まれる. 基底を構成するベクトルの概念は, 高校数学では「基本ベクトル」などと呼ばれて $\overrightarrow{e_1}, \overrightarrow{e_2}$ などと表現され, 座標軸の単位にどこか対応するような曖昧で不明瞭な概念であったが, ここからは, この概念に《精密化》と併せて《一般化》を同時に試みよう. この概念を通じて暗黙の仮定と同語反復に満ちていた高校数学の解析幾何の基礎が一気に近代化・合理化される.

線型空間の基底

【定義】　線型空間 V について, その要素である n 個のベクトル $\boldsymbol{e}_1, \boldsymbol{e}_2, \cdots, \boldsymbol{e}_n$ について, 次の 2 条件

- $\boldsymbol{e}_1, \boldsymbol{e}_2, \cdots, \boldsymbol{e}_n$ が線型独立である.
- 空間 V の任意の要素が, ベクトル $\boldsymbol{e}_1, \boldsymbol{e}_2, \cdots, \boldsymbol{e}_n$ の線型結合で表現できる.

がともに成り立つとき, これらの n 個のベクトルの全体を, 並べ方の順序を考慮して $<\boldsymbol{e}_1, \boldsymbol{e}_2, \cdots, \boldsymbol{e}_n>$ などと表し, これは空間 V の**基底** basis をなす, という. このような基底を本書ではときに名前を付けて記号 $\mathcal{E}$ などで簡単に表す.

Notes

1° 上の第2の条件が成り立つとき,「空間 V がベクトル $\boldsymbol{e}_1, \boldsymbol{e}_2, \cdots, \boldsymbol{e}_n$ で生成される」という代りに「ベクトル $\boldsymbol{e}_1, \boldsymbol{e}_2, \cdots, \boldsymbol{e}_n$ で張られる spanned」という,

部分空間の気分がより良く出る表現を使うこともある.

2° 基底では，ベクトルを並べる順序を考えている．それゆえそれを構成するベクトルの順序を交換したら基底としては異なるものになる.

3° しかし，基底を構成するベクトルの個数は一定である．つまり，空間 V の基底として，$<\boldsymbol{v}_1, \boldsymbol{v}_2, \cdots, \boldsymbol{v}_n>$，$<\boldsymbol{v}'_1, \boldsymbol{v}'_2, \cdots, \boldsymbol{v}'_{n'}>$ がとれたら，$n = n'$ でなければならない．この重要な定理は，$\boldsymbol{v}_1, \boldsymbol{v}_2, \cdots, \boldsymbol{v}_n$ のそれぞれが $\boldsymbol{v}'_1, \boldsymbol{v}'_2, \cdots, \boldsymbol{v}'_{n'}$ の線型結合で表現でき，他方，逆に $\boldsymbol{v}'_1, \boldsymbol{v}'_2, \cdots, \boldsymbol{v}'_{n'}$ のそれぞれが $\boldsymbol{v}_1, \boldsymbol{v}_2, \cdots, \boldsymbol{v}_n$ の線型結合で表現できることから $n \leqq n'$ かつ $n' \leqq n$ であり，したがって，$n = n'$ でなければならない，という具合にして §2.3 の後半で紹介した事実から直ちに証明できる.

4° こうして有限次元の場合は，基底の存在が気楽に論じられる.

この *Notes* 3° のおかげで次のように次元の概念が定義できる.

線型空間の次元

【定義】　与えられた線型空間 V に対して，n 個のベクトルからなる基底が存在するとき，V は $\boldsymbol{n}$ **次元** n-dimensional であるといい，

$$\dim(V) = n$$

と書く.

Notes

1° このように定義できるのは有限個のベクトルからなる基底が存在する有限次元線型空間の場合であり，一般の線型空間についてはこれほど単純には話が運ばない．実際，現代数学が誕生するきっかけとなったものにヒルベルト (D.Hilbert) という有名な数学者による，ある空間における次元の存在に関する有名な定理が歴史的に語り継がれるほど有名になっている．それは彼の提示した証明方法があまりに「非計算的」であったため「それは形而上学であって数学ではない！」という「痛烈な批判」を浴びたほど，数学的対象の存在を論ずるための「哲学的思弁に閉じ籠る」現代数学の幕開けを象徴する深遠な新しい証明であった.

2° 線型空間 V の基底が与えられれば，その基底を構成する一部のベクトルで生

成される部分空間 Wを考えることは容易にできる.

3° しかしながら,(線型空間 Vの基底が有限個のベクトルからなる場合に限定しても) Vの部分空間 W の基底は, Vのある基底を構成するベクトルの中から一部分を選んで構成できるとは限らない!

4° 他方,部分空間の基底を構成するベクトルが与えられれば,それを含むように空間 Vの基底を作ることはできる.本書では大きく扱えないが,重要な主題につながる話題である.次の問題を参照せよ.

問題 10 空間 $V=\mathbb{R}^3$ において,

$$\boldsymbol{e}_1=(1,0,0),\qquad \boldsymbol{e}_2=(0,1,0),\qquad \boldsymbol{e}_3=(0,0,1)$$

で構成される基底 $\mathcal{E}=<\boldsymbol{e}_1,\boldsymbol{e}_2,\boldsymbol{e}_3>$ に対して,部分空間 $W=\{\boldsymbol{v}=(x,y,z)\mid x+y+z=0\}$ は,$\boldsymbol{f}_1=\boldsymbol{e}_1-\boldsymbol{e}_2=(1,-1,0)$ と $\boldsymbol{f}_2=\boldsymbol{e}_1-\boldsymbol{e}_3=(1,0,-1)$ とで張られる.他方,部分空間 Wの基底 $<\boldsymbol{f}_1,\boldsymbol{f}_2>$ に $\boldsymbol{f}_3=(1,1,1)$ を付け加えると,全空間 Vの基底が作られる.これを示せ.

2.6 空間の基底とベクトルの成分表示に関する厄介な問題

成分表示,成分

【定義】 ベクトル空間 Vにおいて基底 $\mathcal{E}=<\boldsymbol{e}_1,\boldsymbol{e}_2,\cdots,\boldsymbol{e}_n>$ が一つ決まると,Vの任意のベクトル $\boldsymbol{v}$ が 基底 $\mathcal{E}$ を構成するベクトル $\boldsymbol{e}_1,\boldsymbol{e}_2,\cdots,\boldsymbol{e}_n$ の線型結合で

$$\boldsymbol{v}=x_1\boldsymbol{e}_1+x_2\boldsymbol{e}_2+\cdots+x_n\boldsymbol{e}_n$$

と一意的に表現できる.右辺の線型結合は,基底 $\mathcal{E}$ による,ベクトル $\boldsymbol{v}$ の,**成分表示**と呼ばれる.各項 $x_k\boldsymbol{e}_k$ がその成分であるが,基底は自明のこととして無視して,係数である実数 x_k を成分と呼ぶ人もいる.この右辺の各項の係数に登場する実数 $x_1,x_2,\cdots,x_n$ の値は順序も含めて一意的に決まる.

こうして,基底 $\mathcal{E}$ を介して,ベクトルとベクトルの数ベクトル表示が

$$\boldsymbol{v} \in V \longleftrightarrow (x_1, x_2, \cdots, x_n)$$

のように結びつく決定的な大舞台が整う．

Notes

1° 高校数学で似た概念が登場するが，ベクトルが**有向線分点**から出発する形式に拘っているために，「点の座標」「ベクトル」「成分」「成分表示」の関係が不明瞭にならざるを得ない（第3章参照）．

2° 他方，**我々が考えて来た数ベクトル空間** $\mathbb{R}^n$ **の場合**，その要素である $\boldsymbol{v}$ はもともと n 重対 $(x_1, x_2, \cdots, x_n)$ として与えられるから，数ベクトル空間 $\mathbb{R}^n$ の基底として

$$\boldsymbol{e}_1 = (1, 0, \cdots, 0), \qquad \boldsymbol{e}_2 = (0, 1, \cdots, 0), \qquad \cdots, \qquad \boldsymbol{e}_n = (0, 0, \cdots, 1)$$

からなる**標準基底** $\mathcal{E} = <\boldsymbol{e}_1, \boldsymbol{e}_2, \cdots, \boldsymbol{e}_n>$ が採用されると，その成分表示は，元々の $\boldsymbol{v}$ そのものと区別がつかなくなってしまう．これでは，まるで堂々巡りであるから，何を前提にして何が導かれたのか，読者には話の筋が不透明になってしまうであろう．

3° この隘路（あいろ）を突破するには，いろいろな準備が必要である．まずもっとも手近にあるのは，標準基底以外の基底を考えたとき，成分表示が変化し，対応して，ベクトルの成分表示も数ベクトルとの対応も変化する場面を見ることである．

4° しかし重大なことは，基底の変更という平凡な操作の影に隠れている重要な理論的な意味である．これに触れるには準備が足りないのでそのぎりぎりのところまで議論を進めよう．

■ 2.7　二つの基底の間に想定できる関係

同一のベクトル空間 V であっても，古い基底と新しい基底それぞれについての線型結合の表現の間にある関係，中等教育の言葉で言い換えると，座標軸の変更によって座標の受ける変更の数学的関係を樹立するという新しい課題に向けて準備に取り組もう．

空間 V が n 次元の線型空間であるとき，V の基底として

$$\mathcal{F} = <\boldsymbol{f}_1, \boldsymbol{f}_2, \cdots, \boldsymbol{f}_n>, \qquad \mathcal{F}' = <\boldsymbol{f}'_1, \boldsymbol{f}'_2, \cdots, \boldsymbol{f}'_n>$$

の二種類があるとすれば，それぞれの線型結合として，同一のベクトル $\boldsymbol{v}$ が

$$\boldsymbol{v} = x_1\boldsymbol{f}_1 + x_2\boldsymbol{f}_2 + \cdots + x_n\boldsymbol{f}_n,$$

また，

$$\boldsymbol{v} = x'_1\boldsymbol{f}'_1 + x'_2\boldsymbol{f}'_2 + \cdots + x'_n\boldsymbol{f}'_n$$

と表現できるはずである．我々が興味をもつのは，これらの表現に対応するそれぞれの数ベクトル表示

$$(x_1, x_2, \cdots, x_n) \qquad と \qquad (x'_1, x'_2, \cdots, x'_n)$$

の関係である．このために，その背景にある基底 $\mathcal{F} = <\boldsymbol{f}_1, \boldsymbol{f}_2, \cdots, \boldsymbol{f}_n>$，$\mathcal{F}' = <\boldsymbol{f}'_1, \boldsymbol{f}'_2, \cdots, \boldsymbol{f}'_n>$ 同士の関係から出発しなければならない．

基底同士の関係

n 次元線型空間 V で 2 種類の基底 $\mathcal{F} = <\boldsymbol{f}_1, \boldsymbol{f}_2, \cdots, \boldsymbol{f}_n>$，$\mathcal{F}' = <\boldsymbol{f}'_1, \boldsymbol{f}'_2, \cdots, \boldsymbol{f}'_n>$ を考えたとき，それぞれが V の基底であることから，一方の線型結合で他方のそれぞれを一意的に表現できる．すなわち

$$\begin{cases} \boldsymbol{f'}_1 = p_{1,1}\boldsymbol{f}_1 + p_{1,2}\boldsymbol{f}_2 + \cdots + p_{1,n}\boldsymbol{f}_n \\ \boldsymbol{f'}_2 = p_{2,1}\boldsymbol{f}_1 + p_{2,2}\boldsymbol{f}_2 + \cdots + p_{2.n}\boldsymbol{f}_n \\ \qquad\qquad \vdots \\ \boldsymbol{f'}_n = p_{n,1}\boldsymbol{f}_1 + p_{n,2}\boldsymbol{f}_2 + \cdots + p_{n,n}\boldsymbol{f}_n \end{cases}$$

となる n^2 個の実数 $p_{i,j}$ $(1 \leqq i, j \leqq n)$ が一意的に存在する．

Notes

1° ここでは例外的に右辺の係数 $p_{i,j}$ の添字 i, j の間に記号「,」を打っている．この後出てくる行列の記号での省略を際立たせる意味も込めているためである．

2° 上の主張は，いずれかの基底，例えば $\mathcal{F}$ で考えれば，基底 $\mathcal{F}'$ を構成するベクトル $\boldsymbol{f'}_1, \boldsymbol{f'}_2, \cdots, \boldsymbol{f'}_n$ がそれぞれ上のように統一感のある n 個の $\boldsymbol{f}_1, \boldsymbol{f}_2, \cdots, \boldsymbol{f}_n$ の 1 次の等式で表現できるということである．

3° そして，この単純な統一感に，これから展開していく**線型変換**という線型代数の中心的理論が予感できるだろうか．だが，そしてこの垢抜けた理論を能率的に叙述するための手段ないしは前提として，いささか古めかしい「行列」とか「1次方程式」という昔からの道具を，硬い門をこじ開けて蔵から持ち出す必要がある．

しかし，この話の大きな展開に先立って，高校までにベクトルとして学習した内容と線型代数の論理的に整合的な接続を意識して

- ベクトルの成分表示と座標との混乱の整理（第3章）
- 大きさと向きをもった量としてのベクトルの定義（第4章）

という問題に軽く立ち寄っておこう．

Question 6

「与えられた有限個のベクトルで生成される空間」は分かりました．「ベクトル空間Vの 部分空間Wで生成される空間」というものを考えてみましたが，それは，W自身に決まっていると気付きました．しかし，「ベクトル空間Vの 部分集合Sで生成される空間」というものもあり得ると思うのですが，どう考えたらよいのでしょう．

【Answer 6】

自分で新しい概念を作ろうと考えるのは素晴しいですね．といってもこの回答はごく簡単です．あなたの記号を使えば，Sは，線型空間Vの部分集合ですから，Sに属する有限個（何個でもよいのですが）のベクトルの線型結合で表現できるベクトルの全体，つまり，

$$\{\boldsymbol{v}|\ \exists n\in\mathbb{N}, \exists x_1\in\mathbb{R}, \exists \boldsymbol{v}_1\in S, \exists x_2\in\mathbb{R}, \exists \boldsymbol{v}_2\in S, \cdots, \exists x_n\in\mathbb{R}, \exists \boldsymbol{v}_n\in S,\ \text{s.t.}\ \boldsymbol{v}=x_1\boldsymbol{v}_1+x_2\boldsymbol{v}_2+\cdots+x_n\boldsymbol{v}_n\}$$

という集合の作るVの部分空間であるというのが自然でしょう．ここで，$\mathbb{N}$は自然数全体の集合を意味する記号です．

おそらく，Sの何個の要素の線型結合でもよい，というところが難しかったのではないでしょうか．上の定義でいえば，$\exists n\in\mathbb{N}$の部分ですね．

ところでこうして定義される空間を「部分集合 S で生成される空間」と呼ぶことにして，この空間を記号 $\mathcal{G}(S)$ と表現することにすると，部分空間 $\mathcal{G}(S)$ は，

- 集合 S を部分集合に含むような V の任意の部分空間 W_λ の中で包含関係において最小の部分空間

あるいはまた，

- 集合 S を部分集合に含むような V の部分空間 W_λ すべての共通部分で作られる部分空間

のように定義することもできます．このような定義は慣れるとなんでもありませんが，はじめてのときはぎょっとするかも知れませんね．

Question 7

本書では，「線型空間」という表現と「実線型空間」あるいは「$\mathbb{R}$ 上の線型空間」という表現がいろいろ出て来て，それらを厳密に区別する必要はあるのでしょうか．それともないのでしょうか．

【Answer 7】

痛いところをついてきますね！ 著者としては，できるだけ説明を単純化して読者の負担を減らしたいという思いと，精密に描かなければわかりにくいから丁寧な叙述を心がけたいという矛盾した心理の葛藤というと大袈裟ですが，正反対の希望が同居しているので，御指摘を受けてしまいました．

結論からいうと，本書で話題としているのは実際上，「$\mathbb{R}$ 上の線型空間」つまり「実線型空間」しかないので，毎度必要になる「$\mathbb{R}$ 上の」とか「実」という表現を使うのを最小限にしたいと思っているのですが，どうしてもそれを強調したいと思う場面があります．それは，数ベクトル空間 $\mathbb{R}^n$ のように，$\mathbb{R}$ 上の線型空間（実線型空間）であることが当り前である場面と，数ベクトル空間 $\mathbb{R}^n$ を離れた抽象的なベクトル空間に触れる場面が入り混じり得る場面です．後者を感じさせる雰囲気が出たときに，私の中の気持の揺れがあなたに混乱を与えたならお許しを乞うことしかできません．

もし論理的な筋道を一貫させることを優先してよいとすれば，線型空間を論

ずるときは，つねに，$\mathbb{R}$ 上の，とか $\mathbb{C}$ 上のと明確にすべきです．それは線型空間で考えるべきスカラー倍を，実数倍で考えているか複素数倍で考えているかの違いです．

既にお断りしているように，私達がもっぱら扱うのが実数倍しか考えない線型空間，つまり $\mathbb{R}$ 上の線型空間であるために「$\mathbb{R}$ 上の」を断る理由が乏しいので，それを断ることが決定的な意味をもつ話題を取り上げましょう．「2次元の実数」と呼ばれることの多い複素数全体の集合 $\mathbb{C}$ は $\{z|\exists x, \exists y \in \mathbb{R} \text{ s.t. } z = x+yi\}$ というものですが，それは，確かに $\mathbb{R}$ 上の2次元の線型空間を作ります．実際，もっともわかりやすい基底は $<1, i>$ でしょう．一般の複素数 z はこれらの基底の線型結合で $z = x1+yi$ と一意的に表現されますから，この意味で，複素数 z 全体は，和と実数倍に関して2次元の実数ベクトル (x, y) を作るということです．

しかし，もし $\mathbb{C}$ 上の線型空間としてはどうでしょう．すべての複素数 z は，1の z 倍と表現できますから，$\mathbb{C}$ は，$\mathbb{C}$ 上の線型空間としては1次元の線型空間です．全く同じ集合が，見方によってはまるで違う空間構造をもつ，という話です．

このように線型空間を考えるときスカラー倍を担当する，体と呼ばれる数の集合が何であるかによって，同じ集合が次元すら異なる構造をもつ異なる線型空間になるということです．

こう線型空間ではスカラー倍の範囲を明示的に指定するのが，より高度な線型代数学では必須となります．$\mathbb{R}$ 上の線型空間を英語では vector space over $\mathbb{R}$ とか略して vec. sp./$\mathbb{R}$ と表します．厳密に表現しなければならないことはわかっていても，当り前の情報はできるだけ簡略にすませたいという数学的精神は各国共通です．

世間では，数学は論理的な厳密さに至上の価値をおくと思われがちですが，むしろ凡庸な自明さを嫌うという数学的美意識にも注目して欲しいものです．

第3章 高校のベクトルと線型代数

3.1 何が問題なのか

ここまでは大学の初年級で学ぶ線型代数の基本的な部分を実数ベクトルを中心に論じてきた.「平面／空間ベクトル」という高校数学の単元は，たった半世紀の間に，高校数学カリキュラムに鳴りもの入りで入ったり，縮減の対象になって脇に寄せられたり，の複雑な歴史を辿ってきた．これには，様々な理由がある．本書のあちこちで触れるように，それはこの，高校レベルでは，ベクトルは，その存在感が他の単元に遜色ないとはいえない（数学に必須の論理的一貫性をもっているとはいえず，むしろその大部分はいわゆる初等的な解析幾何と区別がつかない）こと，十年一日数学教育への批判を交わしたい文教行政側から見ると現代的な香りが魅力的であるものの，学校数学という厳しい境界条件の中では,「やれることをやる」と意気込んでも「中途半端に終わる」という宿命を背負わされていて，その結果として，多くの平凡な大学入試での出題頻度だけが学習指導の牽引力となってきた．そのため，現代数学の入門どころか，高等教育に向かっての踏み台にさえならないという状況が続いて来た.

ここでは，その中途半端な学校数学としてのベクトルを線型代数と結合する目的で，そのための最小限の準備を行なう．すなわち，この半世紀近く高校数学で強調されて教えられてきた向きのついた線分（有向線分）に基づき,「矢線ベクトル」（ときに「幾何ベクトル」）という名で教育されてきた，その基礎に危うさの残る解析幾何の応用的手法を，まず線型代数の立場から基礎付けよう.

数ベクトルの作る空間 $\mathbb{R}^n$ は，$n=1, n=2, n=3$ という場合にはそれぞれ,「(数) 直線」,「(座標) 平面」,「(座標) 空間」という視覚的に／

直観的に理解できる（と思われている）幾何学的世界と対応しており，これらについては中学，高校で学んでいるのだが，ここでの議論は決して論理的に一貫したものになっていない．

最大の問題は，理論的にもっとも重要な基礎というべき《点の座標》，《直線》，《線分》という基本的な幾何学的対象の間の概念的関係，及びそれらと《ベクトル》という線型代数的概念の間の論理的関係が精密化されていないこと，その結果，「ベクトル」の最も重要な線型代数的主題に触れることなくその学習が終わってしまっていることである．（より端的には，高校数学では，座標，直線，平面という概念の枠組がいわば疑い得ない根源的なもので，ベクトルはその応用の一つであるかのごとき誤解が定着したまま学習が「完了」してしまっているといっても良い．）

ベクトルに関する基本的な記述が終わった段階で，本章ではこの曖昧な学校数学での線型代数的話題の扱いに《論理的な一貫性を確立する》ために，数ベクトル空間 $\mathbb{R}^n$ の場合について，まずは

点の座標とベクトルの関係を再構築する

ことを目指す．いわば，中等教育で扱う直線や線分，その基礎にある座標の概念の，線型代数の立場からの数学的な正当化である．

3.2　ベクトルと点

本章では，当面の間は，数ベクトルを表現するときは，行ベクトル（横ベクトル）を使うことにする．しかし，もちろん列ベクトルで考えることもできる．

点とベクトル

【定義】 一般に，数ベクトルの作るベクトル空間 $\mathbb{R}^n$ の要素であるベクトル $\boldsymbol{v}$ を点，例えば点 P と呼ぶ．このとき，ベクトル $\boldsymbol{v}$ と点 P の関係を記号 $\mathrm{P}(\boldsymbol{v})$ で表す．特に，零ベクトル $\mathbf{0}$ を原点 O と呼ぶ．すなわち $\mathrm{O}(\mathbf{0})$ である．

Notes

1° これは**ベクトルと点を区別しない**という趣旨の一方的宣言であるから，高校以下の数学でベクトルがわかったと思っている人は，強い抵抗感を覚えるかも知れない．

2° しかしながら，点とベクトルを同一視する見方は，高校数学でも**位置ベクトル**という表現で一応は経験しているはずである．しかし，

- 位置ベクトルは通常のベクトルと何が違うのか
- ベクトルの成分表示は座標と何が違うのか
- そもそも点とベクトルが異なるとすれば，位置ベクトルの共通の始点となる点とゼロベクトルの違いはどこにあるか

といった根本問題ですら，高校数学では明らかでない．

3° 他方，本書の上に挙げた定義は「点」と「ベクトル」を同一視する立場であり，これには違和感を感ずる読者がいるであろうが，「そもそも点とは何か」「そもそも点とベクトルとは何が違うのか」という生産性の乏しい議論に陥る危険を避けるための論理的な戦術として理解して欲しい．ベクトルは§1.1で既に定義されており，点もこれで定義できたということである．

4° $\mathrm{P}(\boldsymbol{v})$ という表記を見れば，点 $\mathrm{P}(x, y)$ のような表記を経験している読者なら，点 P の位置を示す指標としてベクトル $\boldsymbol{v}$ が指定されたことに納得できよう．

基本ベクトルについても，本章での行ベクトルのスタイルでもう一度確認しよう．

基本ベクトル

【定義】 数ベクトル空間 $\mathbb{R}^n$ において，第 k 成分 $(1 \leqq k \leqq n)$ に 1 をもち，その他の成分が 0 であるような n 個のベクトル

$$\boldsymbol{e}_1 = (1, 0, 0, \cdots, 0),\ \boldsymbol{e}_2 = (0, 1, 0, \cdots, 0),\ \cdots,\ \boldsymbol{e}_n = (0, 0, 0, \cdots, 1)$$

を，空間 $\mathbb{R}^n$ の**基本ベクトル**と呼ぶ．

Notes

1° 学校数学では，基本ベクトルを座標軸を基本にして決めていた．ここでは，座標軸や座標概念を前提にすることなく，単に成分だけで基本ベクトルを定義

している点が重要である．学校数学的な《硬直した座標軸の撤廃》とその《大幅な一般化》が，本書の目標にあるからである．

2° ここでは基本ベクトルを行ベクトルとして書いたが，当然のことながら

$$\boldsymbol{e}_1 = \begin{pmatrix}1\\0\\\vdots\\0\end{pmatrix}, \quad \boldsymbol{e}_2 = \begin{pmatrix}0\\1\\\vdots\\0\end{pmatrix}, \quad \cdots, \quad \boldsymbol{e}_n = \begin{pmatrix}0\\0\\\vdots\\1\end{pmatrix}$$

と列ベクトルで考えることもできる．繰り返しの注意で恐縮であるが，行と列の見かけ上の違いは，理論的には本質的な違いでない．一つの話の中で区別するのがしばしば便利であるというに過ぎない．

基本ベクトルの作る基底

【自明すぎる主張】 空間 $\mathbb{R}^n$ において，基本ベクトルの全体は $\mathbb{R}^n$ の基底をなす．すなわち上のように，$\boldsymbol{e}_1, \boldsymbol{e}_2, \cdots, \boldsymbol{e}_n$ を定めるとき，$\mathcal{E} = < \boldsymbol{e}_1, \boldsymbol{e}_2, \cdots, \boldsymbol{e}_n >$ は空間 $\mathbb{R}^n$ の一つの基底である．すなわち，$\forall \boldsymbol{v} \in \mathbb{R}^n$ に対して，

$$\boldsymbol{v} = x_1\boldsymbol{e}_1 + x_2\boldsymbol{e}_2 + \cdots + x_n\boldsymbol{e}_n$$

となる実数の組 $(x_1, x_2, \cdots, x_n)$ がただ一つ存在する．
そして，基底 $\mathcal{E}$ を空間 $\mathbb{R}^n$ の**標準基底**と呼ぶ．

この定理の証明は難しくない．

問題 11　この【自明すぎる主張】を示せ．

Notes

1° これがあまりに自明であることが，学校数学で「点の座標」と「ベクトルの成分」の概念的区別が曖昧になる主たる原因になっているのではないだろうか．

2° $\Psi = (x_1, x_2, \cdots, x_n) = x_1\boldsymbol{e}_1 + x_2\boldsymbol{e}_2 + \cdots + x_n\boldsymbol{e}_n$ は標準基底 $\mathcal{E}$ に関する $\boldsymbol{v}$ の成分表示であり，$\boldsymbol{e}_k$ 成分 $x_k\boldsymbol{e}_k$ のスカラー係数 x_k だけを順に一列に並べれば，元の $\boldsymbol{v} = (x_1, x_2, \cdots, x_n)$ と区別のつけることができない表現となる．

3° 証明が簡単すぎることが，かえってこの証明の意味の理解をわかりづらくしていると思うくらいである．

4° 簡単であることが，わかりにくさの原因になることもある，ということに関しては，その背景には，《数学的にわかるとはどういうことか》という基本問題が明確にされないまま，表面的な減点されない問題解法に明けくれる近年の学校数学の習慣による影響があるかもしれない．

標準基底を変更すれば事態の表層は一変する．

より一般的な基底と座標

【定義】　空間 $\mathbb{R}^n$ において，ある基底 $\mathcal{F}=<\boldsymbol{f}_1, \boldsymbol{f}_2, \cdots, \boldsymbol{f}_n>$ を構成するベクトルの線型結合で，$\mathbb{R}^n$ の点 $\mathrm{P}(\boldsymbol{v})$ (ただし $\boldsymbol{v}=(x_1, x_2, \cdots, x_n)$ である) が

$$\boldsymbol{v}=\xi_1\boldsymbol{f}_1+\xi_2\boldsymbol{f}_2+\cdots+\xi_n\boldsymbol{f}_n$$

と表現されるとき，各 k $(1 \leqq k \leqq n)$ に対し，$\xi_k\boldsymbol{f}_k$，ときにはその係数 ξ_k 自身を $\mathbb{R}^n$ の点 $\mathrm{P}(\boldsymbol{v})$ の $\boldsymbol{f}_k$ **成分**と呼ぶ．点 $\mathrm{P}(\boldsymbol{v})$ の $\boldsymbol{f}_k$ 成分（の係数）を k の小さい順に一列に並べた順序対 $(\xi_1, \xi_2, \cdots, \xi_n)$ を，基底 $\mathcal{F}=<\boldsymbol{f}_1, \boldsymbol{f}_2, \cdots, \boldsymbol{f}_n>$ に関する，点 $\mathrm{P}(\boldsymbol{v})$ の **座標**という．

Notes

1° 前にも登場しているが，文字 ξ は x に相当するギリシャ文字で [ksi:] と発音する．x のちょっとした変種だと思ってくれればよい．見慣れぬギリシャ文字に抵抗が強いようなら x' とか X とか x に近い記号で表現するのが良い．

2° この定義の要点は，空間 $\mathbb{R}^n$ の要素 $\mathrm{P}(\boldsymbol{v})$ の**座標は基底を決めることで定まる**，ということにある．

3° この際の基底として，基本ベクトルからなる標準基底を選べば，点 $\boldsymbol{v} \in \mathbb{R}^n$ のこの基底に関する座標は，元々の $\boldsymbol{v} \in \mathbb{R}^n$ の表現となにも違わない．基底を取り替えると受ける座標の変化 $(x_1, x_2, \cdots, x_n) \longrightarrow (\xi_1, \xi_2, \cdots, \xi_n)$ の一般論は，§2.8 に簡単に触れているが，後に詳しく扱う「**基底の取り換え**」という線型代数の重要主題である．

4° 高校数学との整合性を重視する人は，数ベクトル $\boldsymbol{v}$ と，基底に依存したその座標の概念的な区別をするために，$\mathbb{R}^n$ の要素である前者は縦ベクトル，その座標である後者は横ベクトルなどで区別して使い分ける方法も一考に値する

が，基底に依存しない数ベクトル自身が不可思議である上，理論的な重要性が乏しい割に面倒であるというデメリットを考慮して本書ではこの方法をとらない．

「矢線ベクトル」ないし「幾何ベクトル」などと呼ばれる初等的なベクトル概念の定式化では，**有向線分**という図形的な概念と**線分の表すベクトル**の曖昧な表現が使われる．これをやや強引に定式化すると以下のようになる．

有向線分とベクトル

【定義】 $\mathbb{R}^n$ 内の点 $\mathrm{P}(\boldsymbol{v})$, $\mathrm{Q}(\boldsymbol{u})$ に対し，

$$\boldsymbol{w}=\boldsymbol{u}-\boldsymbol{v} \text{ で定まるベクトル } \boldsymbol{w}$$

を **（$\mathbf{P}(\boldsymbol{v})$ を始点, $\mathbf{Q}(\boldsymbol{u})$ を終点とする）有向線分 PQ の表すベクトルと呼ぶ.**

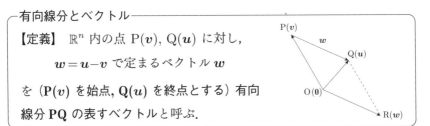

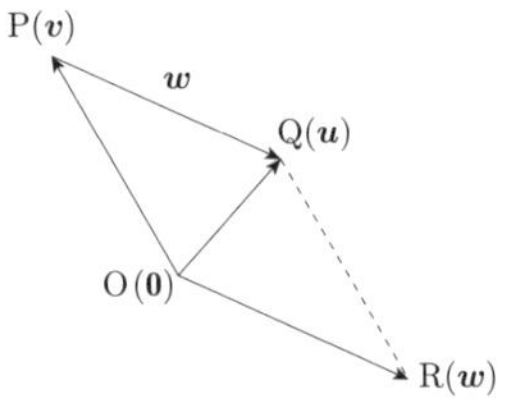

Notes

1° この用語にならえば，$\boldsymbol{v}=\boldsymbol{v}-\boldsymbol{0}$, $\boldsymbol{u}=\boldsymbol{u}-\boldsymbol{0}$ はそれぞれ，原点 O を始点とする**有向線分 OP, 有向線分 OQ の表すベクトル**と呼ぶことができる．

2° ここまでは，空間 $\mathbb{R}^n$ 内の《点》と《ベクトル》をまったく区別して来なかった．ここで，はじめて，「（始点と終点で決まる）有向線分の表すベクトル」という新しい表現，あるいは「（2 点で決まる）有向線分とその表すベクトル」という新しい関係が定義されていることが重要である．

3° $\boldsymbol{w}=\boldsymbol{u}-\boldsymbol{v}$ という条件は $\boldsymbol{v}+\boldsymbol{w}=\boldsymbol{u}$ という条件と同じである．これは「平行四辺形則」と呼ばれるベクトルの加法の幾何学的意味を考慮すると，原点 $\mathrm{O}(\boldsymbol{0})$，点 $\mathrm{P}(\boldsymbol{v})$，点 $\mathrm{Q}(\boldsymbol{u})$，点 $\mathrm{R}(\boldsymbol{w})$ で**平行四辺形**ができるという規則に他ならない．

4° しかしながら，このように新しい対象《点 $\boldsymbol{w}$》を，他の対象である《2 点 $\mathrm{P}(\boldsymbol{v})$, $\mathrm{Q}(\boldsymbol{u})$》を用いて定義するとすると，同じ対象である《点 $\boldsymbol{w}$》が，もしかすると別の 2 点 $\mathrm{P}'(\boldsymbol{v}'), \mathrm{Q}'(\boldsymbol{u}')$ を用いても定義することができるのではないか，その場合には，同じ点を「有向線分 P′Q′ の表すベクトル」という別名で呼んでもよいことになるのではないか，という疑問が生ずる．これは，定義が正しくできているか，という問題である．

5° 実際，$\boldsymbol{u}-\boldsymbol{v}=\boldsymbol{u}'-\boldsymbol{v}'$ という関係は $\boldsymbol{u}+\boldsymbol{v}'=\boldsymbol{u}'+\boldsymbol{v}$ と書き換えられる．その際には「有向線分 $\mathrm{P'Q'}$ の表すベクトル」という概念が定義できることになるが，それが上の「有向線分 PQ の表すベクトル」と一致する保証がないと，正しく定義されていないことになってしまう．

6° これが well-defined という言葉で呼ばれる，多くの初学者が躓く現代数学の最初の関門である．

7° この論理的な問題点を打開するには，いささか強引ではあるが，$\mathrm{P}(\boldsymbol{v}), \mathrm{Q}(\boldsymbol{u}), \mathrm{P}'(\boldsymbol{v}'), \mathrm{Q}'(\boldsymbol{u}')$ について

$\boldsymbol{u}-\boldsymbol{v}=\boldsymbol{u}'-\boldsymbol{v}'$ であるときには，有向線分 $\overrightarrow{\mathrm{PQ}}$ の表すベクトルと
有向線分 $\overrightarrow{\mathrm{P'Q'}}$ の表すベクトルとは一致する

と《約束》（定義）してしまえばよい．矛盾さえ含まなければ定義は伝家の宝刀である．

8° 定義だといって一切の議論を封殺するよりも，誠実にこの問題に答えるなら，これは，有向線分 $\overrightarrow{\mathrm{PQ}}$ と有向線分 $\overrightarrow{\mathrm{P'Q'}}$ とは，**有向線分としては異なる**としても**それぞれが表すベクトルは一致する**という言い方が良いだろう．言い換えれば，視覚的に理解が容易な有向線分どうしを，別の視点から《同一視》したときにそこに生まれる少し抽象的な概念がベクトルであるという思想である．

9° 《同一視》という方法は，比喩的な言い方をすれば，視力健常者には区別されてしまうが，筆者のように加齢で「視力」を衰退するとはじめて到達できる境地が年の功として得られるように「区別がつかないものは同じものと見なす」という《方法論的視覚障害》の立場に立って考えるということであり，これは現代数学では頻繁に利用される**商集合**と呼ばれる重要な方法なのである．

10° To see is to believe. というが，数学が《わかる》see ためには，肉体的な視力に頼った《よく見える》識別能力がときに邪魔になる．

11° $\boldsymbol{u}-\boldsymbol{v}=\boldsymbol{u}'-\boldsymbol{v}'$ という条件は，同様に幾何学的に $\boldsymbol{u}, \boldsymbol{v}, \boldsymbol{u}', \boldsymbol{v}'$ が違っていても同じ $\boldsymbol{w}$ で平行四辺形ができるということ．言い換えれば空間 $\mathbb{R}^n$ 上の 4 点 $\mathrm{Q}(\boldsymbol{u}), \mathrm{P}(\boldsymbol{v}), \mathrm{Q}'(\boldsymbol{u}'), \mathrm{P}'(\boldsymbol{v}')$ において，点 $\mathrm{P}(\boldsymbol{v})$ から点 $\mathrm{Q}(\boldsymbol{u})$ に向かう線分が点 $\mathrm{P}'(\boldsymbol{v}')$ から点 $\mathrm{Q}'(\boldsymbol{u}')$ に向かう線分に，向きも含めて等しいということである．

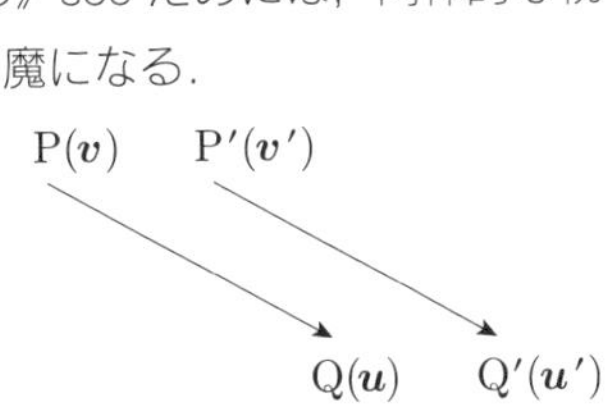

12° 上の場合《区別がつかない》ことは，有向線分 $\overrightarrow{\mathrm{PQ}}$ と $\overrightarrow{\mathrm{P'Q'}}$ とが平行四辺形の対辺のように《平行移動して重ねられる》ことを意味していると言い換え

ることができる.

Question 8

高校のとき，ベクトルとその成分表示の厳格な論理的区別がないことで悩みました．本章を読んだらすっきり解決すると思っていたのですが，混乱は深まるばかりです．もっと端的に分かる明確な区別を教えて頂けませんか．

【Answer 8】

本書では，第 1 章に典型的に見られるように，ベクトルを数ベクトルとして導入しているので，高校数学との一貫性をもって理解しようとすると混乱しているように映ってしまう可能性は不可避でしょうね．本書に沿って理解するのならベクトル $\boldsymbol{v}$ は数ベクトル $(x_1, x_2, \cdots, x_n)$ そのものですから，$\boldsymbol{v}$ の第 k 成分は，現時点では，ベクトルの k 番目の実数 x_k に過ぎませんが，《基底の取り換え》という後の議論を視野におけば，上に解説した基本ベクトル $\boldsymbol{e}_1, \boldsymbol{e}_2, \cdots, \boldsymbol{e}_n$ の線型結合 $x_1\boldsymbol{e}_1+x_2\boldsymbol{e}_2+\cdots+x_n\boldsymbol{e}_m$ の $\boldsymbol{e}_k$ 成分という意味で $\boldsymbol{v}$ の成分という，後に展開する議論の立場も有力になってきます．

概念的な区別の曖昧な同語反復のように映る言葉の使い方に対する不安は，高校では扱わない，

(A)　数ベクトル以外のベクトルの導入

(B)　標準基底以外の基底の重要性の理解

を経て解消されるはずですので，もうしばらく辛抱して下さい．しかし，実は，やがてわかるように，有限次元のすべてのベクトルは基底概念の一般化を通じて数ベクトル化できるので，数ベクトルに限定する我々の立場は決して狭すぎるわけではありません．その意味で決定的に重要なのは基底の自由化ともいうべき (B) です．これはいやが上にも大きく登場しますから，もうしばらくの辛抱です．

Question 9

似たものを同一視するという方法が現代数学の基本的な方法論となっ

ているということは，表面的には，つまり言葉の上では理解できますが，そんな素朴なものが難解さの代表のような現代数学の方法論となっていること自身に納得できません．似たもののをまとめて「種」とか「類」と考えて分類することは生物学においては古代ギリシャからあったと聞いています．

【Answer 9】

鋭い指摘ですね！ まさに，ある特徴を共有するものを《類》にまとめて考えるという方法はアリストレテスの分類論にまで起源を遡るのかもしれません．しかし，数学，特に現代数学で特徴的なのは，単に分類する——数学では，類に分けるという意味で，より積極的に《類別》するといいます—— だけでなく，こうして分類（類別）によって作り出された個々の類そのものを新たな個体としてそれを要素とする集合——現代数学では商集合 quotient set といいます——を考えるという具合に話を進めることです．商集合は，類という集合を要素にもつ集合です．多くの初学者が混同しがちですが，商集合を形成する類の要素を集めたもの（元々の集合全体）と商集合の要素全体（類を要素とする集合）とはまったく異なります．2 で割ったときの剰余に注目して整数を類別すると，整数全体は，偶数全体，奇数全体に類別されますが，この類別の商集合はいわば { 偶数，奇数 } という 2 個の要素からなる集合である，ということです．これに対し，整数全体の無限集合です．

上の例でいえば，平行移動して重ねられる有向線分を同一視するということは，そのような有向線分全体を集めたもの，つまり有向線分の類を，新しい個体として認識する，ということになります．有向線分としては異なるものの中で同一視できるものを一つに集めて作られる集合が，ベクトルということです．反対にベクトルの立場から見れば，個々の有向線分は，ベクトルという類を形成する構成要素の一つ，ということになります．

もっとわかりやすい例は，小学生の時代に学んだ「分数」でしょう．分数としては異なっている $\frac{3}{2}, \frac{6}{4}, \frac{9}{6}, \cdots$ が，有理数としては同じ 1.5 を表していることです．個々の有理数は，分数の類である，といってもよいでしょう．

もう少し現代数学的に表現すると，有理数は，整数 n, m, n', m' ただし，$n \neq 0$, $n' \neq 0$ の作る順序対 $(m, n), (m', n')$ に対して，

$$(m, n) \equiv (m', n') \iff mn' = m'n$$

を，同一視できる関係として定義したときに，この同一視でまとめられる類のことである，ということです．小学生がこんな高級なことを理解しているなんて凄いことですね！

反対に，高校数学の教科書に書かれているベクトルがすっきりと理解できないのは，表面的には教科書レベルの記述が「教育用の嘘」で塗り固められていること，構造的には，数直線，座標平面，座標空間の説明がベクトルと無関係になされ，またベクトルがこれらとの論理的整合性が意識されることなく教育されていることにあるのではないでしょうか．

第4章

ベクトルと計量

幾何ベクトルと並んで，もう一つ，高校数学から線型代数への飛躍に対して重要な話題は，方向やら向きといった曖昧に語られてきたベクトル概念のもつ側面に対する配慮である．

4.1 ベクトルのもつ方向を考えるための計量という手法

多重対は，情報科学では，レコードと一括して呼ばれる基本データを一列に並べたものに過ぎないが，レコードを構成する個々のセルに実数値が入力されている多重対に対して加法，実数倍が定義される数ベクトルは，数学のみならず，自然科学・社会科学の多くの領域で決定的に重要である．他方，高校レベルの数学や物理などで強調されるベクトルは，このような応用を視野において，初学者には，

大きさと向きとをもった量

として強調される*．確かに，資金のような1次元的量でさえ，金額だけでなく，収入と支出という向きの違いは決定的に重要である．**力** force や**速度** velocity, **加速度** acceleration などといった古典力学でも，その大きさだけでなく，平面や空間における向き（方向）direction の違いを考慮することがさらに重要である．実は，数学で良く使う点 P の**座標** coordinate という概念も，原点 origin という基本となる点 O から点 P に向かう「移動」（あるいは，位置の変化，すなわち 変位 displacement）を表現しているといえば，移動の距離という大きさに移動の向きを考慮した量の一つと

*「大きさ」と「向き」は 接続詞 and で繋がれる水平的な高さをもつ概念とは言いにくいから，ここでも，より正確にはこの伝統的な標準的表現に拘るなら「大きさ以外に向きも考慮した量」などに置き換えるべきであろう．

見なすことができる*.

しかし，上の定義は，その中でもっとも重要な役割を果たしている「向き」や「方向」という概念を定義せずに用いている，という論理的な欠点を孕(はら)んでいる．特に，4次元以上の我々の視覚的な認識を超えた高次元の世界では，このような素朴な定義は論理的には通用しなくなる．大学以上の線型代数学では「向き」という言葉を定義なしに使うのを避けて，反対に，「ベクトル」を先に定義し，これを利用して新たに「向き」を定義することには，以上の背景がある．

【余談】 単なる数であっても，正負の符号を考慮すれば，立派なベクトルである．負の数の概念がない頃，先進的な知性の人パッチョーリ Luca Paccioli (1447?–1517) によって発明・開発された，経理の収支を当時知られていた正の数だけを用いて，誤謬を避けるために多面的に記録する簿記というシステムでは，貸方・借方という基本的枠組で負の数を知らない弱点を見事に克服しており，今日に至るまでその方法が使われている．しかし，数にある向きの違い，言い換えると正，負の数の概念的区別が早くから普及していれば，いまより（数学的には）単純な会計方式が一般化していたに違いない，とその後の数学の展開を知る私達はつい考えてしまう．もちろん既に過ぎた歴史に「もしも」を持ち込むことは無意味であるが，未来に向けて合理化を考慮することはできるはずであるに違いない．ただしパッチョーリのシステムが，担当者が誤魔化した不正も発見できるように工夫されていたことは，不正処理が今日でも良くニュースに出る話題であることを引けば驚くべき先見性である．

しかしさらに想像力をかきたてて，もしも，金銭が，今日の常識となっている一次元空間（正しくは，経済学的手法？ で強引に射影された一次元空間）では

* 数学や物理学などでは，始点 O を決めることでこのような意味で点 P の位置を表すベクトルを素朴に位置ベクトル position vector と呼ぶ．ただし，数学では，点 $\mathrm{A}(\boldsymbol{a})$, $\mathrm{B}(\boldsymbol{b})$ に対して，例えばその中点 M を表す位置ベクトル $\boldsymbol{m}$ が，

$$\boldsymbol{m} = \frac{\boldsymbol{a}+\boldsymbol{b}}{2}$$

と表現されるというとき，この結果が，始点 O の取り方に依存しないことの方に位置ベクトルという思想の力点がおかれる傾向があるのに対して，物理では，例えば太陽系における太陽のような（あるいは，系の重心のような）特定の点を始点として位置を決めるベクトルを位置ベクトルと呼ぶ，というような，微妙な文化的／慣習的違いがある．物理では変位という単語で，ある一点を起点と選択したときの一般の点の位置を意味するようであるが，変位という日本語も displacement という英語も，数学の意味に近い「位置の変化」としての移動を意味するようではある．

なく，一般の人間的価値がそうであるように高次元であったなら，パッチョーリはどんな会計を考案していたであろうかなどと想像の世界に遊ぶと，現代の様々な貧困に対するもう一つのアプローチが可能になるかも知れないように思う．

4.2 物理のベクトルと数学のベクトルの間にあるもっと大きな違い

ところで，物理学（自然学 (physics)）のように，定義の単なる論理的な整合性よりも，自然（元のギリシャ語をラテン語表記すると physis）という世界秩序の体系的かつ精密な叙述を目指す学問ですら，とりあえずは，基本概念の論理的な定義はさておき，「向き」「力」といった基礎概念を使った現象の数学的説明が優先されるようだ．実際，空間内に離れた「質量」をもつ2つの物体（質点）の間には，互いに引き合う「引力」が働いていると《**仮説を仮定**》し，それによって太陽系の諸惑星は，（近似的に，といっても極めて高い精度で）太陽の周りを楕円軌道を描いて周回するといった「現実の自然法則」を《**数学的に叙述**》するという《理論の構築》の方に，より熱心である．万有引力の法則から，主要惑星に限らず，太陽系にあるすべての天体は，太陽だけでなく，他の諸天体との間にも引力が働いている．言い換えれば，虚空の宇宙と思われている太陽系の宇宙空間の各点に，もしそこに，ある質量を配置すれば，太陽をはじめ多くの惑星を含むすべての天体からの引力が働き，そのすべての力の合成した合力としての力が働いている．その意味で，宇宙は虚空の空間ではなく，各点に単位質量のものをおいたときに働くであろう力のベクトルで満たされた《**ベクトル場**》 vector field であるというのが現代の常識である．その意味では古典力学以降の物理学で常識的なのは，高校までに学ぶ単なるベクトルではなく，空間内の各点に対してベクトルが決まる《ベクトル場》という概念である．ベクトルという数学概念の応用的な意義は，この重力場をはじめ，電場，磁場のような古典的な物理学の発展を通して《ベクトル場》として決定的に重要になっている．

ただし，現代物理学では，近代の伝統的な空間イメージ（**ユークリッド空間**という，等質等方に一様に限りなく広がるどこにも歪みのない，近代以降18世紀までの人々が抱いていた常識的な空間像）を前提にして，「そこに大きな質量のある天体があるとその引力で光が曲がると考える」代わりに，光の《直進性》を前提にして，光が曲がって観測されるのは巨大な重力によって「空間自身が歪んでいる結果である」と考える現代幾何学の考え方が基本的なツールとなっている．空間の歪み自身を論ずることは本書の線型代数を超えるがその理解の基礎には，現代幾何学の歪んだ空間とは対照的な，歪んでいない空間が出発点としての意味をもつ．本章は，そのような《歪みのない古典的な空間》（ユークリッド空間）の概念を次元に関係なく一般的に論ずる基本的な手法の確立を目指しているが，その第一歩として線型空間内に《計量》という概念を定義する．この定義を一般化することによって《歪んだ空間》の定義も射程に入って来る．

といってもここで定義する《計量》は，部分的には中学生や高校生でも知っている概念である．だから，読者は結論の公式ではなく，途中の議論の組み立てに注意を払ってもらえば，章全体の議論の筋道が明瞭によくわかるであろう．つまり，大学の線型代数までいっても，その初期段階では18世紀以降の宇宙像に迫る準備をしているに過ぎない．

4.3　内積の概念

古典的な空間概念の中でもっとも基本的なのは，**距離** distance や**角** angle という**計量的概念**である．実際，古代の巨大で壮麗な建築物を実現したのは，土地の測量 (幾何学 geometry の語源となった土地・測量 geo-metria) の技術を支える，《距離》や《角》の精密な測量の技術（数学的には距離と角の測量技術とその記録方法から，測量結果を利用するための実践的相似理論）であったことは疑いない．

【ひとやすみ】 ユークリッド（ギリシャ名はエウクレイデース）の有名な『原論』（ギリシャ名『ストイケイア』，ラテン名『エレメンタ』）では，三角形の合同などをいわゆる合同条件などを利用して論証していく話題がもっとも有名であるが，現代人にはまことに驚くべきことに，いわゆる「2つの三角形は2辺夾角相等ならば合同」のような基本定理を証明する際も応用する際も「辺の長さ」「角の大きさ」という**計量的表現は一切登場しない**.

辺や角の相等性は《一致する》（＝移動によって重ね合わされる）という概念を基本にし，大小関係は「一方が他方の部分である」（「全体は部分より大きい」という共通観念と呼ばれる公理に基づく）ことで示されるだけで，今日なら，三角形の3辺に関する相等性や大小の関係やそれぞれの平方に関する命題（ピュタゴラースの定理と一般化）という計量の典型的な定理も，明白に計量概念を登場させることなく，あくまでも図形の関係として述べられる.（典型的には直角三角形における定理は，「斜辺上の正方形が，他の2辺上の正方形の和に分割できる」ことを主張しているだけで，三角形や正方形の面積というような計量概念は登場しない.（証明の中で本質的な役割を演ずるいわゆる等積変形は，計量的な面積概念が必要ないように，合同と図形の移動だけで証明される．ちなみに，もっとも重要な「直角」の概念であるが，有名な平行線公準あるいは第5公準の影に隠れて忘れられているが，直角に関しては，「隣り合う直線角が等しい角」（近代的に分かりやすくいうと補角と元の角が等しい場合の角）として定義されるため，「すべての直角は相等しい」ことが第4公準で《要請》されているのである.

このことは，**計量概念のない幾何学の構成可能性**を暗示している．現代数学にはそのような幾何学も存在するが，ユークリッドの場合は，表向き計量的な概念が登場することを嫌っただけで，その後のユークリッド幾何の展開が明らかにしているように，ユークリッド幾何は計量的な幾何の標準モデルなのである.

ユークリッドが禁欲的なまでに計量概念を避けた背景には，当時の表現を使えば「通約不可能量」（近代的に表現すれば整数比で表現できない2量，学校数学風にいえば無理数で長さが表現される線分同士の関係）の発見があったことが推定されている．それは，通約不可能量の存在を無視すれば，現代の学校教育のように，相似を含め計量が単純な応用問題となるが，ユークリッドは最初はこのような道を辿らず，ピュタゴラースの定理とその逆を証明で締めくくった第一巻からしばらくおき，ようやく第五巻まで進んだところで，デーデキント流の現代の実数論にそっくり対応する難解な比例論を展開してから，図形の比の話題に進んでいる．ここに，反計量主義的とさえいえるユークリッド『原論』の特徴的傾向が現れている．「定木とコンパスを使った作図」という言い回しは，後の人の，ユークリット『原論』の啓蒙的解説，あるいは，善意の誤解というべきである.

近代以降の伝統的な数学的常識とは反対に，現代の線型代数では，これらの計量的概念を厳密に定義するために，**内積**という，初学者には唐突に映る概念から出発する．

高校物理などで扱う「力学的な仕事」（力学エネルギー）という概念から出発するなど，内積を定義する上でより自然に映る流儀もあるが，ここでは立ち入らない．

また，純粋数学の立場からは，ベクトル全体の作る空間から実数全体への線型写像全体（双対(そうつい)空間という）を考え，その中にもっとも標準的に存在するものとして内積を考えるという手もあり，それこそがディラック（Paul A.M.Dirac, 1902-1984）の量子力学の根幹的な理解の手法であったのであるが，初学者はわからなくてよい．要するに，以下のような内積の定義は初学者にとっては最初から自然に映るものではないということだけ理解するとよい．

もっとも基本的な内積の数学的定義

【定義】　与えられた二つのベクトル　$\boldsymbol{x} = (x_1, x_2, \cdots, x_n)$, $\boldsymbol{y} = (y_1, y_2, \cdots, y_n)$ に対し，それらの**内積** inner product と呼ばれる演算を

$$(\boldsymbol{x}, \boldsymbol{y}) = x_1y_1 + x_2y_2 + \cdots + x_ny_n$$

のように定義する．

Notes

1°　内積は，$(\boldsymbol{x}, \boldsymbol{y})$ の代わりに，特に初学者向けには，積の一種であることを強調するために，単に $\boldsymbol{x} \cdot \boldsymbol{y}$ と書かれることも少なくない．

2°　確かに，内積は，以下に挙げるような**通常の積とよく似た性質**をもつものの*，

＊ 先で学ぶことばを使えば，それらは積の和への分配性として語られるよりは，次に述べる双線型性（二重線型性）と交換性として語られる方がより正統的である．さらに本質的には，実数と同様，内積に関する 2 乗の非負性が際立っている性質である．

通常の積と決定的に違い，**ベクトル同士の内積はもはやベクトルにはならず，単なるスカラー**になってしまうため，通常の積なら当然考えられる**もっとも重要な演算関係である結合性**

$$((\boldsymbol{x}.\boldsymbol{y}),\boldsymbol{z}) = (\boldsymbol{x},(\boldsymbol{y},\boldsymbol{z}))$$

を考えることすらできない．この点で**内積は通常の積とは決定的に異なる**．

3° 内積があるなら**外積** outer product があるだろうと考えるのは人情であろう．初等的な線型代数では，$n=3$ の場合には，結合性を満足する自然な外積 $\boldsymbol{x}\times\boldsymbol{y}$ が定義でき（残念ながら交換性は満足しない），応用上も一定程度の重要な役割を演ずるが，この特殊な場合を除いては，初等的な方法では外積は定義されない．したがって本書ではこの話題に入らない．

4° 上に示したのは，内積のもっとも分かりやすい標準的な定義であるが，より一般的な内積の数学的定義もあり，さらにまた空間の歪み方によっては実質的に異なる別の定義もあり得る．

しかし，内積には内積ならではの重要な性質もある．

内積の性質

任意のベクトル $\boldsymbol{x},\boldsymbol{y},\boldsymbol{x}_1,\boldsymbol{x}_2,\boldsymbol{y}_1,\boldsymbol{y}_2$，スカラー α などについて以下の関係が成り立つ．

I $(\boldsymbol{x}_1+\boldsymbol{x}_2,\boldsymbol{y}) = (\boldsymbol{x}_1,\boldsymbol{y})+(\boldsymbol{x}_2,\boldsymbol{y})$ 〔内積の右分配性〕

II $(\boldsymbol{x},\boldsymbol{y}_1+\boldsymbol{y}_2) = (\boldsymbol{x},\boldsymbol{y}_1)+(\boldsymbol{x},\boldsymbol{y}_2)$ 〔内積の左分配性〕

III $(\alpha\boldsymbol{x},\boldsymbol{y}) = \alpha(\boldsymbol{x},\boldsymbol{y})$ 〔左スカラーの移動性〕

IV $(\boldsymbol{x},\alpha\boldsymbol{y}) = \alpha(\boldsymbol{x},\boldsymbol{y})$ 〔右スカラーの移動性〕

V $(\boldsymbol{x},\boldsymbol{y}) = (\boldsymbol{y},\boldsymbol{x})$ 〔内積の交換性〕

VI $(\boldsymbol{x},\boldsymbol{x}) \geqq 0$ かつ “$(\boldsymbol{x},\boldsymbol{x})=0 \Longrightarrow \boldsymbol{x}=\boldsymbol{0}$”

〔内積に関する 2 乗の正値性〕

Notes

1° 内積に関する最初の 4 つの性質は，内積の**双線型性** bilinearity と呼ばれる内積のもっとも基本的な性質であり，これは**通常の線型性**（すぐ後の次項で定式化する，**正比例の性質**の一般化である）が，内積を作る，左右いずれ因子

をなす左右いずれのベクトルについても成り立つことを主張している．実際，例えば，内積の右分配性や左スカラー倍の移動性は，

$$(\boldsymbol{x_1}+\boldsymbol{x_2}, \boldsymbol{a}) = (\boldsymbol{x_1}, \boldsymbol{a}) + (\boldsymbol{x_2}, \boldsymbol{a})$$
$$(\boldsymbol{kx}, \boldsymbol{a}) = k(\boldsymbol{x}, \boldsymbol{a})$$

のように文字をわかりやすく変更し，$\boldsymbol{a}$ を定ベクトルとして変数を $\boldsymbol{x}$ だけに限定して $T_{\boldsymbol{a}}(\boldsymbol{x}) = (\boldsymbol{x}, \boldsymbol{a})$ とおけば，それぞれ

$$T_{\boldsymbol{a}}(\boldsymbol{x_1}+\boldsymbol{x_2}) = T_{\boldsymbol{a}}(\boldsymbol{x_1})+T_{\boldsymbol{a}}(\boldsymbol{x_2}) \qquad \forall \boldsymbol{x_1}, \forall \boldsymbol{x_2}：\text{ベクトル}$$
$$T_{\boldsymbol{a}}(k\boldsymbol{x}) = kT_{\boldsymbol{a}}(\boldsymbol{x}) \qquad \forall k：\text{実数},\ \forall \boldsymbol{x}：\text{ベクトル}$$

に他ならないからである．これが線型性と呼ばれ，後の章で詳しく論じられる線型代数の中心的な主題となる．

2°　1° の最後の式でもし $\boldsymbol{x}, \boldsymbol{a}$ が単なる実数 x, a ならば，これらの式は $T(x) = ax$ という正比例が満たす関係式である．詳しくは次の問題を参照せよ．

問題 12　（やや難）実数 x の関数 $f(x)$ が

$$f(x+y) = f(x)+f(y)$$

を満たすとき

(1) 自然数 n について $f(n) = nf(1)$ を示せ．

(2) $f(0) = 0$ を示せ．

(3) 自然数 m について $f\left(\dfrac{1}{m}\right) = \dfrac{f(1)}{m}$ を示せ．

(4) 有理数 r について $f(r) = f(1)r$ を示せ．

3°　我々が定義したベクトルのように，内積の交換性が成り立つ世界では，上に列挙した諸関係は，ここに明示する項目を数を削減して表現することができる．例えば，左分配性が成り立つとき，右分配性が成り立つのは自明であるからである．

4°　内積は単なるスカラー，つまり数であるから正，0，負の場合があるが，上に挙げた最後の性質: $(\boldsymbol{x}, \boldsymbol{x}) \geqq 0$ は，任意のベクトルについて自分自身との内積（比喩的に表現すればいわば内積に関する 2 乗*）がそのベクトルが $\mathbf{0}$ の場合を除いてつねに正であることを主張している．その意味で，内積は通常のスカラーの 2 乗の基本性質

---

* 内積は結合性を満たさないので，3 乗，4 乗，…，を定義することはできない！

$$\forall x : \text{実数},\ x^2 \geqq 0 \quad \text{かつ} \quad \text{“}x^2 = 0 \Longrightarrow x = 0\text{”}$$

と良く似た性質を有している．（ここでベクトル $\mathbf{0}$ とスカラー 0 の違いに注意せよ！）実際，上で定義した内積では，$\boldsymbol{x} = (x_1, x_2, \cdots, x_n)$ の場合，$(\boldsymbol{x}, \boldsymbol{x})$ は $x_1^2+x_2^2+\cdots+x_n^2$ となるから，内積のこの基本性質は，上のスカラーの 2 乗の性質を拡張したものに過ぎないので，上で触れた類似性には背景的な根拠がある．

問題 13　内積の性質 VI を内積の定義に基づいて証明せよ．

5°　内積の**双線型性**は，読者の中には馴染み深い人もいるであろう正比例，あるいはその多次元への拡張である**線型性**と呼ばれる線型代数でもっとも標準的な性質の拡張であると同時に，やがて学ぶ**行列式の多重線型性**のもっとも単純な場合である．

上に挙げた 4 つの性質 I, II, III, IV は，単一の条件にまとめて表現することができる．

内積の双線型性をまとめた式

【定理】　任意のベクトル $\boldsymbol{x}_1, \boldsymbol{x}_2, \boldsymbol{y}_1, \boldsymbol{y}_2$，スカラー $\alpha, \beta, \gamma, \delta$ に対し，

$$(\alpha\boldsymbol{x}_1+\beta\boldsymbol{x}_2,\ \gamma\boldsymbol{y}_1+\delta\boldsymbol{y}_2)$$
$$=\alpha\gamma(\boldsymbol{x}_1, \boldsymbol{y}_1) + \alpha\delta(\boldsymbol{x}_1, \boldsymbol{y}_2) + \beta\gamma(\boldsymbol{x}_2, \boldsymbol{y}_1) + \beta\delta(\boldsymbol{x}_2, \boldsymbol{y}_2)$$

が成り立つ．

Notes

1°　実際，$\alpha, \beta, \gamma, \delta$ について 1, 0 などの特殊な値を考えれば，I, II, III の 3 条件が出てくる．そしてこれは，内積の計算が，中学生でも知っている「2 項式の展開」$(a+b)(c+d) = ac+ad+bc+bd$　のように実行できることを意味している．

2°　少し高級な線型代数での内積は，上のような素朴な交換性を満たさないこともある．これも心の隅においておくと良い．他方，交換性が成り立つ内積に関しては，内積 $(\boldsymbol{x}+\boldsymbol{y}, \boldsymbol{x}+\boldsymbol{y})$ の展開は，中学生にも知られた 2 次式の**展開**の公式 $(a+b)^2 = a^2+2ab+b^2$ のまま素朴に実行できることを意味している．

3° 双線型性がこのような「展開」の基本原理として機能することは，後の第 8 章で学ぶ行列式が多重線型性によって展開できることも暗示している．

計量ベクトルの定義

【定義】 ベクトルについてこのような性質を満たす内積が定義できることをもって，ベクトルに**計量** metric が定義されるといい，このような内積が定義された線型空間を**計量線型空間** metric vector space という．

Notes

1° metric は形容詞でもあるから場面によっては計量的と訳しても良い．

2° 計量という用語を使うのは，内積が定義できると，それを用いて以下のように，ベクトルの**ノルム**（norm, 英語流に発音すれば [ノーム]，基準），ないし**大きさ**（ないし長さ）が定義できるからである．

ベクトルのノルムの定義

【定義】 任意の計量ベクトル $\boldsymbol{x}$ に対して，$(\boldsymbol{x}, \boldsymbol{x}) \geqq 0$ であるので，その負でない平方根によって，ベクトル $\boldsymbol{x}$ のノルム $\|\boldsymbol{x}\|$ を

$$\|\boldsymbol{x}\| = \sqrt{(\boldsymbol{x}, \boldsymbol{x})}$$

と定義することができる．

Notes

1° ベクトル $\boldsymbol{x}$ のノルム（大きさ）を表現する記号は高校数学風に $|\boldsymbol{x}|$ でも構わないが，すぐ後で見るように，実数の絶対値と混在する場合があるので，敢えて記号を変える方が混乱を避けるためには合理的である．

2° 我々の $\boldsymbol{x} = (x_1, x_2, \cdots, x_n)$ という数ベクトルについて上のように内積を定義した場合には，

$$\|\boldsymbol{x}\| = \sqrt{x_1^2 + x_2^2 + \cdots + x_n^2}$$

となって，$n = 1, 2, 3$ のときは，ピュタゴラースの定理から導かれるベクトル $\boldsymbol{x}$ の大きさ（原点から点 $\boldsymbol{x}$ までの距離）を表す有名な式と一致する．

3° $n \geqq 4$ の場合にもこの公式を適用すれば，4 次元以上の高次元ユークリッド空間においても，普通の 3 次元以下の世界で通用して来た距離の公式がほとんどそのまま使えることになる．世界の至るところで，同じ距離の公式が通用することが比喩的に《歪みのないユークリッド的世界》と語られるまず第一の数学的な根拠である．

ベクトルのノルムの基本性質

任意のベクトル $\boldsymbol{x}, \boldsymbol{y}$ と任意の実数 α に対して次の性質が成り立つ．

(1)　$\|\boldsymbol{x}\| \geqq 0$　かつ　“$\|\boldsymbol{x}\| = 0 \implies \boldsymbol{x} = \boldsymbol{0}$”

〔ベクトルのノルムの非負値性〕

(2)　$\|\alpha\boldsymbol{x}\| = |\alpha|\|\boldsymbol{x}\|$　〔ベクトルの実数倍のノルム〕

(3)　$\|\boldsymbol{x}+\boldsymbol{y}\| \leqq \|\boldsymbol{x}\|+\|\boldsymbol{y}\|$　〔三角不等式〕

Notes

1° 以上のノルムの性質は，私達が考えているベクトルとその計量について成り立つことを証明するのは困難ではない．特に最初の性質は定義からほぼ自明である．

2° 第 2 の性質で，ノルムの記号を実数の絶対値記号と敢えて区別した理由がわかるだろう．いうまでもなく $|\alpha|$ は実数 α の絶対値である．

3° 第 3 の性質は，三角不等式と呼ぶからといって，「三角の不等式」ではない．「三角形の 2 辺の長さの和が他の一辺より大きい（3 点が同一直線上にある場合も含めて考えているので，緻密にいうと，小さくない）」という図形の基本性質の深遠さに由来する不等式であるので「三角形不等式」と呼ぶ方が適切であるが，「悪貨は良貨を駆逐する」という基本法則がここでも成り立っている．これに関する詳しい議論は別に回すが，その証明には，直接両辺の値をベクトルの成分で表現するという初等的なものも含め，いろいろなアプローチがあるので，読者は是非挑戦してみるとよい．

問題 14　不等式の両辺が 0 以上であることを考慮して，両辺を 2 乗した不等式 $\|\boldsymbol{x}+\boldsymbol{y}\|^2 \leqq (\|\boldsymbol{x}\|+\|\boldsymbol{y}\|)^2$ を証明するという方針でいくと，$(\boldsymbol{x}, \boldsymbol{y}) \leqq \|\boldsymbol{x}\|\|\boldsymbol{y}\|$ に帰着される．このことを確認せよ．

4° ベクトルのノルムが定義できると，ノルムに関してまさに「基準」にあたる**単位ベクトル** unit vector の概念を導くことができる．すなわち，与えられた $\mathbf{0}$ でないベクトル $\boldsymbol{v}$ に対して，$\boldsymbol{v}$ と同じ向きの（正の実数倍の）ノルムが 1 に等しいベクトルは，

$$\boldsymbol{e} = \frac{1}{\|\boldsymbol{v}\|}\boldsymbol{v}$$

である．これを $\boldsymbol{v}$ と**同じ向きの単位ベクトル**という．上の表現はより簡易に $\boldsymbol{e} = \dfrac{\boldsymbol{v}}{\|\boldsymbol{v}\|}$ と表現されることもある．

問題 15　上のベクトル $\boldsymbol{e}$ が単位ベクトルであることを確かめよ．

5° 問題 14 の証明に関連して登場してきた不等式で，$\boldsymbol{x} \neq \mathbf{0}$ かつ $\boldsymbol{y} \neq \mathbf{0}$ であるときは，不等式の両辺を 0 でない $\|\boldsymbol{x}\| \times \|\boldsymbol{y}\|$ で割ることにより，任意の単位ベクトル $\boldsymbol{e}$, $\boldsymbol{f}$ についての不等式

$$(\boldsymbol{e}, \boldsymbol{f}) \leqq 1$$

が得られる．

問題 16　$\mathbb{R}^2$ において，単位ベクトル $\boldsymbol{e}, \boldsymbol{f}$ をそれぞれ $(\cos\alpha, \sin\alpha)$, $(\cos\beta, \sin\beta)$ とおくと，上の不等式は，どのように表現し直されるか．

たったいま話題とした三角不等式の核心に存在する重要な不等式を取り上げよう．

コーシー＝シュヴァルツの不等式

【定理】　任意のベクトル $\boldsymbol{x}, \boldsymbol{y}$ について，不等式

$$(\boldsymbol{x}, \boldsymbol{y})^2 \leqq \|\boldsymbol{x}\|^2 \|\boldsymbol{y}\|^2$$

が成り立つ．

Notes

1° 定理の名称は，Augustin Louis Cauchy (1789-1857) という大革命の時代のフランスの数学者，Karl Herman Amandus Shwarz (1843-1921) という現代数学が大発展する時代のドイツの数学者の名に由来する．シュワルツと表記されることがあるが，20 世紀にフランスで活躍した超関数論 distribution で

有名な シュワルツ Laurent Schwartz と誤解されているためかも知れない．時代的に，コーシーとシュヴァルツの中間にいるブニャコフスキーの名前を挟んで呼ぶ国もある．

2° 上の不等式は，平方をとれば，

$$-\|\boldsymbol{x}\|\|\boldsymbol{y}\| \leqq (\boldsymbol{x}, \boldsymbol{y}) \leqq \|\boldsymbol{x}\|\|\boldsymbol{y}\|$$

となり，右側は，三角不等式に関連して，問題の中で既に取り上げたものである．

3° 我々が論じて来た通常の内積に関しては，コーシー＝シュヴァルツの不等式は，

$$\left(\sum_{k=1}^{n} x_k y_k\right)^2 \leqq \left(\sum_{k=1}^{n} x_k^2\right)\left(\sum_{k=1}^{n} y_k^2\right)$$

と書ける．n の値が小さいときは，直接証明することもたやすい．

問題 17　$n=2$, $n=3$ の場合について初等的な証明を与えよ．

4° この不等式には以下に示すような，極めてエレガントな証明が知られている．

（証明）まず $\boldsymbol{x}=\boldsymbol{0}$ のときは，不等式の両辺は 0 となるので，成立することは自明であるから，以下では，$\boldsymbol{x}\neq\boldsymbol{0}$ のときだけを考える．そして，$\boldsymbol{x},\boldsymbol{y}$ を与えられたベクトルとして実数 t の関数

$$f(t) = \|t\boldsymbol{x} - \boldsymbol{y}\|^2$$

を考える．この右辺を展開して t について整理すると，上式は

$$f(t) = \|\boldsymbol{x}\|^2 t^2 - 2(\boldsymbol{x}, \boldsymbol{y})t + \|\boldsymbol{y}\|^2$$

という t^2 の係数が正の*2 次関数である．冒頭の $f(t)$ の定義から，「任意の実数 t に対して 2 次関数 $f(t)$ がつねに 0 以上（非負）である」ので，2 次式 $f(t)$ の判別式 D については，$D \leqq 0$ であり**，これは

$$(\boldsymbol{x}, \boldsymbol{y})^2 - \|\boldsymbol{x}\|^2\|\boldsymbol{y}\|^2 \leqq 0$$

を意味する．よって，$(\boldsymbol{x}, \boldsymbol{y})^2 \leqq \|\boldsymbol{x}\|\,\|\boldsymbol{y}\|$ を得る．　q.e.d.

5° 上の証明の魅力の一つは，問題とする不等式で等号が成り立つのが，

---

* ここで，$\boldsymbol{x}\neq\boldsymbol{0}$ という前提条件が効く．

** 高校一年生レベルの知識であるが，『実係数の 2 次関数 $f(t) = at^2+bt+c$ (a, b, c は実数で $a>0$) が任意の実数 $\boldsymbol{x}$ に対して $f(t) \geqq 0$ を満たすのは，$D = b^2-4ac \leqq 0$ の場合である』という基本的な定理が使われている．

$$\boldsymbol{x} = \boldsymbol{0} \text{ または } t\boldsymbol{x} = \boldsymbol{y} \text{ となる実数 } t \text{ が存在する場合}$$

であることが，直ちにわかることである．$\boldsymbol{x} = \boldsymbol{0}$ という自明な場合も含めて考えれば，

$$(\boldsymbol{x}, \boldsymbol{y})^2 = \|\boldsymbol{x}\|^2\|\boldsymbol{y}\|^2 \iff \boldsymbol{x}, \boldsymbol{y} \text{ が線型従属}$$

対偶をとれば，

$$(\boldsymbol{x}, \boldsymbol{y})^2 < \|\boldsymbol{x}\|^2\|\boldsymbol{y}\|^2 \iff \boldsymbol{x}, \boldsymbol{y} \text{ が線型独立}$$

ということである．これで，計量線型空間においては（計量なしには概念的で難しかった）2本のベクトルの線型従属性，線型独立性に関して，簡単で計算的な判定条件がコーシー＝シュヴァルツの不等式に関連して得られたことになる．

6° その意味で，不等式を通じて，

$$\|\boldsymbol{x}\|^2\|\boldsymbol{y}\|^2 - (\boldsymbol{x}, \boldsymbol{y})^2$$

という《非負の値》が《何らかの幾何学的な量》を表しているのではないかという予感が得られる．

問題 18　$n = 2,\ n = 3$ の場合について上の値がなにを表しているか考えよ．

7° 任意の与えられた2つのベクトルの内積と，それぞれのノルムの積の間にコーシー＝シュヴァルツの不等式が成り立つことから，$\boldsymbol{x} \neq \boldsymbol{0}$，$\boldsymbol{y} \neq \boldsymbol{0}$ のときは

$$\frac{(\boldsymbol{x}, \boldsymbol{y})^2}{\|\boldsymbol{x}\|^2\|\boldsymbol{y}\|^2} \leqq 1 \qquad \therefore \left(\frac{(\boldsymbol{x}, \boldsymbol{y})}{\|\boldsymbol{x}\|\|\boldsymbol{y}\|}\right)^2 \leqq 1$$

すなわち，

$$-1 \leqq \frac{(\boldsymbol{x}, \boldsymbol{y})}{\|\boldsymbol{x}\|\|\boldsymbol{y}\|} \leqq 1$$

であることが導かれる．

コーシー＝シュヴァルツの不等式から，次のように（一般には不可視に感じられる高次元の）ベクトルのなす角を決めることができる．

ベクトルのなす角の定義

【定義】 $\boldsymbol{x} \neq \mathbf{0}$, $\boldsymbol{y} \neq \mathbf{0}$ のときは,

$$\cos\theta = \frac{(\boldsymbol{x}, \boldsymbol{y})}{\|\boldsymbol{x}\|\|\boldsymbol{y}\|}$$

となる θ $(0 \leqq \theta \leqq \pi)$ が一意的に決まるので, この θ を, 二つのベクトル $\boldsymbol{x}, \boldsymbol{y}$ のなす角と呼ぶ.

Notes

1° この角の定義の魅力は, $n \geqq 4$ のときの $\mathbb{R}^n$ のベクトルのような, 肉眼的な視覚化が不可能な場合にも「なす角」を定義できる点にある.

2° また, $n=2$, $n=3$ の場合には, 学校数学ではベクトル $\boldsymbol{x}, \boldsymbol{y}$ の内積を両者のなす角 θ を用いて

$$(\boldsymbol{x}, \boldsymbol{y}) = \|\boldsymbol{x}\|\|\boldsymbol{y}\| \cos\theta$$

と定義していたことの教育的合理性がわかることも魅力的である.

3° それ以上に重要なことは, ベクトルの「なす角」の定義が, ベクトルの「大きさ」のそれと同様, ベクトルの内積に基づいて定義されることを明らかにしている点である. 初学者には不自然に映ることの多い内積という概念が定義されたベクトルを計量ベクトルと呼ぶ結縁(ゆえん)がここにある.

特に, $\theta = \dfrac{\pi}{2}$ となる $(\boldsymbol{x}, \boldsymbol{y}) = 0$ のときは, 初等幾何の言葉を流用してベクトル $\boldsymbol{x}, \boldsymbol{y}$ は互いに**直交する**, ということにしよう.

さらに, これまでの「$\boldsymbol{x} \neq \mathbf{0}$, $\boldsymbol{y} \neq \mathbf{0}$ のとき」という制約を緩和して直交という概念を次のように定義する.

ベクトルの直交の定義

【定義】 計量ベクトル $\boldsymbol{x}, \boldsymbol{y}$ について, $(\boldsymbol{x}, \boldsymbol{y}) = 0$ であるとき, $\boldsymbol{x}$ と $\boldsymbol{y}$ は直交するといい, $\boldsymbol{x} \perp \boldsymbol{y}$ と表す.

Notes

1° 「なす角」の定義の際には除外されていた $\mathbf{0}$ であるが, この定義以降は, 「$\mathbf{0}$ は任意のベクトルと直交する」ということにすればよいことになる.

2°「直交」という日本語の熟語には「交わる」が含まれているために，上の言い回しの拡大に抵抗を感ずる人がいるかもしれない．その場合には，「直交」を使うのを止めて，「垂直」と言い換えるか，英語の orthogonal という単語を使えばよい．$\mathbf{0}$ という従来はベクトルの加法で逆ベクトルを作るときにしか大きな活躍の場面がなかった概念が，内積に関して，直交という重要な概念に絡んで来ることは注目に値する．

とにかく，ベクトルの大きさ（長さ）やなす角（特に直交性）を語るにはベクトルの内積概念が必要である．逆に，いかなるベクトルに対しても内積を定義できればそれに沿って，大きさやなす角を定義することができるというストーリを始められることをここでしっかりと理解しよう．

とはいえ，そのような計量を前提にしなくても語ることのできる，計量をもたない線型代数の豊饒な世界がまだまだある．ただそれは次章以降の課題として．ここでは，せっかく計量を話題としたので，以下の次章以降の展開に本格的に入る前に，直交性に関連して，理論的にも応用上も重要な話題に触れておこう．

4.4　互いに直交するベクトルの線型独立性

線型独立性の概念自身は，計量線型空間でなくても定義できていたものであるが，計量線型空間では，次の強力な定理が成立する．

互いに直交するベクトルの線型独立性

【定義】　計量線型空間において $\mathbf{0}$ でないベクトル $\boldsymbol{v}_1, \boldsymbol{v}_2, \cdots, \boldsymbol{v}_m$ の相異なるもの同士が直交するならば，ベクトル $\boldsymbol{v}_1, \boldsymbol{v}_2, \cdots, \boldsymbol{v}_m$ は線型独立である．

Notes

1°証明はたやすい．より詳しくは演習に回そう．

問題 19　上の定理を証明せよ．

2° この定理は，「2 次元は，互いに直交する方向が縦と横の 2 つ，3 次元は互いに直交する方向が縦，横，高さの 3 つある」であるという次元に関する一般の人々の素朴な理解が計量線型空間の場合には必ずしも間違っていないことを示唆している．しかし，我々は計量のない空間において既に次元について語って来たことを思い出そう！ その秘密は「直交性」ではなく「線型独立性」であった！

興味深いことには，上の定理の「逆」のような定理が作れることである．その準備に欠かせないのは計量線型空間で定義できる**正射影** orthogonal projection の概念である．

正射影の概念

【**定義**】 計量線型空間 V とその部分空間 W に対して，V に属する任意のベクトル $\boldsymbol{v}$ に対して，次の 2 条件をともに満足するベクトル $\boldsymbol{p}$ を，ベクトル $\boldsymbol{v}$ の部分空間 W への**正射影**という．

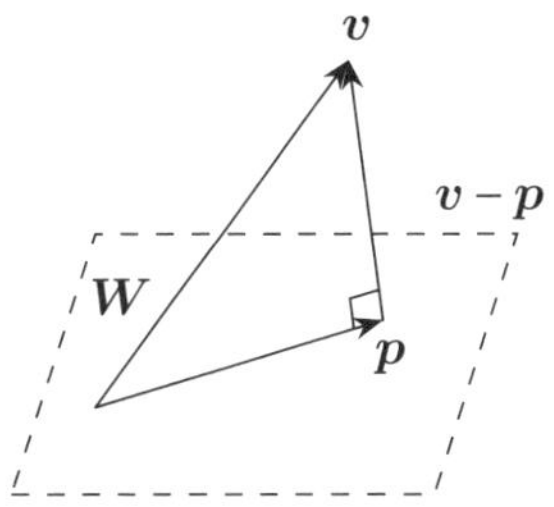

- ベクトル $\boldsymbol{p}$ が W に含まれる．
- $\boldsymbol{v}-\boldsymbol{p}$ が W に含まれる任意のベクトルと直交する．

ただし，ベクトル $\boldsymbol{x}$ が部分空間 W に含まれるとは，$\boldsymbol{x} \in W$ の意味であり，それは $\boldsymbol{x}$ が部分空間 W の基底を構成するベクトルの線型結合で表現できることである．

Notes

1° もし ベクトル $\boldsymbol{v}$ 自身が部分空間 W の要素として含まれているのであれば，$\boldsymbol{p}=\boldsymbol{v}$ であり，自明な正射影である．
また，もしベクトル $\boldsymbol{v}$ が部分空間 W の任意のベクトルと直交するのであれば，$\boldsymbol{p}=\boldsymbol{0}$ となる．これも正射影としては面白くないものである．

2° 正射影という言葉があるのは，より一般的な射影（斜射影）があるからである．計量線型空間だからこそ，正射影というすべての射影の中でもっとも規範的な概念が定義できるのである.

3° 与えられた部分空間 W とベクトル $\boldsymbol{v}$ から, $\boldsymbol{p}$ をどのように構成することができるかは, 以下のように W をより具体的に与えた場合の方がわかりやすい. 必要な準備をしよう.

正射影の中でもっとも基本的なのはベクトルが 2 つの場合である.

ベクトルへの正射影

計量線型空間 V の任意のベクトル $\boldsymbol{v}$ と 空間 V の $\boldsymbol{0}$ でないベクトル $\boldsymbol{a}$ が与えられたとき, 2 条件

- ベクトル $\boldsymbol{p}$ がベクトル $\boldsymbol{a}$ の実数倍である
- ベクトル $\boldsymbol{v}-\boldsymbol{p}$ がベクトル $\boldsymbol{a}$ と直交する

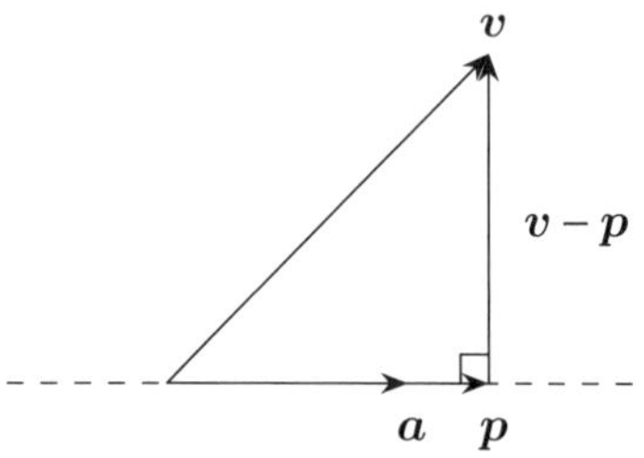

を満たすベクトル $\boldsymbol{p}$ は, ベクトル $\boldsymbol{v}$ の, ベクトル $\boldsymbol{a}$ の張る空間への正射影であり, それは

$$\boldsymbol{p} = \frac{(\boldsymbol{a}, \boldsymbol{v})}{\|\boldsymbol{a}\|^2}\boldsymbol{a}$$

で与えられる.

Notes

1° $\dfrac{(\boldsymbol{a}, \boldsymbol{v})}{\|\boldsymbol{a}\|^2}$ は実数. $\boldsymbol{p}$ は, ベクトル $\boldsymbol{a}$ の $\dfrac{(\boldsymbol{a}, \boldsymbol{v})}{\|\boldsymbol{a}\|^2}$ というスカラー倍である.

2° 証明は簡単である. $\boldsymbol{p} = t\boldsymbol{a}$ (t はある実数) とおいて, これを条件 $(\boldsymbol{a}, \boldsymbol{v}-\boldsymbol{p}) = 0$ に代入して実数 t についての 1 次方程式を解いて $t = \dfrac{(\boldsymbol{a}, \boldsymbol{v})}{\|\boldsymbol{a}\|^2}$ を導けばよい.

問題 20　上の正射影の公式を証明せよ.

3° 当然すぎる話だが, もしベクトル $\boldsymbol{a}$ が単位ベクトルであるなら, 上の公式は次のように単純化される.

$$\boldsymbol{p} = (\boldsymbol{a}, \boldsymbol{v})\boldsymbol{a}$$

この自明な話題は実用的には意外に大切である.

互いに直交する単位ベクトルからなる基底の構成可能性

【定理】 計量線型空間 W に，線型独立な，したがって $\mathbf{0}$ でないベクトル $\boldsymbol{v}_1, \boldsymbol{v}_2, \cdots, \boldsymbol{v}_m$ が与えられたとき，これらの張る部分空間 W の基底として，互いに直交する同数個の単位ベクトル $\boldsymbol{e}_1, \boldsymbol{e}_2, \cdots, \boldsymbol{e}_m$ からなるものが存在する.

Notes

1° 単なる言葉の定義であるが，互いに直交する単位ベクトルで構成される基底を特に**正規直交基底** orthonormal basis と呼ぶ.

2° 正規直交基底の存在定理の証明は，そのような基底を作る**シュミットの直交化法**と呼ばれるアルゴリズムとして**構成的** constructive に与えることができる．つまり，存在性を直接証明できる.

i) まず，$\boldsymbol{e}_1$ は，$\boldsymbol{v}_1$ と同じ向きの単位ベクトルとして

$$\boldsymbol{e}_1 = \frac{1}{\|\boldsymbol{v}_1\|}\boldsymbol{v}_1$$

をとればよい.

ii) 次に $\boldsymbol{v}_1, \boldsymbol{v}_2$ の（したがって $\boldsymbol{e}_1$ と $\boldsymbol{v}_2$ の）線型独立性から,

$$\boldsymbol{p}_1 = (\boldsymbol{e}_1, \boldsymbol{v}_2)\boldsymbol{e}_1$$

とすれば，これは $\boldsymbol{v}_2$ の，$\boldsymbol{e}_1$ の張る，つまり $\boldsymbol{v}_1$ の張る空間（直線）への正射影である．（ここで $\boldsymbol{e}_1$ が単位ベクトルであることが使われている.）

そこで，$\boldsymbol{v}_2$ といま求めた正射影 $\boldsymbol{p}_1$ との差 $\boldsymbol{p}_2 = \boldsymbol{v}_2 - \boldsymbol{p}_1$ とおけば，$\boldsymbol{p}_1$ との内積の値からわかるように，$\boldsymbol{p}_2$ は $\boldsymbol{p}_1$ と直交する．よって，$\boldsymbol{v}_2$ が互いに直交するベクトル $\boldsymbol{p}_1, \boldsymbol{p}_2$ の和として表現できることになる．そこで $\boldsymbol{p}_2$ と同じ向きの単位ベクトルとして

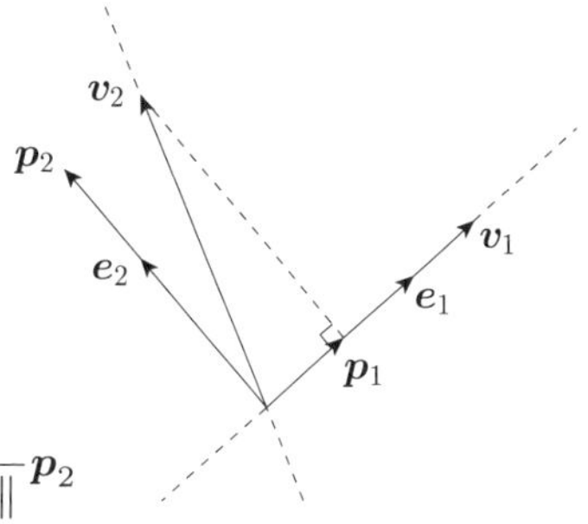

$$\boldsymbol{e}_2 = \frac{1}{\|\boldsymbol{p}_2\|}\boldsymbol{p}_2$$

とする.

iii) 次に，$\boldsymbol{v}_3$ の $\boldsymbol{v}_1, \boldsymbol{v}_2$ の（したがって $\boldsymbol{e}_1$ と $\boldsymbol{e}_2$ の）張る空間への正射影 $\boldsymbol{p}_3$ を計算する．結論的には

$$\boldsymbol{p}_3 = (\boldsymbol{e}_1, \boldsymbol{v}_3)\boldsymbol{e}_1 + (\boldsymbol{e}_2, \boldsymbol{v}_3)\boldsymbol{e}_2 \qquad \cdots①$$

となる．

そこで，

$$\boldsymbol{e}_3 = \frac{1}{\|\boldsymbol{p}_3\|}\boldsymbol{p}_3$$

とする．

問題 21　上の①を導け．ここで注意すべきは，右辺の各項は，ベクトル $\boldsymbol{v}_3$ の，それぞれ $\boldsymbol{e}_1, \boldsymbol{e}_2$ の張る直線への正射影となっていることである．$\boldsymbol{e}_1, \boldsymbol{e}_2$ の直交性を考えれば，三垂線の定理（演習解答で少し詳しく触れる）から当然である．数学的な定式化は式が繁雑であるため，意味を理解しないと難しそうに映るが，意味がわかれば日常的な幾何学的な直観から納得できるごく自然な結果である．

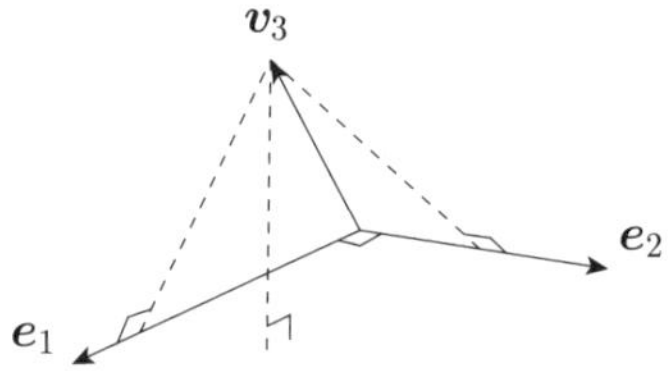

問題 22　三垂線の定理を定式化しその証明を与えてみよう．特に証明に使われる前提条件を明確にせよ．

3°　以上で，$\boldsymbol{e}_1, \boldsymbol{e}_2, \boldsymbol{e}_3$ まで定められたが，以下，同様にして，順に $\boldsymbol{e}_4$ 以降をとっていく．$\boldsymbol{v}_1, \boldsymbol{v}_2, \cdots, \boldsymbol{v}_m$ の線型独立性から，この操作は，$\boldsymbol{e}_m$ で完了する．

こうして計量線型空間であれば，与えられた基底を利用してそれを正規直交基底に作り換えることができる．老婆心ながら，上のアルゴリズムで単位ベクトルを作る《正規性》は式の単純化のために重要であるが，その核心は単位ベクトル化する作業に過ぎないので，《直交性》が遥かに重要であることを確認して直交基底の重要さが明確に見える別の角度からの例を次に見よう．

4.5　ベクトルとしての関数

初学者の読者には極めて唐突に映る話題であろうが，ベクトルの理解を広げる上で極めて有効であり，かつベクトルの応用としてももっとも重要な話題であるので，敢えて少し無理をして触れておこう．

関数 $f(x)$，$g(x)$ が与えられると，それらの和 $(f+g)(x) = f(x)+g(x)$ や実数 α 倍 $(\alpha f)(x) = \alpha\{f(x)\}$ は既に定義されているようなものであるので，関数の集まりには，ベクトルとしての基本構造が既に用意されているが，このベクトルらしくないベクトルの新参者に内積が定義できることを見よう．

a, b を $a<b$ の定数として，区間 $a \leqq x \leqq b$ で与えられた関数 $f(x)$，$g(x)$ を考える．その際，従来の $\mathbb{R}^n$ と無理矢理関連づけるために，$f(x), g(x)$ を代表させるサンプル値として，区間 $a \leqq x \leqq b$ を n 等分する分点（両端点と $n-1$ 個の内分点）

$$x_0 = a,\ \ x_1 = a+\frac{b-a}{n},\ \cdots,\ \ x_k = a+k\frac{b-a}{n},\ \cdots,\ \ x_n = a+n\frac{b-a}{n} = b$$

をとり，そこにおける関数 $f(x), g(x)$ の値

$$f(x_0),\ f(x_1), \cdots, f(x_n); \qquad g(x_0),\ g(x_1), \cdots, g(x_n)$$

を成分とするベクトル $(f(x_0), f(x_1), \cdots, f(x_n))$, $(g(x_0), g(x_1), \cdots, g(x_n))$ を考えるなら，それらの内積は $f(x_0)g(x_0)+f(x_1)g(x_1)+\cdots+f(x_n)g(x_n)$ になる．ここで $n \to \infty$ の場合の極限をこのまま考えると，通常は $\pm\infty$ に発散してしまうので，右辺の各項が 0 に収束するように，各項に $\dfrac{b-a}{n}$ を掛けてから $n \to \infty$ とすれば，この区分求積的な定積分によって関数 $f(x), g(x)$ をベクトルを意識して $\boldsymbol{f}$, $\boldsymbol{g}$ と表し，その内積 $(\boldsymbol{f}, \boldsymbol{g})$ として

$$(\boldsymbol{f}, \boldsymbol{g}) = \int_a^b f(t)g(t)dt$$

という定義が自然に出て来る．これはこれまで有限次元で考えて来たベクトル内積の**無限次元版**ということになる．

a, b は $a<b$ でありさえすれば $a = -1$, $b = 1$ や $a = 0$, $b = 1$，その

他数学的には何でもよいが，以下の話を簡単にするために $a=-\pi$，$b=\pi$ の場合を考えよう．

そしてこの区間での定積分が定義できるように，この区間 $[-\pi,\pi]$ で 連続* な関数全体が作る計量ベクトル空間――しばしば $L^2[-\pi,\pi]$ と表現される――を考えよう．この空間で，関数列

$$1,\ \cos x,\ \cos 2x, \cdots,\ \cos nx, \cdots\ ;\ \sin x,\ \sin 2x,\ \sin 3x, \cdots,\ \sin nx,\ \cdots$$

を構成する無数に多くのそれぞれのベクトルが，上に定義した内積の意味で**互いに直交**する．それは，簡単な定積分の計算により，以下の各等式が証明できるからである．

基本的な三角関数の直交性

次の公式が成り立つ．

I　0 以上の任意の整数 m,n に対して　$(\cos mx, \sin nx)=0$

II　0 以上の任意の異なる整数 m,n に対して

$(\cos mx, \cos nx)=0$

III　0 以上の任意の異なる整数 m,n に対して

$(\sin mx, \sin nx)=0$

ベクトル $\cos nx, \sin nx$ のそれぞれを正規化するためには，任意の自然数 n に対して，$\|\cos nx\|$, $\|\sin nx\|$ を ($\cos nx$ については $n=0$ の場合も) 計算するだけである．

こうして，計量線型空間 $L^2[-\pi,\pi]$ の中に，無限に多くの互いに直交するベクトルが三角関数を利用してとることができる．これが無限個のベクトルからなる基底となっている (言い換えると，$L^2[-\pi,\pi]$ に属する夥しく無数にある関数がたったの可算無限個という，もっとも小さな無限個の関数 $\sin x$,

* これでは，本当は，与えられた関数 $f(x)$ に対する条件として厳しすぎる面と緩すぎる面がある．連続性に関しては積分可能性の方向に緩め，他方，有限閉区間で定義されていることの制約を関数の周期性などに反映する必要がある．興味ある読者は「関数解析」という分野の本を勉強すると良い．

$\sin 2x, \sin 3x, \cdots, \sin nx, \cdots;\ 1, \cos x, \cos 2x, \cos 3x, \cdots, \cos nx, \cdots$ の線型結合で「表される」という驚くべき事実である！）ことは，「フーリエ級数論」という理論の冒頭を飾る重要な話題であるが，本書の第一の目標を鑑みてここでは立ち入らない．

その代わりに現代人にとって身近な技術がこの数理によって支えられていることを簡単に紹介しよう．

まず第一は，直交基底のあるおかげで，計量線型空間 $L^2[-\pi, \pi]$ の任意のベクトル $\boldsymbol{v}$ が，それぞれの基底に正射影したものの和として捉えることができることである．

現代の情報通信では，電波という波を利用して情報を伝達するが，携帯電話のように互いに聞かれたくはない情報を一つの電波で搬送し，その電波で送信されている総合情報から自分用のものだけを復元することはどうしてできるのだろう．

極めて大雑把にいえば，それはそれぞれの情報端末に固有のベクトル方向の情報を正射影して各端末で再生しているからである．各端末のベクトルと直交する信号は数学的な内積を電気的・電子的にとることによって 0 になって「聞こえない」という結果になるからである．

フーリエ級数は「コロンブスの卵」にも似た，言われてみたら当り前の真理であるが，発見された当時は数学界に大きな論争を生むきっかけであり，これを厳密に正当化するという動機で新しい数学が様々な分野に誕生することになったものである．

無限次元空間をも構想する数学の高度に理論的で抽象的な世界が，実際的な応用としては有限次元（といっても結構，高次元！）に射影することで実用化されている数学の典型的な応用例の一つである．

Question 10

計量が定義された世界では，驚くような豊かな応用分野が開けることを納得しました．しかしそれなら線型空間を考えるときは最初から計量線型空間を考える方が合理的ではないでしょうか．

【Answer 10】

確かに，近代以降の世界に生きている私達は，計量という考え方に囲まれて（ときには縛られて）生きていますから御指摘のような立場は当然あり得るものでしょう．

しかし，数学，特に現代数学では，様々な結論を導く上で，「仮定は少ないほど良い」という思想があります．これは単なる数学者の美意識といわれてもおかしくない側面もないとはいえませんが，数学の歴史を振り返ると，余計な仮定の下で証明されていた理論が，その仮定を外しても成り立つことが発見されたこともしばしばあり，必要でない仮定を減らす努力は数学自身の本来的な活動目標に合致しているのです．

計量に関していえば，人類の最古の文明にも，計量的な関心の存在を認めることができますので，計量を数学に取り込むこと自身は少しでも数学の応用的な価値を語る際は，不可欠です．実際，「2点間の距離」あるいは「線分の長さ」といった，もっとも日常的な数学的概念ですら，計量を必須とします．

しかしながら，敢えて距離を語らない（語れない）という制約条件を自らに課して，それでも語ることのできる世界の広さに気付くことで，計量に捕らわれた現代文明に生きる私達の日常を反省する機会を得るという積極的な意味があることも忘れてはならないでしょう．

反対に，この後で論ずる行列などについても，計量概念があるとより突っ込んだ議論ができるという重要な側面もあります．他方，計量概念とは無関係に進められる一般的な議論も少なくありません．

詳細な仮定なしでも進められる世界と詳細な仮定を追加してはじめて論ずることができる世界を敢えて区別することは初学者には面倒臭そうに映るでしょうが，この種の《仮定についての禁欲主義》ともいうべき姿勢は，現代数学の一つの特徴ではないかと思います．

数学は，しばしば一神教のような真理の唯一性への信念，誤謬に対する厳正な審判のような厳しさだけが世間に印象付けられている面がありますが，実際には，場面々々に応じて仮定を使い分ける柔軟性も許容する《度量の広さ》を有していることがあまり知られていないのは残念です．

Question 11

計量というと，小学生の頃から，長さ，面積，体積は別々の尺度で比較することができないことを強調されてきました．本章で登場した内積を利用した計量は長さに似たノルムとベクトルのなす角はありますが，その他の計量には応用可能なのでしょうか．

【Answer 11】

新しい概念とはじめて向かい合うときも，既に学んで知っていることとの総合を計ろうとする学習態度はとても貴重だと思います．数学も学校数学を超えて抽象的，理論的になると，学習者は教員からの情報を鵜呑みにするだけの受動的な学習にますます傾きがちで，ふがいない学生の増加傾向に，教員の中にもそのような幼稚な学習者を良く勉強する「熱心な学生」として歓迎してしまう流れが主流化しつつあるようですが，学習は自学自習が基本であり，それを勇気づけ，ときに方向転換するために講義があることを忘れないで欲しいと思います．

さて，ご質問の件ですが，おっしゃる通り，ノルムはベクトルの大きさという意味で，しばしば [L] という記号で表現される「長さ」length という物理概念を抽象化した数学概念に過ぎず，その他の物理量をすべて区別する次元の多様性に富んだものではありません．そもそもベクトルの成分を与える数学の実数は無次元の量であり，ベクトルの内積は，無次元の実数の積，ノルムはその平方根でやはり無次元の量です．成分を与える実数がもし次元 [L] に属すとすれば，内積は $[L]^2$，ノルムは次元 [L] ということになるでしょうが．

小学生ですら知っている面積や体積は，$[L]^2$, $[L]^3$ の次元ですが，数学では，ベクトルが無次元ですから，面積や体積も無次元として扱います．ただし，それらは線型代数の範囲ではふつうは扱いませんから本書でも触れませんが，それを扱うために，計量線型空間を基礎とした**測度空間**というものが用意されています．測度は，長さ，面積，体積を抽象化・一般化した数学的概念です．

物理学では古典物理学以降，次元を意識することがとても重視されますが，数学では，気楽に，次元の制約のない無次元の量で話を進めるのが一般的になっています．物理学者から見ると，信じがたい，あまりにひどい放縦（ほうしょう）さでしょうが，数学が大切にするものが，自然現象に基づきつつも，そのさらなる一般化，抽象化であるという点も理解して欲しいと思います．

第5章

行列とは何か

通常の線型代数学の教科書，では，ほぼ冒頭近くで扱われるこの主題を，本書ではその必要性が回避できない位置まで記述を敢えて遅らせてきた．その準備が整ったいま，この古典的な素材を幾分現代数学的なスタイルで述べよう．

5.1　行列という概念

ベクトルと並んで線型代数の基本となる概念に**行列**がある．多くの線型代数の教科書では，場合によってはベクトルより先にこれを扱う本が多くある．しかし中編小説の面白さを優先して，単なる計算の退屈に流れがちな行列論の記述を，本書では敢えてここまで延期して来た．

「行列」は既に登場している**行ベクトル** row vector と**列ベクトル** column vector という術語の先頭を並べたもののように見えるが，元来の日本語には「店舗に客が行列をなす」とか「豪華な大名行列」のような表現しかなく，これはこれから述べる数学的行列の概念と全く関係がない．

英語圏で使われる matrix という語が数学的な行列の概念に近い．確かに，行列は一列に並べただけの単純な多重対ではなく，スプレッドシートのように，縦横に広がる長方形状の**鋳型**(いがた)に数を流し込んだように並べた，数ベクトルより少し複雑な構造をもった多重対であるからである．

行列の基礎概念

【定義】　縦に並ぶ数の個数（＝**行の数**）を m, 横に並ぶ数の個数（＝**列の数**）を n とすれば，全体では，mn 個の数が並ぶことになる．このような数の全体を $\boldsymbol{m}$ **行** $\boldsymbol{n}$ **列** の行列，あるいはより簡易に $\boldsymbol{m\times n}$

型の行列と呼ぶ．$m\times n$ 型の行列は，mn 次の配列であるが，それを一列に並べるかわりに平面的な広がりで考えることにより，新しい秩序が見えてくる．

一般に，行列において，第 i 行の第 j 列に並ぶ成分を，**i 行 j 列成分**，略して **(i,j) 成分** と呼ぶ．

Notes

1° その話題に入る前に，まずは日常的な具体例を通じて行列に接近しよう．行列の概念に親しんできたら，より本質的な数学的な接近を試みる．

$$\begin{pmatrix} 1 & 2 \\ 3 & 4 \\ 5 & 6 \end{pmatrix}$$

3×2 型行列の例

$$\begin{pmatrix} 1 & 2 & 3 \\ 4 & 5 & 6 \end{pmatrix}$$

2×3 型行列の例

右の図版は，$m=3$, $n=2$ の場合に，1〜6 の数を 3 行，2 列に左上から右下に向かって並べてできる行列と，$m=2$, $n=3$ の場合に 2 行，3 列に左上から右下に向かって並べてできる行列である．上の例において，3 は $(2,1)$ 成分，下の例では $(1,3)$ 成分といった具合いである．

2° ベクトルの場合と同様，行列としての纏（まと）まりを表すための左右の括弧記号は，微妙な湾曲の表現が特に印刷では難しいので，以下のように，丸みを省いた鉤括弧表現も，特に専門書では少なくない．

$$\begin{bmatrix} 0 & 1 & 1 & 2 & 3 \\ 5 & 8 & 13 & 21 & 34 \end{bmatrix}$$

2×5 型行列の例

$$\begin{bmatrix} 2 & 3 \\ 5 & 7 \\ 11 & 13 \\ 17 & 19 \end{bmatrix}$$

4×2 型行列の例

3° 行列の型を表現する記号 $m\times n$ における × という記号は，数の積を表現する記号ではない．上の例のように 3×2 型であっても，それを 6 型としてはならない．その意味で，この行列の型を表現する記号では，一般に $m\times n$ と $n\times m$ とは等しくない！

4° 行列として成分を表示するときは，行ベクトルのときのように成分同士を comma 記号「,」で明確に区切ることなく，1°, 2° の例のように，左右の間のわずかな空白で区別するのが（悪しき）習慣として定着している．

$$\begin{pmatrix} a_{11} & a_{12} & \cdots & a_{1n} \\ a_{21} & a_{22} & \cdots & a_{2n} \\ \vdots & \vdots & \ddots & \vdots \\ a_{m1} & a_{m2} & \cdots & a_{mn} \end{pmatrix}$$

一般の $m \times n$ 型行列

5° 行列を一般的，抽象的に表現するには，次のように，(i,j) 成分を a_{ij} などで表現することが多い．これも悪しき習慣の代表例である．というのは，本来は，行番号 i と列番号 j を明確に区別するために，$a_{i,j}$ のように行番号と列番号も「, 」などの記号で区切りが明確にわかるように表現すべきである．中学数学の流儀に従えば ij は i,j の積を意味するはずであるのだから！しかし，行列を表現するときに限って，このように略記するのが一般的に慣習化されている．

6° そうはいっても，a_{123} などでは，$a_{1\ 23}$ なのか $a_{12\ 3}$ なのか判然と区別できないから，本来は二重添字の間に「, 」などの区切り記号は論理的には必須というべきである．しかし，**数学においてさえ，意味の乏しい論理的正確さよりは実用的簡便さという価値が優先されることもある**，という悪しき記号法を率先して行なうこともあるという典型的な具体例である．しかし区切り記号の必要が出てきたときには，その場面で突然 comma 記号「, 」を使うことにしよう．

7° このような悪しき伝統の背景には，理論としての数学では，具体例で表現されるのは，せいぜい $m, n \leqq 5$ 程度の一桁で表現される小さな行列なので，このような簡便さが許される，ということがある．しかし，実際のビジネスやコンピュータの情報処理に登場する行列では，$1{,}000{,}000$ 個以上のデータは当たり前という巨大な行列になるので，行番号と列番号の区別は必須となる．スプレッドシートの多くは，行番号に数，列番号にアルファベットと数の組合せを使うことで，この区別を「ユーザ」にわかりやすく実現している．

行列を表現するには，上のように多くの文字の表記を必要とするので，その不安を少しでも軽減するために略記方法がある．

行列の簡便な表現方法

型が分かっている行列において，その (i,j) 成分が a_{ij} である行列 A を

$$A = (a_{ij})$$

と略記する．

Notes

1° これは著しい効果のある省略表現であるから，実用的な場面を通じてしっかりと，ものにしたい．

2° とはいえ，この記号法は，後で触れるように高校数学の**関数記号** $f(x)$ や**数列記号** $\{a_n\}$ と似て，それを使う者の間で共有されている**隠れた前提があってこそ意味をもつ**，という論理的な曖昧さをもったものである．実際，「阿吽(あうん)の呼吸」が通じないコンピュータを相手とする情報処理の世界では，このような曖昧な表現は通用しない．情報科学の世界では，行列は，`array(a(i,j), i=[1..m], j=[1..n])` などと表現される二次元の配列（幾何学的にいえば二重の添字で表現される平面上の格子点ごとに定義された関数値の順序だった集合）である．コンピュータに命令文を「理解」させるためには，様々な「言語」ごとに，この種のコマンド表現にはばかばかしいほど「厳密」な，つまり杓子定規な表現の規約＝制約を設けている．数学の魅力の一つは杓子定規に陥ることなく厳密な議論を共有できる自在な世界であることである．
他方，上の表現は，高校数学でいえば，$\{a_1, a_2, a_3, \cdots\}$ あるいは $\{a_n\}_{(n=1,2,3,\cdots)}$ などと表現していた数列を，$\{a_n\}$ だけで済ます近年の学校数学の風潮のように，ただし，本来は集合を表現するのに使う記号 $\{$ と $\}$ の誤用だけを正し (と) を使った簡略表現 (a_{ij}) を介した「人間的な理解」で済まそう，という思想に基づく記号法である．

3° なお前にも注意したことだが，ここでも a_{ij} は当然のことながら，本来は行番号と列番号に間に区別があるように「,」などで区切って $a_{i,j}$ と表現する方が**行儀が良い**のであるが，**誤解の余地がない者同士の間では，面倒臭い余計な礼儀には拘(こだわ)らない**という，「厳密さ・緻密さという重要な美徳ですら場面に応じて円滑な理解を優先して無視する」のが数学の数学たる由縁ではないかと思う．

4° したがって，上の表現は，

「(a_{ij}) は a_{ij} を i 行 j 列成分にもつ行列である」

という暗黙の約束の上で意味をもつに過ぎず，したがって多くの前提条件，例えば行列の型が前もって与えられていないならまったく無意味であり，しかも，毎回，上に書いた冒頭の同語反復的な「 」内の規約を持ち出すことなく意味をもたせることはできない．それを解決する一つの策としては，a_{ij} を，いわば高校数学でいう「数列の一般項」のように，

$$a_{ij} = i-j$$

のようにあらかじめ何らかの仕方で，具体的に定められているという前提が前もってなされていると見ることである．つまり，行列の簡易表現 (a_{ij}) における記号 a_{ij} は，本来は，$a_{i,j}$ あるいは $a(i,j)$ のように添字の i,j をきちんと区別する必要があるだけでなく，i と j という二つの変数の値が決まればきちんと定義される**二変数関数**，つまり

$$a_{ij} = f(i,j)$$

のような形に確立しておかなければならない，ということである．ちょうど関数 $f(x)$ という表現だけでは，関数について具体的には何も指定されていないことと同じ事情にあるといってもよい．関数の場合でいえば，$f(x)$ という表現がしばしば登場するが，それだけでは，いわば《肉のない骨だけの表現》に過ぎないということである．本来は

$$f(x) = 3x^2-4x+1 \quad \text{ここで } x \in \mathbb{R}$$

のような付帯的な具体例が抽象的な記号の周辺にあってこそ，意味をもつ

そして，$m\times n$ 型の**行列**は，見掛けの基本構造は違うが，本質的には mn 次の配列であり，次のように対応する成分ごとに定義される相等性と加法，実数倍の定義を通じて mn 次の**ベクトル**であるといえる．より精密にいえば，次に述べる加法と実数倍が定義されれば，「**行列はベクトルの一種である**」ということである．

行列の基本

行列 $A=(a_{ij})$，$B=(b_{ij})$ に関する次の最初の二つの関係（相等性と和）は，A と B がともに $m\times n$ 型，つまり**同じ型**であるときにのみ，成分の関係を用いて以下のように定義される．

【相等性】　$A=B$ とは

　任意の i,j $(i=1,2,\cdots,m;\ j=1,2,\cdots,n)$ について　$a_{ij}=b_{ij}$

となることである．

I 【和】行列 $A=(a_{ij})$, $B=(b_{ij})$ について

$$A+B=(a_{ij}+b_{ij})$$

II 【実数倍】 行列 $A=(a_{ij})$ と実数 α に対して

$$\alpha A=(\alpha a_{ij})$$

Notes

1° 上の行列の相等性についての最初の約束（型の一致と対応する全成分の相等性）を活かした表現にすれば，加法と実数倍の性質はそれぞれ次のように表現できる．

I: 行列 $A=(a_{ij})$, $B=(b_{ij})$ に対して，それらの和 $A+B$ とは，

$$c_{ij}=a_{ij}+b_{ij}, \qquad \forall i=1,2,\cdots,m;\ \ \forall j=1,2,\cdots,n$$

で定義される行列 $C=(c_{ij})$ のことである．

II: 実数 α と 行列 $A=(a_{ij})$ に対して，行列 A の実数 α 倍である αA とは，

$$c_{ij}=\alpha a_{ij}, \qquad \forall i=1,2,\cdots,m;\ \ \forall j=1,2,\cdots,n$$

で定義される行列 $C=(c_{ij})$ のことである．

2° 繰り返しになるが，このように同じ型の行列の全体は，加法と実数倍に関して，まさに mn 次のベクトル全体の作るのと同様の《空間》をなす．つまり，行列はこのような意味で相等性，実数倍，加法などに関して従来述べてきたベクトルの一種である．

$m\times n$ 型行列の加法というとき，ベクトルの作る加法群の場合と同様，暗黙の基本となる前提として，すべての成分が 0 である，通常は $O=O_{m,n}$ で表される $m\times n$ 型の行列

$$O=O_{m,n}=\begin{pmatrix}0&0&\cdots&0\\0&0&\cdots&0\\\vdots&\vdots&\ddots&\vdots\\0&0&\cdots&0\end{pmatrix}$$

という話題や，与えられた行列 $A=(a_{ij})$ に対して，それと加え合わせると $m\times n$ 型の行列 $O=O_{m,n}$ になる，型が同じで，すべての成分が 元の行列 (a_{ij}) の対応する成分と符号が逆転している行列

$$(-a_{ij}) = \begin{pmatrix} -a_{11} & -a_{12} & \cdots & -a_{1n} \\ -a_{21} & -a_{22} & \cdots & -a_{2n} \\ \vdots & \vdots & \ddots & \vdots \\ -a_{m1} & -a_{m2} & \cdots & -a_{mn} \end{pmatrix}$$

などの話題が自明の話として省かれることも多い.

3° したがって，同じ型の行列 $M_1, M_2, \cdots, M_m$ についても線型結合

$$\alpha_1 M_1 + \alpha_2 M_2 + \cdots + \alpha_m M_m \quad （ただし，\alpha_1, \alpha_2, \cdots, \alpha_m は実数）$$

を考えることができる．そして，このような線型結合の全体は線型空間をなす.

4° このような意味で，同じ型の行列の集合が作る極めて高い次元の空間は，進んだ数学でも数学の応用的な場面でも，そして本書冒頭で述べた生産，加工，流通産業の世界でも重要な基本的役割を果たす.

5.2　「ベクトルとベクトルの内積」から「行列とベクトルの積」へ

行列とベクトル，行列と行列の積に向かって，初学者には技巧的に映る，数学的には自然なアプローチが存在するのだが，ここではそれを一旦は無視して，数学的な行列の応用というべき日常的な例から入ろう.

第0章で触れた話題に似ているが，今度は規模を小さく，小さな小売店でのモデルで考えよう．商店で扱う商品が $G_1, G_2, \cdots, G_n$ の n 品目であるとして，それぞれの，ある一日の売り上げ個数が $k_1, k_2, \cdots, k_n$ であるとしよう．それぞれの1個あたりの販売利益がそれぞれ，$r_1, r_2, \cdots, r_n$ であるとすると，一日あたりの総利益は $k_1r_1+k_2r_2+\cdots+k_nr_n$ と表現できる．これは，二つのベクトル $\boldsymbol{k} = (k_1, k_2, \cdots, k_n)$ と $\boldsymbol{r} = (r_1, r_2, \cdots, r_n)$ の内積である.

売り上げは毎日変化するので，ある日から数えて第 i 日目の売り上げ個数を，上の記号を少し修正して $k_{i1}, k_{i2}, \cdots, k_{in}$ と表すことにすれば，第 i 日の総利益は二つのベクトル $\boldsymbol{k}_i = (k_{i1}, k_{i2}, \cdots, k_{in})$，$\boldsymbol{r} = (r_1, r_2, \cdots, r_n)$ の内積 $(\boldsymbol{k}_i, \boldsymbol{r}) = k_{i1}r_1+k_{i2}r_2+\cdots+k_{in}r_n$ で表現できる．（ただし $i = 1, 2, \cdots$ である.）

したがって，初日から第 m 日目までの各日の利益を日付順に並べると，

$$\begin{aligned}(\boldsymbol{k}_1,\boldsymbol{r}) &= k_{11}r_1+k_{12}r_2+\cdots+k_{1n}r_n\\(\boldsymbol{k}_2,\boldsymbol{r}) &= k_{21}r_1+k_{22}r_2+\cdots+k_{2n}r_n\\&\vdots\\(\boldsymbol{k}_m,\boldsymbol{r}) &= k_{m1}r_1+k_{m2}r_2+\cdots+k_{mn}r_n\end{aligned}$$

となる．これを縦一列に数の並ぶ m 次列ベクトル（$m\times 1$ 型行列）としてみると，

$$\begin{pmatrix}(\boldsymbol{k}_1,\boldsymbol{r})\\(\boldsymbol{k}_2,\boldsymbol{r})\\\vdots\\(\boldsymbol{k}_m,\boldsymbol{r})\end{pmatrix}=\begin{pmatrix}k_{11}r_1+k_{12}r_2+\cdots+k_{1n}r_n\\k_{21}r_1+k_{22}r_2+\cdots+k_{2n}r_n\\\vdots\\k_{m1}r_1+k_{m2}r_2+\cdots+k_{mn}r_n\end{pmatrix}$$

という表現を得る．この右辺は，左辺同様，単なる数が縦に並んでいるベクトルであることに注意しよう．

これを，1 日目から m 日までの売り上げ実績全体を縦に並べてできる $m\times n$ 型行列（いわば各日売り上げ実績一覧行列）$K=\begin{pmatrix}k_{11} & k_{12} & \cdots & k_{1n}\\k_{21} & k_{22} & \cdots & k_{2n}\\\vdots & \vdots & \ddots & \vdots\\k_{m1} & k_{m2} & \cdots & k_{mn}\end{pmatrix}$ に基づいて，この行列を使って各日利益の一覧を得たいので，利益ベクトルであった n 次行ベクトル（$1\times n$ 型行列）$\boldsymbol{r}$ を，n 次列ベクトル（$n\times 1$ 型行列）に書き換えた（i.e. 横のものを縦にした*だけの）$\begin{pmatrix}r_1\\r_2\\\vdots\\r_n\end{pmatrix}$ を $\boldsymbol{r}'$ と表し，$m\times n$ 型行列 K と $n\times 1$ 型行列 $\boldsymbol{r}'$ との積 $K\boldsymbol{r}'$ と考えることで，各日の利益を一覧できる利益一覧表に相当するものが m 次列ベクトルとして登場してくる，ということである．

Notes

1° ベクトルの内積という「積もどき」の概念を基礎にして，まず行列とベクト

---

* 後に学ぶ言葉を使えば「転置した」．

ルの積 を定義し，それを介して次に**行列と行列の積**という**より本格的な積**の定義を狙っている点がポイントである．忘れてならないのは内積の概念が出発点にあったことである．

2° 行ベクトルを列ベクトルに書き換えるという変換は，一般の行列 M では，**転置行列** transposed matrix をとる，という言葉で表現され，**累乗の記号と混同しない**ように，行列記号の**左肩**に transposed の頭文字 t を上付きに付けた ${}^tM$ という記号で表現される．この記号を使うなら，上の $\boldsymbol{r}'$ は ${}^t\boldsymbol{r}$ と表される．

3° 転置行列の定義はしばしば

$$ {}^t(a_{ij}) = (a_{ji}) $$

のように書かれることが多い．しかし，この際には，元になった (a_{ij}) が $m\times n$ 型であるなら上の等式の両辺はともに，$n\times m$ 型であること，しかも，右辺が，なんと

その (i,j) 成分が a_{ji} である行列

と読むべきであるという，以前の略記法の際の約束と違う新しい約束が暗黙の前提として無理強いされていることにも注意しなければならない．

4° この前提の曖昧を解消することができないことはない．しかしそのためには，次のように無意味な繁雑さに耐えなければならない．

> $m\times n$ 型行列 $A=(a_{ij})$ に対して B がその転置行列 ${}^tA$ に等しいとは，
> 　B が $n\times m$ 型であって，
> 　任意の j $(j=1,2,\cdots,n)$ と i $(i=1,2,\cdots,m)$ に対して
> 　　B の (j,i) 成分が A の (i,j) 成分に等しい
> となることである．

5° きちんと表現するとこのようにばかばかしいほど繁雑になるが，要するに，「左上の (1,1) 成分から右下に向かう斜めの線に関してすべての成分を一斉に対称移動したもの」であるとか，「元の行列 A で第 i 行 $(i=1,2,\cdots,m)$ であったものを，成分の左右の順序をそのまま，上下の順に変換して第 i 列にしたもの」であるとかいうような，意味のわかる直観的で少し《良い加減な表現》で納得するとよい．（現代語のイイカゲンではない！）

転置で行と列が交換されるという理解は，後述する理論の中で大切な役割を果たす．

例えば，$A=\begin{pmatrix} 1 & 2 & -3 \\ -6 & 5 & 4 \end{pmatrix}$ なら　${}^tA=\begin{pmatrix} 1 & -6 \\ 2 & 5 \\ -3 & 4 \end{pmatrix}$

$$A=\begin{pmatrix} a_{11} & a_{12} & \cdots & a_{1n} \\ a_{21} & a_{22} & \cdots & a_{2n} \\ \vdots & \vdots & & \vdots \\ a_{m1} & a_{m2} & \cdots & a_{mn} \end{pmatrix} \text{ なら } {}^tA=\begin{pmatrix} a_{11} & a_{21} & \cdots & a_{m1} \\ a_{12} & a_{22} & \cdots & a_{m2} \\ \vdots & \vdots & & \vdots \\ a_{1n} & a_{2n} & \cdots & a_{mn} \end{pmatrix}$$

6°　最初に触れたことであるが，**ベクトル同士の内積という演算を，行列同士の積という汎用の演算に転用**するために，まずその準備として，各日の売り上げを示す行ベクトルを縦に並べてできる連日の売り上げデータを一覧する $m\times n$ 型行列 K と，各商品の基本利益を一覧に示す行ベクトル（$1\times n$ 型行列）$\boldsymbol{r}$ を転置した $n\times 1$ 型行列 ${}^t\boldsymbol{r}$ との，**行列同士の積**という形式で，各日の利益の一覧が成分と表示される列ベクトル（$m\times 1$ 型行列）が出て来るように工夫しているのである．

この工夫は，実用性からは納得してもらえると期待するものの，初学者にはひどく技巧的な無理をしている印象で映るかと思う．**この技巧的工夫の裏に潜む《自然さ，すなわち数学的な合理性》**については，慣れるにしたがって次第に自然に映るようになると期待する．

5.3　行列とベクトルの積から行列と行列との積へ

前節の議論で，$m\times n$ 型行列 K と $n\times 1$ 型行列 ${}^t\boldsymbol{r}$ の積が $m\times 1$ 型行列となることを見た．ここで K の列の数と ${}^t\boldsymbol{r}$ の行の数が一致していることが，内積のように，対応する成分同士の積をとってその和を計算するために必須の前提条件であった．

したがって，行列同士の間に次のようにして積を定義できる．

行列同士の積

【定義】　$l\times m$ 型行列 $A=(a_{ij})$ と $m\times n$ 型行列 $B=(b_{jk})$ に対して，次のような $l\times n$ 型行列 $C=(c_{ik})$ を A,B の積 AB として定義する．
すなわち，

$$c_{ik}=a_{i1}b_{1k}+a_{i2}b_{2k}+\cdots+a_{im}b_{mk}$$

ここで，i と k は，それぞれ $i = 1, 2, \cdots, l$;　$k = 1, 2, \cdots, n$ のすべての値をとり得る．

Notes

1° 《行列同士の積》は，ベクトルの「内積」のような「積もどき」と違って**本格的な積**であることがわかる．行列がベクトル概念の拡張であるとともに元になったベクトル以上に重要な発展可能性をもつ大きな理由である．

2° しかし上に示した定義は，式だけを見て理解しようとする初学者にはおそらく線型代数入門編でもっとも厄介なものである．そもそも上の定義に現れる等式は，下の但し書きにあるように，i, k という変数を使わずに書き下せば，なんと実際には ln 個もの多くの等式であることである！ $l = 100$, $n = 2000$ となったらなんと 20 万個もの等式である．行列の具体的な計算がコンピュータを使わない人間には絶望的に繁雑なことが理解できよう．

3° さらに，多くの初学者が躓くのは，大学のきちんとした講義では，上のような面倒な表現は嫌われ，高校で「ちゃんと学んだはずの」（しかし実際には，$\cdots$ で書き直す練習をしているだけで記号の機械的な計算法しか学んでいない）$\sum$ 記号を用いた

$$c_{ik} = \sum_{j=1}^{m} a_{ij} b_{jk} \qquad 1 \leqq \forall i \leqq l,\ \ 1 \leqq \forall k \leqq n$$

のように添字の使い方の意味の理解がないと話にならない「厳密かつ簡潔」な形で表現されることも理解の困難を増す原因につながるであろう．これが，単に，

> 行列 A, B の積 C の (i, k) 成分は，
> 行列 A の第 i 行，行列 B の第 j 列の成分を順に掛け合わせて
> 総和をとる

というだけの意味であることが読解できればよいのであるが，それが最初は意外に困難なのである．

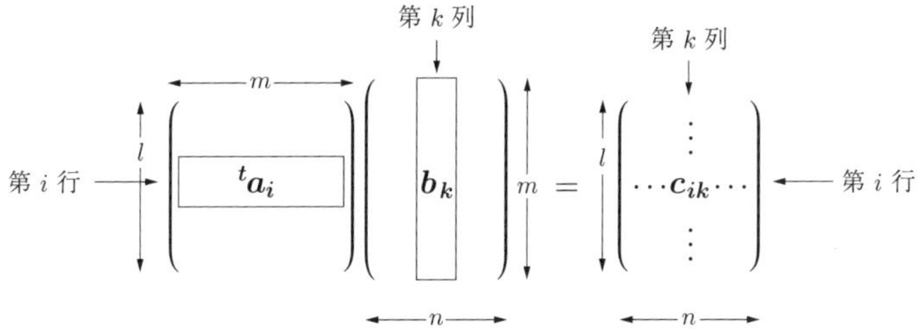

4° 次のように考えるのも実用的でよい．右側の行列 B を，n 個の m 次列ベクトル $\boldsymbol{b}_1, \boldsymbol{b}_2, \cdots, \boldsymbol{b}_n$ を横一列に並べた纏まり $(\boldsymbol{b}_1, \boldsymbol{b}_2, \cdots, \boldsymbol{b}_n)$ と理解（このような考え方を**行列の列へのブロック分割**という）した上で，左の $l{\times}m$ 型行列 A と，右の行列のブロック分割 $B = (\boldsymbol{b}_1, \boldsymbol{b}_2, \cdots, \boldsymbol{b}_n)$ に登場している k 番目の m 次列ベクトル $\boldsymbol{b_k}$ との積 $A\boldsymbol{b}_k$ として出て来る l 次列ベクトル（$l{\times}1$ 型行列）を $k = 1.2.\cdots, n$ の順に横一列に並べてできる $(A\boldsymbol{b}_1, A\boldsymbol{b}_2, \cdots, A\boldsymbol{b}_n)$ を $l{\times}n$ 型行列と考えているに過ぎないと考えることである．

とはいえ，そのことに深い納得が得られるまでは，紙に書くなど理解に向かっての試行錯誤的な自発的努力が必須であろう．だが，わかってしまえば何でもないことを肝に銘じてわかるまで頑張って欲しい．

5° 繰り返しになるが，理解のポイントは，**行列 A の第 i 行の行ベクトルと行列 B の第 k 列の列ベクトルの対応する成分同士の積の和**（後者の列の転置した行ベクトルを考えるなら二つの行ベクトルの内積）が，**行列の積 AB の (i,k) 成分である**ことである．

6° 初学者が好む機械的で簡単な形式上の理解は，i, j, k という文字の登場位置を印象深く憶えることであろう．そのために敢えて字体を変更して表現すると，

$$c_{\mathrm{ik}} = \sum_{\mathrm{j}=1}^{m} a_{\mathrm{ij}} b_{\mathrm{jk}} \qquad\qquad 1 \leqq \forall \mathrm{i} \leqq l, \quad 1 \leqq \forall \mathrm{k} \leqq n$$

と区別されることである．このように，i, j, k の登場する位置と役割の違いに注目すると初学者にも少しわかりやすいであろう．しかし，このような機械的な理解は真の理解に向けて，筋が良い学習法とはいえまい．

7° しかしながらこのような形式的意味がわかるだけでも，行列の積が，

　　左側の行列の列数と右側の行列の行数と一致している

ときにのみ定義できる（上の定義では A が $l{\times}m$ 型，B が $m{\times}n$ 型である）ことが当然の前提条件であることには納得がいくはずである．

8° 行列 A, B, C を簡易表現するために，$A = (a_{ij})$，$B = (b_{jk})$，$C = (c_{ik})$ と表現しているが，本来「一般項」を表現するための記号である添字 i, j, k をまるで個性ある文字のように扱うのは，一種の《記号の乱用》であって，

$$A = (a_{ij}) \quad i = 1, 2, \cdots, l; \quad j = 1, 2, \cdots, m$$

$$B = (b_{ij}) \quad i = 1, 2, \cdots, m; \quad j = 1, 2, \cdots, n$$

$$C = (c_{ij}) \quad i = 1, 2, \cdots, l; \quad j = 1, 2, \cdots, n$$

のように，同じ文字を変域を変えて使うのが論理的には正統的であるが，敢えてこの筋を曲げて，i, j, k を取り得る値が異なる文字として，かつ

$i = A$ の行番号 $= C$ の成分の行番号

$k = B$ の列番号 $= C$ の成分の列番号

$j = A$ の i 行成分の列番号 $= B$ の k 列成分の行番号

のように論理的でない《個性》をもたせて見通し良く使うことで記憶と理解を助けようとしている．

9° 数学には，このような教育的な配慮に基づく**意図的な論理的虚偽**（いわば「嘘も方便」）がときどきある．ここに数学的真理を中心におく数学と論理的な厳密性を重視する論理学との，また，深い数学的理解を重視する数学と，コンピュータに正しく「理解」させて意図通り機能させることを重視する情報科学との大きな違いがある．「似ていて非なる」ことの理解は「非ながらにして似る」ことの理解と並んで重要である．

行列の積の良い基本性質

【定理】 行列の積に関して次の性質が成り立つ．

A が $k \times l$ 型行列，B が $l \times m$ 型行列，C が $m \times n$ 型行列 であるとき

$$(AB)C = A(BC) \qquad \text{（行列の積の結合性）}$$

Notes

1° AB, BC がそれぞれ $k \times m$ 型，$l \times n$ 型として定義でき，したがって，$(AB)C$，$A(BC)$ がいずれも $l \times n$ 型となり，それらの間で相等性を語ることがおかしくないことをまず理解しよう．

2° 上のことが理解できれば，この定理を証明するには，両辺の kn 個の成分が一

致することを計算するだけであるが，一般的な表現を目指すと意外に面倒である．初学者の段階では，次に挙げる問題のような**具体例**（できればできるだけ一般的で少しでも抽象的なもの）で得られる疑似一般的な quasi-general な納得でよかろう．厳密な抽象的な証明も，やっていることは本質的に同じである．

問題 23　$A = \begin{pmatrix} -1 & 2 & 0 \\ 3 & 0 & 1 \end{pmatrix}$，　$B = \begin{pmatrix} a & b \\ c & d \\ e & f \end{pmatrix}$，　$C = \begin{pmatrix} x & y \\ z & w \end{pmatrix}$　として，$(AB)C$, $A(BC)$ を計算し結果を比較せよ．

3°　やや学習が進んでくると，そんな垢抜けない計算はせずにも，**「変換の合成についての結合性として自明」**という *a priori*（ア・プリオリ）* な証明ができるようになる．実際，変換とは，関数概念の一般化であり，操作や動作を連想するとよい．

A:「下着シャツを着る」，B:「ワイシャツを着る」．C:「上着を着る]

というような一連の動作が毎朝外出する前に必要になるとして，億劫な人が A → B をまとめて一度に済ませておき，それに続けて，最後に動作 C をするのと，まず 動作 A をまず行ないそれに続けて，あらかじめまとめて済ませておいた B → C の動作をするのと「結果は同じ」ということである．行列もそのような変換を表現する道具であるので，億劫な人の朝の支度と同じと思えば結合性の成立は当然のことであるとわかる．

ちなみに私自身は，ネクタイを結ぶという操作を，ちょっとした操作で済むように「ワイシャツを着る」と「上着を着る」の間に「ネクタイを通しておく」という「技」を挟んで一体化しておくことで B → C の動作にさらに「工夫」を加えている．

なお，注意すべきは，A → B → C の順序を交換することはできないことである．上着を着てからワイシャツを着ることは手品以外では普通はできない！

4°　行列の積に関する結合性が成立するおかげで，4 個以上の行列の積も**積が定義できるように型が合えば**，積の順序を気にせずに掛け合わせることができる．例えば A が $k{\times}l$ 型，B が $l{\times}m$ 型，C が $m{\times}n$ 型，D が $n{\times}p$ 型であれば，以下のそれぞれは $k{\times}p$ 型として等しいことが基本的な結合性から保証される．

---

* 「経験に先立つ」という意味のラテン語．哲学では「先天的な」とか「先験的な」などと訳される．数学では「計算的な処理なしの」という意味で使われる．

$$\{(AB)C\}D = \{A(BC)\}D = A\{(BC)D\} = A\{B(CD)\} = (AB)(CD)$$

5° 後で詳しく述べるが，こうして，行数＝列数 である（正方行列）A については その累乗を

$$A^n = \begin{cases} A & n = 1 \text{ のとき} \\ A^{n-1}A & n \geqq 2 \text{ のとき} \end{cases} \qquad \forall n \in \mathbb{N}$$

と定義でき，いわゆる指数法則が成り立つ．ここで，記号 $\mathbb{N}$ は自然数全体の集合 $\{1, 2, 3, \cdots, n, n+1, \cdots\}$ である．

以上の行列の積について議論から暗示されるように，行列の積については次のような困った性質もある．

行列の積の困った性質— 非可換性

【定理】 行列 A, B の積は一般に**非可換**である．

Notes

1° 具体的に詳しくいえば，

- ♠ AB が定義できるときも BA が定義できるとは限らない．
- ♠ AB, BA がともに定義できるときもそれらの型が一致するとは限らない．
- ♠ AB, BA がともに定義でき，それらの型が一致していても，行列として等しいとは限らない．

ということである．さらに具体的に言い換えると，A が $l \times m$ 型，B が $m \times n$ 型であるとき，AB は $l \times n$ 型として定義できるが，$l = n$ のときを除けば，BA は定義すらできない．

$l = n$ であれば，AB は $l \times l$ 型，BA は $m \times m$ 型の，ともにいわゆる正方行列として定義できるが，そもそも型が一致するとは限らない．

2° A, B がともに，$n \times n$ 型の「正方行列」であれば，AB も BA も同じ型の正方行列として定義できるが，両者は一致するとは限らない．

3° **行列の積の非可換性**（交換不可能性）は行列の積の最大の特徴といって良い性質である．交換可能なものばかりであった数学の計算の世界に，行列を通じて初めて非可換なものが顔を覗かせたことに注目しよう．実は**四元数** quaternion という，より本格的に非可換な数が線型代数のすぐ先に待っている．線型代数で基本的な概念である scalar, vector という概念の起源は，実は四元数にあ

るといってもよい．CG を駆使したアニメーションの世界で本格的に活躍しているのはこの四元数である．

5.4 行列の積と和

積（乗法）に関して行列は非可換であるにも関わらず成り立つ重要な性質もある．そのための準備をしよう．

それは，行列が積に関して，和（加法）やスカラー倍（実数倍）との間に整数全体や多項式全体が有するのと似た性質をもつことである．

行列の積と和，実数倍の基本的性質

I　行列の積の和への分配性

(i)　行列 A が $l\times m$ 型，行列 B, C がともに $m\times n$ 型であるならば，$A(B+C)$, $AB+AC$ はともに $l\times n$ 型で

$$A(B+C) = AB+AC \qquad \text{（左分配性）}$$

(ii)　行列 A, B がともに $l\times m$ 型，行列 C が $m\times n$ 型であるならば，$(A+B)C$, $AC+BC$ はともに $l\times n$ 型で

$$(A+B)C = AC+BC \qquad \text{（右分配性）}$$

II　行列の積と実数倍

(i)　$l\times m$ 型行列 A, $m\times n$ 型行列 B と定数 α に対し，

$$(\alpha A)B = A(\alpha B) = \alpha(AB)$$

(ii)　行列 A と定数 α, β に対し，

$$\alpha(\beta A) = (\alpha\beta)A$$

$$(\alpha+\beta)A = \alpha A+\beta A$$

Notes

1°　これらの性質は，行列の型の問題や，行列とスカラーの違いを無視すれば，中学生でも知っている分配性や結合性など，文字式の計算規則と一致している．

行列の計算が積の定義と非可換性を除くとそれ以外はごく自然であることを物語っている．証明は，両辺の型の一致を確認した上で，両辺の対応する成分の一致を計算して示すだけである．

2° これらは積が定義できる行列と行列の積について語られているので，行列とベクトルの積にも転用可能である．n 次列ベクトルは $n\times 1$ 型行列であるから $m\times n$ 型行列と n 次列ベクトルの積は m 次列ベクトルとなる．

ほんの一例であるが，例えば，$m\times n$ 型行列 A と n 次列ベクトル $\boldsymbol{x}$, $\boldsymbol{y}$ について

$$A(\boldsymbol{x}+\boldsymbol{y}) = A\boldsymbol{x}+A\boldsymbol{y}$$

また実数 α に対して

$$A(\alpha\boldsymbol{x}) = \alpha(A\boldsymbol{x}) = (\alpha A)\boldsymbol{x}$$

が成り立つ．これも証明は両辺の対応する成分の一致を計算して示すだけである．

3° なお，上に挙げた基本性質の各式の両辺に現れる演算は同じ記号で表現されているが，同じ意味では必ずしもない．例えば，I(i) の両辺に現れる $+$ は，左辺では，$m\times n$ 型行列の和，右辺では $l\times n$ 型行列の和である．また II(ii) の第 1 式では左辺は行列の実数倍，右辺の最初の積は実数同士の積である．第 2 式では，同じ $+$ でも左辺は実数同士の和，右辺では行列同士の和である．このようにいろいろな演算が入り混じっているが，しかし一旦そのような厳密な区別を忘れて中学生のときに学んだ文字式の変形規則に似たものが行列，そしてその特殊形であるベクトルでも成り立つと考えることができるという保証がなされている，と理解すれば，ありがたい規則であると納得がいこう．

問題 24　他の式について，同様に各演算を詳細に検討してそれぞれの意味を分析してみよ．

5.5　行列のもっとも基本的な変形である転置

既に定義は済んでいる転置に関して，基本的な性質を確認しておこう．

行列の和，積と転置行列

【定理】 転置行列の定義から，次の性質が成り立つ．

I 任意の行列 A と任意の定数 α に対し，

$$^t(\alpha A) = \alpha{}^tA$$

II A, B がともに $m\times n$ 型行列であるとき，

$$^t(A+B) = {}^tA+{}^tB$$

III A が $l\times m$ 型，B が $m\times n$ 型行列であるとき，

$$^t(AB) = {}^tB{}^tA$$

Notes

1° 最初の 2 つの性質は，自明である．

2° 細かい話であるが，最初の式の右辺に登場する記号 $\alpha{}^tA$ は，$\alpha({}^tA)$ を意味する．加法と乗法のように，実数倍という演算より転置という演算の方が結合力が強い（優先順位が高い）ことが暗黙に前提とされているからである．

3° 他方，3 番目の性質は自明とはいえないので，証明を与えるべきであるが，先ず，両辺の行列の型が一致することを確認するとよいだろう．AB は $l\times n$ 型であり，したがって ${}^t(AB)$ は $n\times l$ 型行列である．他方 ${}^tB$ は $n\times m$ 型，${}^tA$ は $m\times l$ 型であるので ${}^tB{}^tA$ も $n\times l$ 型行列である．後は，行列の積 AB の (i,k) 成分と積 ${}^tB{}^tA$ の (k,i) 成分を表現してその一致を示すだけの話である．

問題 25 上の定理の III の証明を与えよ．

5.6 正方行列の世界

行列の積は上に示したように積と呼ぶにふさわしい良い性質をみたすが，型の問題にいちいち神経を尖らすのは面倒である．これを解消するのが，議論において，行列の型に神経を使わなくて済む世界に限定する方法である．それがこれから述べる**正方行列**である．

正方行列

【**定義**】 行列において行の数と列の数が一致している場合，その行列を**正方行列** square matrix という．また，$n \times n$ 型の正方行列を，$\boldsymbol{n}$ **次** の正方行列という．

Notes

1° n 次正方行列全体が，和と実数倍に関して数ベクトルと同様に線型空間をなすことは，すでに述べた一般の $m \times n$ 型の行列について述べたことの特別のケースであるから自明である．

2° さらに，同じ次数の正方行列においてはつねに積 AB が定義可能であって，一般の行列の場合と同様の規則，例えば

I. 積に関して**結合性** $(AB)C = A(BC)$ が成り立つが，それのみならず積の結果がまた同じ次数の正方行列となることから，先に触れたように，同一の行列の**累乗**と呼ばれる

$$A^n = \underbrace{AA\cdots A}_{n\text{ 個の }A\text{ の積}} \qquad n \text{ は正の整数}$$

が定義できて，指数法則

$$A^k A^l = A^{k+l} \qquad k, l \text{ は任意の正の整数}$$

$$(A^k)^l = A^{kl} \qquad k, l \text{ は任意の正の整数}$$

が成り立つ*.

II. また積と，加法や実数倍との間で一般の行列の場合と同様の性質が成り立つ．

3° このように同じ次数の正方行列全体の集合は，ベクトル空間としての構造以外に，行列の積に関して興味深い性質をもつ．これを現代数学では，正方行列全体の集合は**環**(かん) ring をなすという．これは，本書で最後に解説するように線型代数という用語の語源とも関係する．

4° 当然のことながら行列の積は非可換なので，

$$(AB)^n = A^n B^n \qquad や \qquad (A+B)^2 = A^2+2AB+B^2$$

---

* 次に述べる単位行列 E が定義されていれば $A^0 = E$ と累乗の定義を拡張できる．また後に論ずる逆行列が定義できるときには，負の整数にまで指数を拡張することができる．

のような結合性以外を必要とする素朴な「指数法則」や素朴な「展開公式」は成り立たない．正方行列全体の集合は**非可換環**である．

5.7 特に重要な特別の正方行列

非可換でありながら正方行列の世界には，積に関して数において 1 が果たすのと同じ役割を果たすもの，つまり性質

$$\text{任意の } n \text{ 次正方行列 } X \text{ に対して，} AX = XA = X$$

を満たす n 次正方行列 A がただ一つ存在する．それが次に述べる**単位行列**である．

単位行列の定義

【定義】 n 次正方行列で，左上から右下までの対角線上に 1 が並び，その他の成分がすべて 0 であるような行列を，n 次**単位行列**と呼び，E や I などの記号で表す．次数を明示したいときは，E_n, I_n などと表す．

$$E = \begin{pmatrix} 1 & 0 & 0 & \cdots & 0 \\ 0 & 1 & 0 & \cdots & 0 \\ 0 & 0 & 1 & \cdots & 0 \\ \vdots & \vdots & \vdots & \ddots & \vdots \\ 0 & 0 & 0 & \cdots & 1 \end{pmatrix}$$

また，**クロネッカー L. Kronecker**（1823–1891）**のデルタ**と呼ばれる記号

$$\delta_{ij} = \begin{cases} 1 & i = j \text{ のとき} \\ 0 & i \neq j \text{ のとき} \end{cases}$$

を定義していれば，単位行列は

$$E = (\delta_{ij})$$

と省略表現できる．

Notes

1° E は "1" あるいは "単位" を表すドイツ語の Einheit の，I は同一性を表す英語の identiry の頭文字に由来する．

2° n 次単位行列 $E = E_n$ は，任意の $m \times n$ 型行列 X に対して

$$XE = X$$

を満たし，また任意の $n \times p$ 型行列 Y に対して

$$EY = Y$$

を満たす．したがって，任意の n 次正方行列 X に対して，

$$XE = EX = X$$

を満たす．

3° Kronecker の δ という記号は，単位行列の性質を証明するのに有用である．

問題 26　上に述べた単位行列の性質を証明せよ．

4° 同じ次数の正方行列に関していえば，単位行列 E 以外にその任意の実数倍 αE は任意の行列 X と可換（交換可能）である，という特別の性質をもっている．実際，$(\alpha E)X = \alpha(EX) = \alpha X = \alpha(XE) = X(\alpha E)$ である．

5° なお，上の 4° の等式変形で使われているのは，単位行列に限らず，前に述べた，より一般に，積が定義できる型の行列 A, B と実数 α に対しての $(\alpha A)B = A(\alpha B) = \alpha(AB)$ という性質である．これは，行列の積と行列のスカラー倍の定義を考慮すれば自明である．

6° n 次単位行列 E を，n 個の行ベクトル，あるいは n 個の列ベクトルにブロック分割すれば，その k 番目のベクトルは，

　　その第 k 成分だけが 1，残りの成分がすべて 0

という特別のベクトルである．このような単位行列 E を形成している行ベクトルを $\boldsymbol{e}_k$ $(k = 1, 2, \cdots, n)$ と表すと，これに対応する列ベクトルは行ベクトル $\boldsymbol{e}_k$ の転置 ${}^t\boldsymbol{e}_k$ である．

単位行列は，この行の基本ベクトル $\boldsymbol{e}_1, \boldsymbol{e}_2, \cdots, \boldsymbol{e}_n$ を縦に $\begin{pmatrix} \boldsymbol{e}_1 \\ \boldsymbol{e}_2 \\ \vdots \\ \boldsymbol{e}_n \end{pmatrix}$ と，あるいは列の基本ベクトルを横に $({}^t\boldsymbol{e}_1, {}^t\boldsymbol{e}_2, \cdots, {}^t\boldsymbol{e}_n)$ と，並べたものと見なすことができる．

7° 単なる記号の約束の問題であるが，上の説明では，$\boldsymbol{e}_k$ を行ベクトル，その転置 ${}^t\boldsymbol{e}_k$ を列ベクトルとして説明しているが，数ベクトル空間 $\mathbb{R}^n$ の定義によっては，$\boldsymbol{e}_k$ を行ベクトルと考える代りに，というより，その正反対に，$\boldsymbol{e}_k$ を列ベクトル，その転置 ${}^t\boldsymbol{e}_k$ を行ベクトルと考えることもできる．その場合には対応して単位行列も，

$$(\boldsymbol{e}_1, \boldsymbol{e}_2, \cdots, \boldsymbol{e}_n) \qquad \text{あるいは} \qquad \begin{pmatrix} {}^t\boldsymbol{e}_1 \\ {}^t\boldsymbol{e}_2 \\ \vdots \\ {}^t\boldsymbol{e}_n \end{pmatrix}$$

とブロック分割される.

以下の節では，これまでとは違って，列ベクトルを基本に考えることも増えるが，以前説明したように，行と列の見掛け上の違いは，数学では約束をすればこのように自在に入れ換えることができることに注目したい.「短い一つの話の中」で両者が《混在》して《混同》されるのはまずいというだけである.

5.8 逆行列の概念

正方行列において，数の 1 に相当する単位行列が定義できることがわかったので次に考えるべきは逆数の概念に相当するものである．それはどのように定義すべきであろうか．ある数の逆数とは,「元の数と掛けて 1 になる数」のことであった．それを真似(まね)れば，正方行列の世界で数の逆数に相当する概念は次のように定義すべきであろう．その際，任意の数に対してその逆数が存在するわけではないことを思い出しておこう．実際， 0 の逆数は存在しない.

以下では正方行列といえば，すべて n 次の正方行列であるとする.

逆行列の一意性

【定理】 与えられた正方行列 A に対して，

$$AX = XA = E \qquad (E \text{ は単位行列})$$

となる X が存在するならばただ一つである.

Notes

1° 「存在するならばただ一つである」ことを証明するには，A の逆行列の性質をもつものが「見かけ上複数存在したならば，それらは必ず一致してしまう」

ことを証明すればよい，ということを理解するのが第一段階である．

2° それさえわかれば，証明はたやすい．実際，与えられた行列 A に対し，

$$AX = XA = E \quad かつ \quad AX' = X'A = E$$

となる行列 X, X' が存在するとする，という仮定から $X = X'$ を導くだけである．詳しくは次の問題を参照せよ．

問題 27 与えられた正方行列 A に対し

$$AX = XA = E \qquad ただし E は単位行列$$

となる行列 X は存在すれば，ただ一つであることを証明せよ．

3° しかし，一意性の証明が簡単にできたといっても，存在するかどうかは，まったく不明である．「存在するならば一つしか存在しない」ことと「ただ一つ存在する」こととは違うことをよく理解しよう．

4° 容易に存在がわかる例は次のように明らかなものである．

A が，0 を除く実数 α に対して単位行列 E の α 倍である（$A = \alpha E$ である）ときは，$\dfrac{1}{\alpha}A$ がその逆行列である

5° 以上の記述だけではまだわからないが，$AX = E$ となる X を A の**右逆行列**，$XA = E$ となる X を A の**左逆行列**と呼ぶことにすれば，「A の左右いずれかの逆行列が存在すれば，他方の逆行列も存在し，両者は一致する」ことが一般にいえる．これは（数と同様の）行列のもつ著しい特徴の一つである．証明は後で述べる事実を利用するとできるが，いまの段階では少し高級なのでとりあえず省いて先に進もう．

逆行列と正則性の定義

【定義】 与えられた正方行列 A に対して，

$$AX = XA = E \qquad (E は単位行列)$$

となる正方行列 X が存在するならば，それを A の**逆行列** inverse matrix といい記号 A^{-1} で表す．行列 A がその逆行列をもつとき，A は**正則** non singular であるという．

Notes

1° 直前に述べた *Notes* の 5° から，逆行列の条件は $AX = E$，$XA = E$ のいずれか一方でよいことがわかるが，当面はこの事実は知らないことにして話を実直に進めよう．

2° 記号 A^{-1} は，「A の逆行列」あるいは英語交じりの表現で「A インバース」と読む．このように名前をつけることができるのは「存在すればただ一つである」ことが証明されているからである．

3° 正則を表現する英語 non singular は，「正則である」という日本語の肯定的表現とは反対に，「特異的」「例外的」という意味の英語表現 singular の否定形になっているのが面白い．比較文化の専門家なら，ここで日欧の文化の違いについて蘊蓄（うんちく）を垂れるところであろう．

4° 行列が正則であることは逆行列があるというありがたい性質であるが，ランダムに数を成分に選んで正方行列を作ると，正則になる方が《ふつう》である（直観的な表現に過ぎないが，いわば確率的に大きい）ことにも注意しておきたい．$n = 1$ に相当する単なる実数 a の場合なら，逆数がないのは $a = 0$ という特異な場合だけであり，その他の場合は逆数が存在するのと同様である．その意味で数学的には英語表現の方が事態の核心を反映している．

与えられた行列が正則であるか否かを判定する問題，そして正則である場合にその逆行列を求める問題はこれから取り組む課題であるが，その最終的な解決に先だってすぐにわかることを述べておく．

逆と積と正則性

【定理】 行列の逆と積は，正則性という性質を保存する．すなわち

I 行列 A が正則である（つまり A^{-1} が存在する）ならば，A^{-1} も正則である．

II 行列 A, B が正則であるなら，積 AB, BA はともに正則である．そして，その逆行列はそれぞれ

$$(AB)^{-1} = B^{-1}A^{-1}, \qquad (BA)^{-1} = A^{-1}B^{-1}$$

Notes

1° 正則性に関するもっとも重要な定理であるが，証明はたやすい．実際，I は，逆行列の性質

$$AA^{-1} = A^{-1}A = E$$

自身が A が A^{-1} の逆行列であるという性質の主張であると読み換えることができるというだけである．

2° II に関しても，主張は「そして」でつながれる二文に分かれているが，後半を示すことで前半が証明できることに注意しよう．実際，仮定によって，A^{-1}, B^{-1} の一意的な存在が仮定できる．それらの積 $B^{-1}A^{-1}$, $A^{-1}B^{-1}$ も定義できるから，後は，それらがそれぞれ AB, BA の逆行列としての性質を満たすことを計算するだけである．一方の例の一部を取り上げれば

$$\begin{aligned}(B^{-1}A^{-1})(AB) &= B^{-1}\{A^{-1}(AB)\} = B^{-1}\{(A^{-1}A)B\} \\ &= B^{-1}(EB) = B^{-1}B = E\end{aligned}$$

よって $B^{-1}A^{-1}$ は AB の左逆行列である．

問題 28　**$B^{-1}A^{-1}$ が AB の右逆行列であることを示せ．また，$A^{-1}B^{-1}$ が BA の逆行列であることを示せ．**

3° 行列の正則性のような，ある性質 $(*)$ が，積と逆に関して《伝搬》されるという視点の確立は，現代数学の出発点となった重要な契機である．これを現代数学では「性質 $(*)$ が，積と逆に関して保存される」という．この考え方は，小中学生の段階から学んでいるようであるが，それが重要なものとして理解されないのは，この先に開かれる世界の広大さ，普遍性についてなにも知らされないないまま，言葉だけが教えられるからではないだろうか．実際，小学校ですら，（正の）整数を分子分母にもつ，いわゆる（正の）有理数性が積と逆に関して保存されることを実際上学んでいるし，高校では 0 を除く実数や複素数がこの性質をもつことは証明はともかく言葉として一応触れることになっているが同様であろう．計算技法の修得だけは強調されるが，理論的な話題とそれがどう結び付くか語られていないのは，日本の数学教育を受けている若者の不幸である．

4° 正則な正方行列全体の集合が，積に関して以上の諸性質を満たすことを，それが**群** group をなすといい，特に，正則な正方行列全体の作る群は，**一般線**

型群 general linear group と呼ばれ，行列の作る群の重要な具体例の一つである．0 でない実数全体が積に関して群をなすという性質の高次元版といってよい．

5.9 逆行列の求め方とその基礎

次数の小さい場合だけは，逆行列を求めることは初等的にも簡単である．実際 2 次正方行列 $A = \begin{pmatrix} a & b \\ c & d \end{pmatrix}$ の場合なら，求めたい逆行列を $X = \begin{pmatrix} x & z \\ y & w \end{pmatrix}$ とおいて，まず $AX = E$ の左辺の成分を計算して両辺の対応する成分同士を等式で結ぶだけである．つまり

$$\begin{cases} ax+by = 1 \\ cx+dy = 0 \\ az+bw = 0 \\ cz+dw = 1 \end{cases}$$

を満たす未知数 x, y, z, w を求めれば $AX = E$ を満たす X が求められる．細かいことをいえば，こうして X が求められた後，それがもう一つの条件 $XA = E$ をも満たすことを確かめる必要が形式上はある．(p.110 の 5° で触れた行列特有の事情から，実質的には必要ない．)

その結果は以下の通りである．

2 次正方行列の正則性の判定と逆行列の公式

【定理】 $A = \begin{pmatrix} a & b \\ c & d \end{pmatrix}$ は，$ad-bc \neq 0$ のとき，かつそのときに限り，正則である．そして A が正則であるとき，A の逆行列は，

$$A^{-1} = \frac{1}{ad-bc} \begin{pmatrix} d & -b \\ -c & a \end{pmatrix}$$

である．ここで a, b, c, d は与えられた実数であるとする．

Notes

1° この結果を導くには，上で示した x, y, z, w についての 4 元連立 1 次方程式を解けばよいが，実質的には，x, y についての 2 元連立方程式と z, w につい

ての 2 元連立方程式に分けて考えることができ，それらは未知数の前についている係数が完全に一致しているので，方程式の右辺にある定数を e, f のように《一般化・抽象化》した場合の 1 個の連立方程式を解きさえすれば，その結果として登場する答えで，e, f をそれぞれ，$1, 0$ と $0, 1$ に書き換えるだけで，考えたかった方程式の両方の解が直ちに得られる.

【教訓】 問題は，一般化した方が個別の具体的な問題より解きやすいことがある！

2° このように考えれば，考えるべきであった問題は

$$A = \begin{pmatrix} a & b \\ c & d \end{pmatrix}, \qquad \boldsymbol{x} = \begin{pmatrix} u \\ v \end{pmatrix}, \qquad \boldsymbol{b} = \begin{pmatrix} e \\ f \end{pmatrix}$$

として，

$$A\boldsymbol{x} = \boldsymbol{b}$$

と表される方程式の $\boldsymbol{x} = \begin{pmatrix} u \\ v \end{pmatrix}$ を求めるという問題である.

3° 上に示した連立 1 次方程式の解法は，はじめに逆行列の存在とその形の知識を仮定すれば，

$$A\boldsymbol{x} = \boldsymbol{b} \iff \boldsymbol{x} = A^{-1}\boldsymbol{b}$$

という変形に過ぎない.

問題 29　なぜだろうか．3° の変形を確かめよ．

4° これは係数行列 A と未知ベクトル $\boldsymbol{x}$ とを次元を落として通常の数にまで単純化すれば $a \neq 0$ のときに

$$ax = b \iff x = \frac{b}{a}$$

という関係になる．連立 1 次方程式と呼ばれているものは，この単独 1 次方程式の高次元版に過ぎない．さらに逆行列 A^{-1} が a の逆数 $a^{-1} = \dfrac{1}{a}$ に相当するものであることがわかるだろう.

5° 上の定理に登場した大切な条件 $ad - bc \neq 0$ の左辺は，後に学ぶ行列 A の行列式と呼ばれる重要な定数の２次正方行列版である.

行列の次数が大きくなると逆行列の公式は上のように簡単に表現できなくなる．3 次以上の場合は，理論的な議論が難しくなるというよりは，計算処理や表現する式がやたらに繁雑になるからである．とはいえ，逆行列を決定するための計算の背後にある議論の核心が連立 1 次方程式の解法に

あるという大切なポイントをきちんと理解するために，逆行列を求める議論をもう少しだけ追いかけて見ておこう．

n 次正方行列の逆行列を求めるための出発点となる $AX=E$ という関係式において，未知の正方行列 X を n 個の n 次列ベクトルに

$$X=(\boldsymbol{x}_1,\boldsymbol{x}_2,\cdots,\boldsymbol{x}_n)$$

とブロック分割してやれば，行列の積 AX は，

$$AX=(A\boldsymbol{x}_1,A\boldsymbol{x}_2,\cdots,A\boldsymbol{x}_n)$$

とブロック分割される*から，単位行列 E を，X と同様に，n 個の n 次列ベクトルにブロック分割して

$$E=(\boldsymbol{e}_1,\boldsymbol{e}_2,\cdots,\boldsymbol{e}_n)$$

としてやれば，逆行列を求める問題は，

$$\begin{cases} A\boldsymbol{x}_1=\boldsymbol{e}_1 \\ A\boldsymbol{x}_2=\boldsymbol{e}_2 \\ \qquad\vdots \\ A\boldsymbol{x}_n=\boldsymbol{e}_n \end{cases}$$

という，ベクトル $\boldsymbol{x}_1,\boldsymbol{x}_2,\cdots,\boldsymbol{x}_n$ についての連立方程式になる．しかるに，この n 個のそれぞれは，左辺は未知ベクトルの成分である n 個の未知数につく係数がすべて同じ行列 A で決まっているものであり，したがって左辺は実質上は完全に一致していて，それぞれで異なるのは右辺の定数項だけ，という意味で《本質的に同じ n 元 1 次方程式》からなる連立方程式である，ということである．

そこで次の第 6 章の初めに，中学生でもわかっているはずの「簡単な連立 1 次方程式の解法」ではあるが，現状では極度に形式化した解の求め方だけに目が向いてしまっている学校数学の現状のために案外理解されていない連立 1 次方程式に対する理論的な接近を紹介しよう．

しかし，この《古くて新しいという意外な話題》に入る前に，簡単に解決することのできる正方行列の幾つかの重要な話題を提起しておこう．

---

* ここは初学者には最初は難しい．実際に成分を書いて考えて見るなどして，成り立つのは自明である，とわかるまで考えれば何でもない．

5.10　特別の正方行列について

読者はここまでの記述で，行列の中で特に正方行列は，数に良く似た，しかし平凡な数には見当たらない斬新な性質を有する予感をもったことであろう．逆数に相当する逆行列への接近には，現代数学にはいささか異質な印象をもつ連立１次方程式という古臭い課題の再検討が必要であるという一種の壁のところまで来ているが，その壁の突破へと向かう前に，本章の終わりに，このような正方行列のもつ幾つか重要な話題を述べておこう．先を急ぐ読者は最初は飛ばしても良い．

転置行列に関してこの概念と緊密に連係する話題である．

対称行列と交代行列

【定義】　正方行列 A が

$$ {}^tA = A, \qquad {}^tA = -A $$

という性質をもつとき，A は，それぞれ，**対称行列** symmetric matrix，**交代行列** alternating matrix であるという．

Notes

1° 対称，交代，という表現は，多項式における対称式，交代式の使い方に似ているが，行列の場合はそれらよりはずっと狭い．

2° 定義で使われている ${}^tA = A$ は「転置しても元と変わらない」ということであるから対称行列 $A = (a_{ij})$ は，$\begin{pmatrix} 2 & -1 & 0 & 3 \\ -1 & 1 & 2 & 1 \\ 0 & 2 & -2 & -2 \\ 3 & 1 & -2 & 3 \end{pmatrix}$ のように対角成分 a_{ii} $(i = 1, 2, 3, \cdots)$ の並ぶ対角線に関して右上の成分と左下の成分が対称に配されている行列である．交代行列は，対称に配されるべき対応する成分の符号が逆転している行列である．

3° 本書では踏み込めないが，対称行列は，本書の最後の方で論じる固有値問題で重要な役割を果たす，実用的にも重要な概念である．

4° 対称性が問題なので対角成分については何も条件が課されていないことに注意しよう．交代行列については，対角成分はすべて 0 である．

問題 30 正方行列 A に対して，$B = A + {}^tA$ は対称行列であることを示せ．また $C = A - {}^tA$ は交代行列であることを示せ．さらに，任意の正方行列は，適当な対称行列と交代行列の和で表現できることを示せ．

対角行列

【定義】 正方行列で，非対角成分がすべて 0 である行列を対角行列 diagonal matrix という．対角行列 D は対角成分が行番号＝列番号であるので，対角成分の表現を単純化して

$$D = \begin{pmatrix} d_1 & 0 & 0 & \cdots & 0 \\ 0 & d_2 & 0 & \cdots & 0 \\ 0 & 0 & d_3 & \cdots & 0 \\ \vdots & \vdots & \vdots & \ddots & \vdots \\ 0 & 0 & 0 & \cdots & d_n \end{pmatrix}$$

のように表現される．この対角行列 D を (d_i) と略記することにしよう．

Notes

1° 対角行列は，積の計算が繁雑な行列の世界にあって積が容易に計算できる例外的な存在である．対角行列のこの性質をまとめておこう．

1) 型が同じ正方行列 A に，対角行列 $D = (d_i)$ を左からかけると行列 A の $1 \leqq k \leqq n$ であるそれぞれの k に対して A の第 k 行が d_k 倍される．

2) 型が同じ正方行列 A に，対角行列 D を右からかけると行列 A の $1 \leqq k \leqq n$ であるそれぞれの k に対して A の第 k 列が d_k 倍される．

3) したがって，対角行列の２乗はすべての対角成分 d の２乗になる．３乗以降も同様である．一般に，対角行列について

$$\begin{pmatrix} d_1 & 0 & 0 & \cdots & 0 \\ 0 & d_2 & 0 & \cdots & 0 \\ 0 & 0 & d_3 & \cdots & 0 \\ \vdots & \vdots & \vdots & \ddots & \vdots \\ 0 & 0 & 0 & \cdots & d_n \end{pmatrix}^n = \begin{pmatrix} d_1^n & 0 & 0 & \cdots & 0 \\ 0 & d_2^n & 0 & \cdots & 0 \\ 0 & 0 & d_3^n & \cdots & 0 \\ \vdots & \vdots & \vdots & \ddots & \vdots \\ 0 & 0 & 0 & \cdots & d_n^n \end{pmatrix}$$

となる．

4) これは，同じ対角行列の累乗だけでなく，一般に対角行列同士の積は，対応する対角成分同士の積を成分にもつ対角行列になるという，より一般

の性質に基づく.

2° このような対角行列の，計算に適した性質は，対角行列が単位行列に近い，あるいは単位行列がもっとも基本的な対角行列であることを考慮すれば納得がいこう.

3° 対角行列のこの傑出した特徴は，一般の行列に対してそれ巡る計算を対角行列に帰着させる方法の実際的な有効性，理論的な重要性を予感させるものである.

章の最後に，一般の正方行列に関して，適用されるトレース (trace, 跡) の概念に触れて行こう.

行列のトレース

【定義】 n 次正方行列 $A = (a_{ij})$ に対し，対角成分と呼ばれる成分 a_{ii} の和を行列 A のトレースと呼び，$\mathrm{tr}(A)$ で表す．すなわち

$$\mathrm{tr}(A) = \sum_{i=1}^{n} a_{ii}$$

Notes

1° 日本語では「跡」と訳されることがある．これはドイツ語の Spur の直訳であろう．英語の trace には，線の跡を辿るという意味があり，これは Spur に近いものであるが，この概念がなぜそう呼ばれるべきかについての納得の行く説明は不学にして知らない．ただし，トレースは，やがて学ぶ行列の固有方程式の係数に登場し，固有値の総和という重要な性質を有する.

問題 31　トレースに関して次の各々の設問に答えよ.

(1) n 次正方行列 $A = (a_{ij})$, $B = (b_{ij})$ に対し，次の性質が成り立つことを証明せよ.

i) $\mathrm{tr}(\alpha A) = \alpha\ \mathrm{tr}(A)$

ii) $\mathrm{tr}(A+B) = \mathrm{tr}(A)+\mathrm{tr}(B)$

(2) $l\times n$ 型行列 A, $n\times l$ 型行列 B に対し，次の等式が成り立つことを証明せよ.

$$\mathrm{tr}(AB) = \mathrm{tr}(BA)$$

【注】(1) は自明である．(2) は，証明は計算するだけであるが，行列の積が非可換で，かつ型も一致しないにも関わらずトレースが一致するという不思議な性質である．これはやがて重要な役割を演ずる．

Question 12

数学で学ぶ行列が，最初は本書の第 0 章にあるように表計算のようなものであるといわれ，ついついその気になって行列のところまで勉強してきたのですが，ここで論じられているのは，例えば正方行列全体の集合が，和と積に関しては整数全体の集合が作るのに似た環という構造，和と実数倍に関しては通常のベクトル空間という構造をもっているという数学的な話だけで，それはそれとして面白いのですが，表計算ソフトとはだいぶ違うのではないかという印象を強くもちます．行列の成分を表計算ソフトに読み込めば行列の計算はできます．他方，表計算ソフトではソート（sort 並び換え）など，行列では話題になっていない機能も標準的です．ということは，行列は，表計算ソフトの特殊な例に過ぎないということになりませんか．その場合，表計算ソフトより応用範囲の狭い数学的な行列を学ぶ現代的意義はどこにあるのでしょう．

【Answer 12】

なかなか面白い質問ですね．行列の繁雑な計算が，表計算ソフトに限らず computer を用いて簡単に実現できることはとても重要です．日本では数式処理，国際的には Computer Algebra System (CAS) と総称される汎用の数学的な計算用ツールがあり，本章で話題となった行列の計算をはじめ本書のレベルを超えるより高級な行列の計算も厳密に（数値的≒近似的にではなく，いかなる誤差も許さない数学的な計算として）実行することもできますが，そのような機械的な処理が正しく実行できていることを保証するには，理論的な理解が不可欠です．一般に，道具を真に使いこなせるためには，道具を作り出す知識と知恵が必要である，裏を返せば道具に振り回されず道具を使いこなすためには最小限の道具についての心得が必須であるといっても良いでしょう．道具が便利になればなるほど，この心得は一層重要になると私は考えます．中身の分からないブラックボックスの機能を正しく活用できるためには，黒い箱で見えなくなっている中身の機能を理解する知識が必要であるからです．

また，表計算ソフトの十八番（おはこ）となっているソートは行列でいえば**行の交換**という基本変形の繰り返しに過ぎません．$m \times n$ 型行列 $A=(a_{ij})$ の成分を，第 $j(1 \leqq j \leqq n)$ 列に関して降順（あるいは昇順）にソートすることは，第 j 列成分 $a_{1j}, a_{2j}, \cdots, a_{mj}$ だけに注目して，それらを値の小さい順（あるいは大きい順）に並び替えるために行列についての**行の交換**という基本的な変形を繰り返すだけです．行の交換を含む**行列の基本変形**については次章で詳しく触れます．

とはいえ，何度も繰り返す基本となるアルゴリズムをどのように実装するかによって，処理の時間には大きな差が生じます．このような実用的な場面には，純粋な数学にはない，応用数理特有の《面白さ》（＝純粋数学には標準的とはいえない数学的な思索を実際に応用する愉しみ）と《虚しさ》（＝例えば効率的なアルゴリスムの発見の努力がハードウエアの高性能化や OS の潮流に振り回されてしまう哀しさ）があるものです．その両者を的確・適正に判断する上で大切なのは数学的な洞察力に違いありません．

実用性に埋没しがちなアルゴリズムの効率問題に深く迫るためにも，数学的思考が威力を発揮するに違いないでしょう．

ある特定の行をソートの例外として「保護」するような機能は，「保護」すべき対応する行を後の第 6 章で学ぶ基本変形の対象から外すというだけの話であるという数学的な理解は，表計算ソフトを使いこなす上では不可欠でしょう．

しかしながら，このような話は所詮は行列の計算的側面に関することに過ぎず，数学で行列を学ぶ際に計算より遥かに重要なのは，《いかに》正しい計算結果を得ることではなく，《なぜ》そのように計算するかを理解することです．

行列の計算に限定していえば，初学者にとって初学者がぶつかるもっとも厄介な壁は，積の計算の繁雑さでしょうが，その計算の前提となる積の定義:

$l \times m$ 型行列 $A=(a_{ij})$，$m \times n$ 型行列 $B=(b_{jk})$，$l \times n$ 型行列 $C=(c_{ik})$ について $C=AB$ であるとは

$$1 \leqq \forall i \leqq l, \quad 1 \leqq \forall k \leqq m \quad \text{について，} c_{ik}=\sum_{j=1}^{m} a_{ij} b_{jk}$$

となることである，を，ごく自然なものとして納得することが数学理解の重要なポイントであると思います．

「定義なのだから承認するより他ないに決まっている」という受動的な態度は数学の演繹的側面を正しく捉えているように見えますが，私から見ると，《反数学的》な態度です．数学における定義が案外自由でないという本文で何回か触れた話の他に，数学における表面上繁雑で技巧的に映る定義が，実は，ごく自然な根拠に裏付けられていることを納得して理解する——これを**会得**（えとく）と表現してもよいでしょう——ことこそが数学のもっとも重要な理解の真髄であるからです．

納得には様々なレベルがあることも大切です．本章では，行列 A の第 i 行と行列 M の第 k 列を，行と列の違いを無視し同じ次数のベクトルと見なして内積をとったものである，といった具合に定義の内容を「わかりやすく」，しかし「ごく表面的に」説明して終わっています．

しかしながら，厳しくいえば，これは公式を覚えやすく解説しているに過ぎません．数学では《より深い理解》がいくらでも存在することを忘れてはなりません．

行列の積に関していえば，例えば，このような $l{\times}m$ 型行列 A, $m{\times}n$ 型行列 B の積の定義に先だって，$m{\times}n$ 型行列 $A=(a_{ij})$ と $n{\times}1$ 型行列（$=n$ 次列ベクトル）$\boldsymbol{v}=\begin{pmatrix} v_1 \\ v_2 \\ \vdots \\ v_n \end{pmatrix}$ との積 $A\boldsymbol{v}$ の定義

$$A\boldsymbol{v}=\begin{pmatrix} a_{11}v_1+a_{12}v_2+\cdots+a_{1n}v_n \\ a_{21}v_1+a_{22}v_2+\cdots+a_{2n}v_n \\ \vdots \\ a_{m1}v_1+a_{m2}v_2+\cdots+a_{mn}v_n \end{pmatrix}$$

があり，これは，行列の A の各々の行ベクトル $(a_{i1}, a_{i2}, \cdots, a_{in})$ と列ベクトル $\boldsymbol{v}=\begin{pmatrix} v_1 \\ v_2 \\ \vdots \\ v_n \end{pmatrix}$ との行と列の違いを無視した内積，いわば拡張された内積であることが理解できれば，最初に挙げた行列 A, B の積の定義は，行列 B を $(\boldsymbol{b}_1, \boldsymbol{b}_2, \cdots, \boldsymbol{b}_n)$ と n 個の列ベクトルにブロック分割して考えれば

$$AB=A(\boldsymbol{b}_1, \boldsymbol{b}_2, \cdots, \boldsymbol{b}_n)=(A\boldsymbol{b}_1, A\boldsymbol{b}_2, \cdots, A\boldsymbol{b}_n)$$

にすぎないことがわかるでしょう．

この先ですが，行列 A を $\begin{pmatrix} \boldsymbol{a}_1 \\ \boldsymbol{a}_2 \\ \vdots \\ \boldsymbol{a}_l \end{pmatrix}$ と l 個の m 次行にブロックに分割して考えてやれば，行列 A, B の積は同じ次数（m 次）の行ベクトルと列ベクトルにブロック分割された

$$\begin{pmatrix} \boldsymbol{a}_1 \\ \boldsymbol{a}_2 \\ \vdots \\ \boldsymbol{a}_l \end{pmatrix} (\boldsymbol{b}_1, \boldsymbol{b}_2, \cdots, \boldsymbol{b}_n)$$

が得られます．A の第 i 行と B の第 k 列の，「拡張された内積」が積 AB の第 (i, k) 成分である，と考えるところまではよいと思いますが，ここから先を直ちに進めるのは筋が悪そうです．

話を少し転じるために記号を変更して $l \times m$ 型行列 P と $m \times n$ 型行列 Q の定義に先立って $m \times n$ 型行列 Q と $n \times 1$ 型行列（n 次列ベクトル）$\boldsymbol{v}$ との積 $Q\boldsymbol{v}$ の定義があり，後者は $m \times 1$ 型行列（m 次列ベクトル）ベクトルになりますから，これに $l \times m$ 型行列 P を左からかけて $P(Q\boldsymbol{v})$ を作ることができます．これが任意の $\boldsymbol{v}$ について $(PQ)\boldsymbol{v}$ と一致するように行列 P, Q の積 PQ が定義されるべきであると思いませんか．

こういう理論的な事情が，定義の背景にあるのですが，それが見えない初学者にはひどく繁雑に映ってしまうのです．

何事によらず，「裏の事情」と呼ばれる真実を知ることは重要ですが，それには意外に大きな対価が必要のため，真実に迫ることができないまま過ぎ去ってしまうことが多いですね．数学の場合，その教育と学習が，このような「裏の事情」という真実からあまりにかけ離れているのではないか，その間に架橋することができないか，というのが本書の新構想の一つでした．

数学における定義を支える事情を説明するために，行列より簡単な，ベクトルを取り上げましょう．ベクトル $\boldsymbol{x} = (x_1, x_2, \cdots, x_n), \boldsymbol{y} = (y_1, y_2, \cdots, y_n)$ に対して和 $\boldsymbol{x}+\boldsymbol{y}$ が $(x_1+y_1, x_2+y_2, \cdots, x_n+y_n)$ と定義され，それが，昔は「ベクトル和の平行四辺形則」と強調して呼ばれてきたものであるものの，数ベクトルで考えれば他にはあり得ないと感ずるほど自然な定義であることは本章で強調して来た通りです．しかし，ベクトルの和がこのように成分ごとの和として定義するのが自然であるなら，積も同じように

$$\boldsymbol{x} \times \boldsymbol{y} = (x_1y_1,\ x_2y_2,\ \cdots,\ x_ny_n)$$

と自然に定義しないのはなぜか，と考えたことはありますか．

少し試行錯誤してもらえば，おわかりになるでしょうが，ベクトルの基本であった実数倍との整合性がとれるためには単なる実数 α と n 次のベクトル $(\alpha, \alpha, \cdots, \alpha)$ とを同一視することになり，せっかく単なる実数とは異なる高次の量としてベクトルを考えているのにその意味がないことになってしまうことがわかることでしょう．このような教科書に載っていない，決まりきった唯一の正解があるわけでもない問題を自分自身で考えることこそが数学では重要だと思うので，これ以上は深入りしません．いずれもしてもこういった批判的で自発的な問題意識をもつことも，数学を通して学ぶことのできる大切な体験ではないかと思います．

このように数学には，学ぶべきことをきちんと覚えるというレベルから，教えられなくても，重要なことは自ら発見できるというレベルまで，いろいろな理解のレベルがあります．少しでも深い理解を目指して思索し続けることが愉しみになることが専門家に限らず，数学を学ぶ目的の一つともいえるのではないかと私自身は思っています．

第6章

連立1次方程式

■ 6.1　連立1次方程式とは

連立1次方程式とは，一般に，n 個の未知数 $x_1, x_2, \cdots, x_n$ についての m 個の1次式の方程式を連立した条件

$$\begin{cases} a_{11}x_1+a_{12}x_2+\cdots+a_{1n}x_n = b_1 \\ a_{21}x_1+a_{22}x_2+\cdots+a_{2n}x_n = b_2 \\ \qquad\qquad\vdots \\ a_{m1}x_1+a_{m2}x_2+\cdots+a_{mn}x_n = b_m \end{cases} \qquad \cdots(☆)$$

のことであり，連立1次方程式 (☆) を解くとは，(☆) を満足する未知数の値を決定する問題であると考えられている．はたしてそうであろうか．

ここで，方程式の個数 m と未知数の個数 n の間の相等性や大小関係は不問にしていることにまず注目して欲しい．（中学や高校の数学では，$m = n = 2$ あるいは $m = n = 3$ という極めて特殊な場合しか扱ってこなかった．）

上の連立1次方程式は，行列記号などをあらかじめ定めておくとそれを利用して表現を大幅に単純化できる．

行列を用いた連立1次方程式の定式化（行列表現の威力）

与えられた連立方程式 (☆) に対し，その係数を並べた**係数行列**と呼ばれる $m \times n$ 型行列 $A = \begin{pmatrix} a_{11} & a_{12} & \cdots & a_{1n} \\ a_{21} & a_{22} & \cdots & a_{2n} \\ \vdots & \vdots & & \vdots \\ a_{m1} & a_{m2} & \cdots & a_{mn} \end{pmatrix}$ と定数項に相当する m 次列ベクトル（$m \times 1$ 型行列）$\boldsymbol{b} = \begin{pmatrix} b_1 \\ b_2 \\ \vdots \\ b_m \end{pmatrix}$ と，未知数 $x_1, x_2, \cdots, x_n$

を成分とする n 次列ベクトル $\boldsymbol{x} = \begin{pmatrix} x_1 \\ x_2 \\ \vdots \\ x_n \end{pmatrix}$ を考えれば，連立 1 次方程式 (☆) は極めて単純な式

$$A\boldsymbol{x} = \boldsymbol{b}$$

で表現できる.

Notes

1° 係数行列を成分ごとに表現したりする部分は面倒であるが，最後の結論は，発音だけに注目すれば，

$$ax = b$$

というもっとも単純な 1 次方程式と変わりないことに注目して欲しい.

2° これからの議論で明らかになるように，上のように一般化した連立 1 次方程式も， $m = n$ で，しかも唯一の確定解が得られる場合には，このもっとも単純な 1 次方程式のように，方程式の両辺に左から A^{-1} をかけるという操作だけで解ける．線型代数は，連立 1 次方程式の解法の中に古い起源をもつ（和算家も取り組んでいた！）が，それらはほとんどがこの解を求める機械的な計算に相当する公式を導くものであった.

3° このような連立 1 次方程式の中でもっとも規範的な場合が，歴史的な意味だけでなく現代でも線型代数という理論の中で最重要な話題である.

4° とはいえ，連立 1 次方程式の理論に関してはそうでない場合，例えば $m < n$ や $m > n$ のように中学，高校で無視されてきた場合こそが，一般解を論理的に導く上で重要であることが以下でわかるであろう.

6.2　連立 1 次方程式に関する誤解

連立 1 次方程式を解くには，代入法，加減法，その他，いろいろな解法があると思われている*が，**連立 1 次方程式に関していえば，代入法は加**

* 筆者自身は少年時代に等値法とかその他いろいろな技を表現する単語を教えられたような気がする．しかし 1 次方程式を離れても代入法と加減法以外は数学的には不要である.

減法の特殊な場合と考えられるので，実際上考えるべきなのは，加減法だけである**.

実際，例えば，

$$\begin{cases} 2x-3y=1 & \cdots(1) \\ y=-x+2 & \cdots(2) \end{cases}$$

という連立方程式が与えられたなら，中学生なら (2) を (1) に代入して y を消去するという代入法で解くかもしれない．しかし，そのプロセスは，(1)+3×(2) という加減法で y を消去したときと同じである．

さてそうなると，加減法とは一体なにか，という問題が重要になる．というのは，加減法という表現をそのまま解釈すると，加法と減法の方法である．しかし実際には，与えられた等式たちの間で

二つの方程式の辺々を加え合わせる（あるいは一方から他方を引く）

だけでなく

両辺に 0 でない定数を掛ける（あるいは両辺を 0 でない定数で割る）

という計算の繰り返しで「要らない未知数」を「消去」していくことを通じて**未知数の値を求める**ことである（少なくともそう思われている）.

しかし，「消去」elimination （未知数の中の幾つかの文字を消して見えなくする）という表面的な現象の表現が意味している理論的な内容はどういうことなのだろう．

確かに，上に挙げられた変形は，中等教育風に表現すれば，

- $A=B$ かつ $C=D \quad \Longrightarrow \quad A\pm C=B\pm D$（複号同順）
- $C\neq 0$ のとき，　$A=B \Longleftrightarrow AC=BC$

という「等式の性質」に対応するものであるが，このように書けば明らかに分かるように，第二の関係は両側向きの $\Longleftrightarrow$ であるのに対し，文字通り，加減法という言葉の加法，減法に対応する第一の関係は右向きの $\Longrightarrow$ でしかない．ということは，加減法で得られた結論はいわば右向きの変形

** 連立 1 次方程式に関していえば，逆に加減法を代入法の一種と考えることもできなくはないが，そのメリットは小さい．他方，代入法は 1 次方程式以外の場合にも通用するという意味で，より強力な方法であるが，その一般論は意外に厄介である．

で得られる単なる必要条件であって，それが本当に正しい（十分でもある）かどうかは，最初に与えられた方程式すべてに代入して検証・吟味する必要があるのではないだろうか.

実は，そうではない．第一の $\Longrightarrow$ の右側にあるものも両者を連立すると，元に戻ることができる．すなわち，$\Longleftarrow$ も成立して，

加減法の基本原理

$$\begin{cases} A = B \\ C = D \end{cases} \quad \Longleftrightarrow \quad \begin{cases} A+C = B+D \\ A-C = B-D \end{cases}$$

であるからである（実際，$\Longleftarrow$ は，後者の2式を加え合わせたり差をとったりしたものを2で割るだけでよい）.

ここで述べた関係は，純粋な加法，減法で結合された関係以外に，以下のように一般化することができる.

一般化された加減法の原理

【定理】 $\alpha, \beta, \gamma, \delta$ を $\alpha\delta - \beta\gamma \neq 0$ の定数とするとき，

$$\begin{cases} A = B \\ C = D \end{cases} \quad \Longleftrightarrow \quad \begin{cases} \alpha A+\beta C = \alpha B+\beta D \\ \gamma A+\delta C = \gamma B+\delta D \end{cases}$$

Notes

1° 実際，上で述べた加減法の基本原理は，$\alpha = 1$, $\beta = 1$, $\gamma = 1$, $\delta = -1$ という特殊な場合に過ぎない.

2° それだけでなく，一般化したこの形の方が「両辺に0でない定数を掛ける」という加減法で不可欠な変形を表現上も包含するので「加減法」という表現に比べ，より実情にあっているという長所がある.

3° 上の定理では $\alpha\delta - \beta\gamma \neq 0$ という仮定が $\Longleftarrow$ の推論を保証する上で重要である.

4° ではこの条件が成り立たない $\alpha\delta - \beta\gamma = 0$ という場合は，連立方程式の解はどうなるであろうか．この問題の解法を目指して，少し一般的な議論を構築しよう.

6.3　連立方程式の解法のための変形規則

2 個の方程式からなる連立方程式に限定してさえ結構面倒な連立方程式の解法の一般論を，n 個の未知数についての m 個の 1 次方程式からなる連立方程式で実現できないだろうか．きれいな一般論を構築するには本書でこれまで扱いを避けて来たランクの概念が必要であるが，細かい説明を捨象して肝腎な部分だけ解説しよう．

一般に m 個の等式

$$\begin{cases} A_1 &= B_1 \\ A_2 &= B_2 \\ & \vdots \\ A_m &= B_m \end{cases}$$

の連立条件（それぞれを論理的な“かつ”で結合した条件）をそれと**論理的に同値** logically equivalent なものに変形したいなら，どのような変形があり得るだろうか．

連立方程式に対して許され得る変形

連立方程式に対して許される変形は以下のものである．

I　その中のどれか一つを，その両辺に 0 でない定数を掛けたもので置き換える（その他はいじらない）．

II　その中の任意の 2 つに対して，その一方を，その両辺に他方の両辺を加えたもので置き換える（変形に利用した他方はそのまま残す）．

III　任意の 2 つの方程式に対して，それらの上下の位置を入れ換える．

Notes

1°　まず第一に I は以前にも触れた加減法といいながら，加減ではない重要な変形の原理であり，その変形の妥当性（変形の同値性）は中学や高校の数学でもやっている．

2° 次の II は加減法の実際の姿である.

3° III は数学的には意味のない変形であるが，以下の議論を可能な限り透明に進めるために挿入している.

以上の変形を，$A\boldsymbol{x} = \boldsymbol{b}$ という抽象化された連立 1 次方程式に関して表現するとすれば，どのようになるであろうか.

係数行列と拡大係数行列

【定義】 $m \times n$ 型の係数行列 A の右に定数項列ベクトル $\boldsymbol{b}$ の 1 列をつけ加えて作られる $m \times (n+1)$ 型行列 $(A, \boldsymbol{b})$ を $\widetilde{A}$ という記号で表し，この行列を以下では連立 1 次方程式 $A\boldsymbol{x} = \boldsymbol{b}$ の**拡大係数行列**と呼ぶ.

Notes

1° 係数行列を表す文字 A の上に付けられた記号 ~ はスペイン語などで発音を制御するのに使われている tilde と呼ばれる記号である．以下では，$\widetilde{A}$ はつねに拡大係数行列 $(A, \boldsymbol{b})$ を表すのに使う.

2° 連立 1 次方程式の解法の理論で問題となるのは未知数 $x_1, x_2, \cdots, x_n$ それ自身ではなく，係数と定数項だけである．実際，未知数 $x_1, x_2, \cdots, x_n$ を別の未知数 $y_1, y_2, \cdots, y_n$ に一斉に置換しても見掛けの変化だけで方程式の解法の数学的な本質には何も影響がない，というのがその理由である.

求めるべき値を文字で表現するという，未知数というアイデアは，問題解決のために重要な最初の一歩となった革命的な思想であるが，何と理論上は，未知数を表現する文字そのものには意味がないのである！

3° 連立 1 次方程式においては，係数と定数項だけが問題なのである．それが係数行列に定数項ベクトルを並べて拡大係数行列を考える理由である.

4° 初学者の中には，右辺にある定数項を左辺に「移項」するので，(-1) 倍しないとならないのではないか，という素朴な疑問をもつ人がいるかもしれない．しかし，拡大係数行列を作る際に，それぞれの等式を変形しているのではない．単に連立 1 次方程式の解法で重要なのは，未知数と呼ばれる文字ではなく，係数と定数項だけであり，連立方程式として整理したときのそれらの情報（具体的には，何番目の方程式の，どの未知数に付けられた係数であるか，また何番目の定数項か，という情報）を抜き出しているだけなのである.

5° この説明が抽象的過ぎてわかりにくいようなら，例えば，次のような具体例を考えてはどうだろうか．

$$\begin{cases} x+2y+z=4 \\ 3x-y-2z=-1 \end{cases} \quad と \quad \begin{cases} u+2v+w=4 \\ 3u-v-2w=-1 \end{cases}$$

という二組の連立方程式は，未知数など見掛けは違うが，未知数の読み替え（$x \longleftrightarrow u,\quad y \longleftrightarrow v,\quad z \longleftrightarrow w$）さえすれば，それらの間には本質的な区別は何もない．それらの解（未知数 x, y, z あるいは u, v, w の満たすべき値の組）を考えていく際に重要なのは，それぞれの方程式の**各未知数についている係数と定数項**，より適切にいえば，**係数と定数項の，位置を含めた値**の情報だけであり，それを行列という形式を利用して端的に取り出したものが

$$\begin{pmatrix} 1 & 2 & 1 & 4 \\ 3 & -1 & -2 & -1 \end{pmatrix}$$

であり，それこそ拡大係数行列と呼んだものなのである．読者を中学時代の刷り込みから解放するためにしつこく繰り返すが，連立方程式で重要なのは，未知数そのものでなく，このような係数と定数項だけなのである．

6° 係数行列は近代的な発想だが，連立 1 次方程式を通じて（係数）行列の考え方が，古い時代まで遡ることができるのは，未知数と方程式の個数が等しく一意的な確定解が定まる連立 1 次方程式に関してこのような本質の洞察が昔からなされていたことの証である．方程式というとすぐに x，y などのアルファベットの利用を連想する，近代の代数的手法についての一般の人の理解は，あまりに硬直していて先駆的な古人には顔向けができないが，それは中等レベルの《数学教育の普及の輝ける成果》であるとともに，形式化された知識の伝達に没落した《普及し過ぎた数学教育の責任》でもある．

7° 連立 1 次方程式という《昔の数学》が，もっとも現代的な線型代数という光の下で《新しい姿で再登場》する，という**歴史と理論の不思議な流れ**を見つめる知性の余裕を失わないようにしたい．

すると，上で述べた連立方程式の許される変形は，拡大係数行列 $\widetilde{A}$ に対する以下の変形に対応する．

行の基本変形

【定義】 次のような 3 種類の行列の変形を**行の基本変形**という.

基本変形 1：ある行に 0 でない定数 α を掛ける.

基本変形 2：ある 2 行に対して，それらの位置を入れ換える.

基本変形 3：ある 2 行に対して，一方の行の各成分を，他方の行の対応する成分を加えたもので置き換える（変形に利用した他方の行は元のままにする）.

Notes

1° 以上の基本変形は，上に述べた連立方程式の解法に必要な「変形」に対応するものであるが，今後の叙述の都合でこれまでと順序は変更している．実際,「変形 2」は p. 129 上の *Notes* 3° では "意味のない変形であるが" という断り書きで最後に登場したものである.

2° 「基本変形 1」を考慮すれば,「基本変形 3」 は

「基本変形 3'：ある 2 行に対して，一方の行を，それに他方の行の 0 でない定数 α 倍を加えたもので置き換える（他方の行は元のままにする）」

に置き換えることもできる.

3° ここで重要なことは，これらの基本変形が元に戻ることのできる変形（**可逆** invertible な変形）であることである．言い換えると，いわゆる**同値変形**であることである．それぞれの変形についてその可逆性のチェックは難しくない.

問題 32 基本変形 1,2,3 のそれぞれについてそれが可逆であることを示せ.

4° 上に挙げた行に関するそれぞれの基本変形は，元の行列に，以下に述べるような，**基本行列**と呼ばれる，単位行列をわずかに変形して得られる 3 種類の**正則行列を左から掛ける**ことで実現できる.

変形 1：単位行列の，対角成分である 1 成分（例えば (i,i) 成分）だけを 1 から α $(\alpha \neq 0)$ に書き換えた行列（この対角行列の逆行列は，単位行列の (i,i) 成分だけを $1/\alpha$ で置き換えた行列である.）

変形 2：単位行列の，ある異なる 2 行，例えば $i \neq j$ に対して第 i 行と第 j

行（ある異なる 2 列 といってもよい）を入れ換えた行列（この行列はそれ自身が元の行列の逆行列である.）

変形 3：単位行列に対して，対角成分以外のもう 1 個の成分（例えば (i,j) 成分 $(i \neq j)$）である 0 を α で置き換えた行列（この行列の逆行列は単位行列に対して，対角成分以外の (i,j) 成分 0 を $-\alpha$ で置き換えた行列が逆行列になる.）

5° 実際，より具体的に表現すれば，例えば，基本変形 1 は，

$$
\begin{array}{c} \\ \\ \\ \text{第 } i \text{ 行} \\ \\ \\ \end{array}
\begin{pmatrix}
1 & 0 & \cdots & 0 & \cdots & 0 \\
0 & 1 & \cdots & 0 & \cdots & 0 \\
\vdots & \vdots & \ddots & \vdots & \cdots & \vdots \\
0 & 0 & \cdots & \boldsymbol{\alpha} & \cdots & 0 \\
\vdots & \vdots & \vdots & \vdots & \ddots & \vdots \\
0 & 0 & \cdots & 0 & \cdots & 1
\end{pmatrix}
\quad (\text{第 } i \text{ 列})
$$

という行列である.（上の行列では，「α」を強調して太字としている.）

6° 他の基本変形についての同様の考察は演習の課題としよう.

問題 33　基本変形 2, 基本変形 3（または 3′）に対応する行列とその逆行列を実直に計算して確認せよ.

7° なお，これらの行列を左からでなく右から掛けると対応する**列の基本変形**になる．行列としては，行と列の間に大きな差がある分けではないが，本書のように定式化された連立方程式の解法で必要なのは，**基本的には行の基本変形だけ**である.

8° ただし，本質的に必要というわけではないが，話をすっきりとまとめるために，拡大係数行列 $\tilde{A}$ の本体ともいうべき定数項のベクトルを除く**係数行列** A **の部分に対しては**，連立方程式の解法においては，列の基本変形に関して**あると便利**な未知数の入れ換えに対応する**列の交換だけ**は許容しよう.

列の交換と未知数の交換の関係

i) 例えば，4 つの未知数 x_1, x_2, x_3, x_4 に関する連立方程式が

$$
\begin{cases}
x_1 \quad +2x_3 - x_4 = 1 \\
3x_1 \quad - x_3 + x_4 = 2
\end{cases}
$$

と与えられたなら，表（おもて）立って登場しない x_2 は任意に決まっているが，

形式上，$0x_2$ という項があると考えると，対応する係数行列は
$\begin{pmatrix} 1 & 0 & 2 & -1 & 1 \\ 3 & 0 & -1 & 1 & 2 \end{pmatrix}$ であるはずであるが，こんな場合，この行列の
第 2 列と第 4 列を置き換えて $\begin{pmatrix} 1 & -1 & 2 & 0 & 1 \\ 3 & 1 & -1 & 0 & 2 \end{pmatrix}$ とすれば，これに対応する連立 1 次方程式は，x_2 の位置に代わりに x_4 をもってきた

$$\begin{cases} x_1 - x_4 + 2x_3 = 1 \\ 2x_1 + x_4 - x_3 = 2 \end{cases}$$

となる.

ii) これを中学生，高校生風に解けば，x_2 は最初から無視して x_1, x_3, x_4 についての連立方程式として

$$\begin{cases} x_1 = 1 - \frac{1}{3}t \\ x_3 = t \\ x_4 = \frac{5}{3}t \end{cases} \qquad \text{ただし } t \text{ は任意}$$

という一般解を見通しよく導くことができる．x_1, x_2, x_3, x_4 についての方程式ということであるなら，これに

$$x_2 = s \qquad \text{ただし } s \text{ は任意}$$

を追加するだけである.

iii) このように，列の交換は，未知数の順序を取り換えて連立方程式を考える，ということに過ぎない.

iv) さらにいえば，このように列の交換は，連立 1 次方程式の一般論を見通しよく叙述するために必要になるだけであり，その意味では特殊な場面で必要になるだけで実質的には重要でないので初学者はあまり気にしないでよい.

6.4 掃き出し法

以上で，連立方程式の解法の意味の理解に向かってそれなりの前進ができたと思う．これから先は，考えようとしている係数行列と定数項ベクトルを並べた拡大係数行列 $\widetilde{A} = (A, \boldsymbol{b})$ に対して，3 種の**行の基本変形**を繰り返すことで，与えられた連立 1 次方程式をそれと同値な《良い形》の連立

1次方程式に変形していく**掃き出し法**と呼ばれるアルゴリズムを定式化という問題である．このアルゴリズムは**ガウスの消去法**と呼ばれることもある．なお，解法を一般的に表現する都合上，**列の交換**という変形も，拡大係数行列の本質部分ともいうべき係数行列 A に限定しては許すことにする．

意味を考えれば注意するまでもないことであるが，留意したいのは，行の基本変形は拡大係数行列 $\widetilde{A}$ 全体に対して行なうが，掃き出し法のアルゴリズム，特にその処理の分岐点で考えるときは，定数項を除く係数行列 A の成分だけに注目することである．

【第1ステップ】

まず第1列に注目する．そして，はじめに，その一番上にある $(1,1)$ 成分 a_{11} が0でない場合を考える．このときは a_{11} の逆数を第1行に掛けるという行の基本変形によって $(1,1)$ 成分を1にすることができる．

次にこの $(1,1)$ 成分の下，つまり，第1列の第2行目以下を見ていって，0でない成分があったなら，その成分のある行が第 k 行であるとして，「第 k 行から 第1行のその成分 a_{k1} 倍を引く（第 k 行に第1行の $-a_{k1}$ 倍を加える)」という基本変形を行なう．$k = 2, 3, \cdots, m$ のうちで必要なもの（第1列で0でない成分があるような行）のすべてについて以上の操作を次々と実行する．この結果，第1列については2行目以下の成分を次々に0にすることができる．この意味で，この一連の操作を，「$(1,1)$ 成分を**ピヴォット***として第1列を**掃き出す**」という．

まるで箒（ほうき）でゴミを掃き出すようにして第1列の成分が先頭にある1を除き全部0に変更される．当然のことながら，この第1列の掃き出し操作（言い換えるとこれに対応する行の基本変形の合成）に伴って拡大係数行列の第2列目以降の成分も変更を受ける．

具体的な例を示しておこう．

---

* pivot, 軸足.

例 1

$$\begin{pmatrix} 2 & 2 & 2 \\ 2 & 4 & 0 \\ -1 & -1 & 1 \end{pmatrix} \longrightarrow \begin{pmatrix} 1 & 1 & 1 \\ 2 & 4 & 0 \\ -1 & -1 & 1 \end{pmatrix} \longrightarrow \begin{pmatrix} 1 & 1 & 1 \\ 0 & 2 & -2 \\ -1 & -1 & 1 \end{pmatrix} \longrightarrow \begin{pmatrix} 1 & 0 & 1 \\ 0 & 2 & -2 \\ 0 & 0 & 2 \end{pmatrix}$$

3 つの $\longrightarrow$ の変形は，それぞれ，

第 1 行に $\dfrac{1}{2}$ を掛ける

第 2 行から，第 1 行の 2 倍を引く（第 2 行に，第 1 行の -2 倍を加える）

第 3 行に，第 1 行の 1 倍を加える

という変形である．

このように 3 つの行の基本変形で，第 1 列の掃き出しが完遂される．

しかし，この掃き出しができない場合がある．元の係数行列の $(1,1)$ 成分が 0 である場合である．そのような場合には，第 1 列の 2 行目以降を見て，0 でない成分を探す．

i) 第 1 列に 0 でない成分をもつ行がもし存在したら，第 1 行とその行とを交換（入れ換え）するという基本変形で，$(1,1)$ 成分が 0 でない行列に変形することができるので，この変更した行列に対して上の掃き出しの操作を実行する．

ii) もし第 1 列の 2 行目以下にも，0 でないものが存在しない（第 1 列の成分がすべて 0 である）なら，係数行列の第 2 列以降を見て，0 でない成分がある列を探す．そのような列が存在したらその列と第 1 列を交換した行列の第 1 列について上の操作 i) を行ない，掃き出し作業を遂行する．

iii) 係数行列の第 2 列以降を見ても，0 でない成分が存在しない（すべての成分が 0 である）ならば，これで最終形である．

具体的な例を見ておこう

例 2

$$\begin{pmatrix}0 & 1 & -1\\0 & 4 & -2\\0 & 1 & 1\end{pmatrix}\longrightarrow\begin{pmatrix}1 & 0 & -1\\4 & 0 & -2\\1 & 0 & 1\end{pmatrix}\longrightarrow\begin{pmatrix}1 & 0 & -1\\0 & 0 & 2\\1 & 0 & 1\end{pmatrix}\longrightarrow\begin{pmatrix}1 & 0 & -1\\0 & 0 & 2\\0 & 0 & 2\end{pmatrix}$$

3 つの $\longrightarrow$ の変形は，それぞれ，

第 1 列と第 2 列の交換

第 2 行から，第 1 行の 4 倍を引く（第 2 行に，第 1 行の -4 倍を加える）

第 3 行から，第 1 行の 1 倍を引く（第 3 行に，第 1 行の -1 倍を加える）

という変形である．

こうして，第 1 列が掃き出された．

【第 2 ステップ】

第 1 列の掃き出しが完成したら，次は第 2 列である．

i) $(2,2)$ 成分に注目する．それが 0 でないなら，その逆数を第 2 行に掛けて $(2,2)$ 成分を 1 にした上で，それをピヴォットとして，第 2 列を掃き出す．1 に等しい $(2,2)$ 成分以外は 0 になる．

【注意】　既に掃き出しが終了している第 1 列に対しては，この掃き出しが影響を及ぼすことはない．

具体的な例で見よう．

例 3

$$\begin{pmatrix}1 & 2 & -1\\0 & 4 & -4\\0 & 1 & 0\end{pmatrix}\longrightarrow\begin{pmatrix}1 & 2 & -1\\0 & 1 & -1\\0 & 1 & 0\end{pmatrix}\longrightarrow\begin{pmatrix}1 & 0 & 1\\0 & 1 & -1\\0 & 1 & 0\end{pmatrix}\longrightarrow\begin{pmatrix}1 & 0 & 1\\0 & 1 & -1\\0 & 0 & 1\end{pmatrix}$$

3 つの $\longrightarrow$ の変形は，それぞれ，

第 2 行をに $\dfrac{1}{4}$ を掛ける

第 1 行から，第 2 行の 2 倍を引く（第 1 行に，第 2 行の -2 倍を加える）

第 3 行から，第 2 行の 1 倍を引く（第 3 行に，第 2 行の -1 倍を加える）

という変形である．

こうして，第 2 列が掃き出された．

ii) 不運にも $(2,2)$ 成分が 0 であったなら，第 2 列の第 3 行目以下から 0 でない成分を探す．もし見つかったならその行と第 2 行を交換して，$(2,2)$ 成分が 0 でないようにして，$(2,2)$ 成分の逆数を第 2 行に掛けて $(2,2)$ 成分を 1 にした上で，これをピヴォットとして，第 2 列を掃き出す．

iii) もし見つからなければ，第 1 ステップの ii), iii) と同様である．

具体的な例を示そう．

例 4

$$\begin{pmatrix} 1 & 1 & -1 \\ 0 & 0 & 2 \\ 0 & 3 & 6 \end{pmatrix} \longrightarrow \begin{pmatrix} 1 & 1 & -1 \\ 0 & 3 & 6 \\ 0 & 0 & 2 \end{pmatrix} \longrightarrow \begin{pmatrix} 1 & 1 & -1 \\ 0 & 1 & 2 \\ 0 & 0 & 2 \end{pmatrix} \longrightarrow \begin{pmatrix} 1 & 0 & -3 \\ 0 & 1 & 2 \\ 0 & 0 & 2 \end{pmatrix}$$

3 つの $\longrightarrow$ の変形は，それぞれ，

第 2 行と第 3 行を交換する
第 2 行に $\dfrac{1}{3}$ を掛ける
第 1 行から，第 2 行の 1 倍を引く（第 1 行に，第 2 行の -1 倍を加える）

という変形である．

こうして，第 2 列が掃き出された．

【第 3 ステップ以降】

第 2 列の掃き出しが終わったら第 3 列以降について同様に進める．この操作が継続できなくなるのは，第 r 列までの掃き出しが完了した段階で，次の第 $r+1$ 列の第 $r+1$ 行以降の成分がすべて 0 で，掃き出しのためのピヴォット候補を選ぶことができなくなった場合である．

つまり上に示したような操作を続けられるだけ続けると，次ページのような最終形に達する．r 回目で左上から右下に対角線的に並ぶピヴォットの 1 が終了し，そのピヴォットの上下は掃き出されて 0 であるが，係数

行列の $r+1$ 列以降は，$r+1$ 行目以下に 0 でない成分がない（つまりすべてが 0）ので，係数行列の第 $r+1$ 列以降は r 行目までに残っている成分を掃き出しようがない．

$$\begin{array}{c} \begin{matrix} 1\text{列} & 2\text{列} & \cdots & r\text{列} & r+1\text{列} & \cdots & n\text{列} & n+1\text{列} \end{matrix} \\ \begin{pmatrix} 1 & 0 & \cdots & 0 & * & \cdots & * & p_1 \\ 0 & 1 & \cdots & 0 & * & \cdots & * & p_2 \\ \vdots & \vdots & \ddots & \vdots & \vdots & \vdots & \vdots & \vdots \\ 0 & 0 & \cdots & 1 & * & \cdots & * & p_r \\ 0 & 0 & \cdots & 0 & 0 & \cdots & 0 & p_{r+1} \\ 0 & 0 & \cdots & 0 & 0 & \cdots & 0 & p_{r+2} \\ \vdots & \vdots & \vdots & \vdots & \vdots & \vdots & \vdots & \vdots \\ 0 & 0 & \cdots & 0 & 0 & \cdots & 0 & p_m \end{pmatrix} \begin{matrix} 1\text{行} \\ 2\text{行} \\ \vdots \\ r\text{行} \\ r+1\text{行} \\ \\ \vdots \\ m\text{行} \end{matrix} \end{array}$$

ここでは，その値はとりあえずはどうでもよいという意味で，その部分の成分を記号 $*$ で表している．また，列の交換ができないので，拡大係数行列の定数項ベクトルの部分は，一般に「掃除」されているかどうか，不明である．

重要なのは，第 $r+1$ 行目以下，かつ第 $r+1$ 列以降の係数行列の部分には 成分として 0 しかないので，掃き出し法の処理はこれ以上実行できず完了することである．$*$ の中に 0 でないものがあってもそれを $r+1$ 行目にもってくると，左上から単位行列のようにきれいに並べてきた秩序が壊れてしまうことに注意しよう！

6.5　掃き出し法の最終形と行列の階数

ここで，1 次方程式を一旦離れ，一般の行列について列についても基本変形を許すと，$*$ で表示されていた部分も掃き出されて，掃き出し法の最終形は以下のように表される．

行列の標準形

【定義】　一般に与えられた任意の $m\times n$ 型行列 A に対して，（行の基本変形の他に列の基本変形も許した）掃き出し法でこのようにして得られる右図のような最終形を，行列 A の**標準形**と呼び，$m\times n$ 型であることを明示するときは記号 $F_{m,n}(r)$ で，型の情報が文脈から自明のときは $F(r)$ で表す．

$$\begin{array}{c} \quad\ \overleftrightarrow{\ r\ } \qquad\quad \overleftrightarrow{\ n-r\ } \\ \begin{matrix} r \\ m-r \end{matrix} \left(\begin{array}{c:c} E_r & O_{r,n-r} \\ \hdashline O_{m-r,r} & O_{m-r,n-r} \end{array}\right) \end{array}$$

E_r は r 次単位行列，$O_{k,l}$ は $k\times l$ 型の零行列を意味する記号である．

Notes

1° 列の基本変形も許すので，1 次方程式の場合と異なり，$O_{r,n-r}$ で表されているように，行列の右上の成分も全部掃き出されている．

2° ここで r は 係数行列 A から一連の基本変形の結果，その最終形として登場する整数値であるが，途中の基本変形によらず与えられた行列 A で決まるものであるかどうか，わからない．少なくとも，まだ証明していない．

3° しかし結論の先取りを許してもらえば，r は行列 A の本質的な属性を表現する重要な定数であり，次に述べるように**階数（ランク）**という名前もついている．

行列の階数

【定義】 $m \times n$ 型行列 A に対して，行と列の基本変形による掃き出し法で得られる標準形に登場する整数 r は，掃き出し法の手順によらず決まる $0 \leqq r \leqq \min\{m, n\}$ の定数であり，行列 A の**階数（ランク）** rank と呼ばれ，$\mathrm{rank}(A)$ で表す．

Notes

1° r は与えられた行列の重要な性質を表す定数であるが，上で解説された掃き出し法のプロセスは一通りではないので，与えられた行列の標準型ないしランク r がその**プロセスに依らずに定まる** (well-defined である) ことは証明を必要とする主張である．

2° ただし証明の詳細は少し面倒であるので，ここでは厳密な証明の代わりにそのもっとも基本的なアイデアだけを述べておく．（ランクを定義するのに，基本変形によらない方法もある．異なるうまい方法を辿れば，以下のような証明も不要になり得る．）ランクが異なる二つの基本形 $F(r), F(r')$ に変形できたとすると，基本変形の可逆性から，A から $F(r)$ にたどり着いた基本変形を逆に辿れば，$F(r)$ を出発して，元の A に戻れるはずである．そして A からまた別の基本変形の繰り返しで $F(r')$ に変形できることになる．言い換えれば基本変形の繰り返しで $F(r)$ が $F(r')$ に変形できることになるが，$r = r'$ でない限り変形できるはずがない，ということである．この気持さえ共有できれば，いまの段階では技術的な証明は必須ではない．

3° 行列の階数（ランク）は，後にまた別の解説が与えられるが，現段階では，《与えられた行列が，どの程度，正則行列に接近しているか》を表現する指標である，という直観的な説明で済ませておかせて頂きたい．

6.6　最後に，連立 1 次方程式の解法の最終決着に

§6.4 では，連立 1 次方程式 $A\boldsymbol{x} = \boldsymbol{b}$ の $m\times(n+1)$ 型の拡大係数行列 $\widetilde{A} = (A, \boldsymbol{b})$ に対して行なった掃き出し法の最終形の表現では，最終形を説明するために，0 でないかもしれない成分を $*$ という表記で済ませていた．この節では，連立 1 次方程式の解を表現するために，行列の成分まで抽象的ながらより具体的に表記することにする．以下の式の右上の部分（第 $r+1$ 列から第 n 列の，第 1 行から第 r 行の部分，及び定数項に由来する第 $n+1$ 列）に繁雑に書かれている情報である．そして，それが

$$\begin{pmatrix} 1 & 0 & \cdots & 0 & k_{1,1} & \cdots & k_{1,n-r} & p_1 \\ 0 & 1 & \cdots & 0 & k_{2,1} & \cdots & k_{2,n-r} & p_2 \\ \vdots & \vdots & \ddots & \vdots & \vdots & \cdots & \vdots & \vdots \\ 0 & 0 & \cdots & 1 & k_{r,1} & \cdots & k_{r,n-r} & p_r \\ 0 & 0 & \cdots & 0 & 0 & \cdots & 0 & p_{r+1} \\ \vdots & \vdots & \vdots & \vdots & \vdots & \vdots & \vdots & \vdots \\ 0 & 0 & \cdots & 0 & 0 & \cdots & 0 & p_m \end{pmatrix}$$

となったとして話を進めよう．重要なのは既に説明した簡明な部分，すなわち，左上に，r 次単位行列が来て，その下は $(m-r)\times r$ 型の零行列，また第 $r+1$ 列から第 n 列までは，その第 $r+1$ 行から第 n 行までは $(m-r)\times(n-r)$ 型の零行列であることである．ここで右上の，第 $r+1$ 列から第 n 列の第 r 行までは，添え字が繁雑になるが，2 つの添え字の間に「，」（コンマ）を打っている．

連立 1 次方程式の最終形【与えられたのと同値な連立 1 次方程式】

【定理】　上のような結果が得られたなら，与えられた連立 1 次方程式 (☆) は，それと論理的に同値な連立 1 次方程式

$$\begin{cases} x_1 \qquad\qquad +k_{1,1}x_{r+1}+\cdots+k_{1,n-r}x_n = p_1 \\ \quad x_2 \qquad\quad +k_{2,1}x_{r+1}+\cdots+k_{2,n-r}x_n = p_2 \\ \qquad\ddots \qquad\qquad\qquad \vdots \\ \qquad\qquad x_r+k_{r,1}x_{r+1}+\cdots+k_{r,n-r}x_n = p_r \\ \qquad\qquad\qquad\qquad\qquad\qquad 0 = p_{r+1} \\ \qquad\qquad\qquad\qquad\qquad\qquad \vdots \\ \qquad\qquad\qquad\qquad\qquad\qquad 0 = p_m \end{cases}$$

に変形される．

Notes

これから直ちに以下のことがわかる．

1° $p_{r+1} = \cdots = p_m = 0$ のとき以外，つまり $p_{r+1}, \cdots, p_m$ の中に 0 でないものが少なくとも一つでもあれば，連立方程式は解をもち得ない．解が存在するとすれば矛盾した連立方程式になるからである．中学校で学ぶ数学流にいえば $ax = b$ で $a = 0$, $b \neq 0$ のときの**不能**と呼んだものの一般型である．

2° 他方，条件

$$p_{r+1} = \cdots = p_m = 0$$

が満たされるときは，方程式としては実質的に，上から r 個だけからなる連立方程式と同じになる．（その下の $n-r$ 個の方程式は未知数に関して意味のない自明の等式になるからである．）

3° 条件 $p_{r+1} = \cdots = p_m = 0$ は，定数項に由来する一番右に来る列ベクトルをつけた拡大係数行列 $\widetilde{A} = (A, \boldsymbol{b})$ で考えても，ランクは，係数行列 A のランクより増えないということであり，

$$\text{係数行列 } A \text{ のランク} = \text{拡大係数行列 } \widetilde{A} \text{ のランク}$$

と表現することができる．（一般には，右辺の方が 1 だけ大きい可能性があるので，等式でなく不等式 ≦ で書かれるべき関係である．）

連立 1 次方程式の解と自由度

与えられた連立方程式 $(*)$ において，

$$\text{係数行列 } A \text{ のランク} = \text{拡大係数行列} \widetilde{A} \text{のランク} = r$$

であるとき，n 個の未知数のうち，$n-r$ 個の未知数 $x_{r+1}, \cdots, x_n$ はそれぞれ自由に任意に値を決めることができる．残りの r 個の未知数 $x_1, x_2, \cdots, x_r$ の値は，任意に決めた $n-r$ 個の未知数 $x_{r+1}, \cdots, x_n$ の値を用いて

$$\begin{cases} x_1 = -k_{1,1}x_{r+1} - \cdots - k_{1,n-r}x_n + p_1 \\ x_2 = -k_{2,1}x_{r+1} - \cdots - k_{2,n-r}x_n + p_2 \\ \qquad\qquad \vdots \\ x_r = -k_{r,1}x_{r+1} - \cdots - k_{r,n-r}x_n + p_r \end{cases}$$

と決まる．

$n-r$ 個の未知数 $x_{r+1}, \cdots, x_n$ の値はそれぞれ任意

であるので，こうして得られた連立方程式の一般解を，**自由度** $n-r$ の解という．

Notes

1° 拡大係数行列に対する変形の途中で，係数行列部分に対してだけは許される**列の交換**を行なった場合には，その操作に対応して必要となる**未知数の入れ換え**を考慮しなければならない．

2° 一般に解が存在するとき，その自由度とは，$n-r$，すなわち（未知数の個数）－（係数行列のランク）である．

3° 中学，高校で学ぶ連立 1 次方程式では，連立する方程式の個数＝未知数の個数という条件が強調されてきたであろうが，その本質は

係数行列のランク ＝ 拡大係数行列のランク ＝ 未知数の個数

つまり

$$m = n = r$$

すなわち，

係数行列が正方行列であり，かつ，この次数 n がランク r と等しい

という連立 1 次方程式としては特殊な，しかし，**逆行列を論じるにはもっとも基本的な場合**であり，この場合には自由度 0 の，つまりただ一組の解が定まる．$m = n$ であっても，$r < m = n$ であれば，確定解は存在しない．

4° 中学数学で単独 1 元 1 次方程式 $ax=b$ で $a=0$, $b=0$ のとき，**不定** と呼んだものは「自由度が 1 の解」ということになる．$a\neq 0$ のときは $b=0$ なら自由度 0 の解（確定解）$x=0$ をもつという平凡な話題である．

5° 中学で学んだ 2 元連立 1 次方程式 $\begin{cases} ax+by=e \\ cx+dy=f \end{cases}$ においては，その係数行列 $\begin{pmatrix} a & b \\ c & d \end{pmatrix}$，拡大係数行列 $\begin{pmatrix} a & b & e \\ c & d & f \end{pmatrix}$ それぞれのランクが等しくない場合には，解は存在せず，両者が 2 に等しい場合には自由度 0 の解（確定解）をもち，両者が 1 に等しい場合には自由度 1 の解をもち，0 に等しい場合（つまり $a=b=c=d=e=f=0$ の場合）には自由度 2 の解をもつということである．中学生の頃，普通に学んだ 2 元連立 1 次方程式が一般的な話題を扱っていたように見えて，自由度 0 の確定解という極めて特殊な場合だけを学んでいたに過ぎないことがわかるだろう．

6° 自由度 $n-r$ というのは，任意に値を決めることができる未知数の個数であるので，解全体の作る集合を空間に**たとえれば**，その解の空間の次元である．ただし，空間 $\mathbb{R}^n$ の中で解となるベクトル $\begin{pmatrix} x_1 \\ x_2 \\ \vdots \\ x_n \end{pmatrix}$ の全体は $n-r$ 次元の空間と同じような広がりをもつが，$p_1=p_2=\cdots=p_r=0$ という特殊な場合を除くと一般には $\mathbb{R}^n$ **の部分空間をなさない**ので注意が必要である．

7° 結論的にいえば，$p_1=p_2=\cdots=p_r=0$ のときに作る $\mathbb{R}^n$ の $n-r$ 次元の部分空間を，あるベクトルだけ《平行移動》した図形になる．

6.7　同次形連立 1 次方程式

同次形方程式と自明な解

【定理】 定数項が最初からすべて 0 である連立方程式 $A\boldsymbol{x}=\boldsymbol{0}$ を同次形（homogenious form）と呼ぶ．同次形連立 1 次方程式 $A\boldsymbol{x}=\boldsymbol{0}$ は，必ず解をもつ．その中で計算するまでもなく $\boldsymbol{x}=\boldsymbol{0}$ が解の一つであることが代入計算で直ちにわかる．そこで，この解 $\boldsymbol{x}=\boldsymbol{0}$ を同次形連立 1 次方程式 $A\boldsymbol{x}=\boldsymbol{0}$ の**自明な解**という．

Notes

1° 同次形という代りに 斉次形ということもある.

2° 同次形連立 1 次方程式 $A\boldsymbol{x} = \boldsymbol{0}$ では, 拡大係数行列 $\widetilde{A} = (A, \boldsymbol{0})$ にしても係数行列 A よりランクが増えることはないので, 同次形連立 1 次方程式 $A\boldsymbol{x} = \boldsymbol{0}$ が必ず解をもつことは既に行なった議論で保証されている. 上の定理が新たに主張しているのは, その中に $\boldsymbol{x} = \boldsymbol{0}$ という《自明な解》が存在することである. 「自明」というのは, 代入によって解であることが直ちに確認できるからである.

3° 同次形連立 1 次方程式 $A\boldsymbol{x} = \boldsymbol{0}$ が自明な解 $\boldsymbol{x} = \boldsymbol{0}$ 以外の解をもつかどうかは一般には不明である. この問題は行列 A が $m \times n$ 型であるとして, rank$(A) < n$ であるかどうか (すなわち, 解の自由度が 1 以上であるかどうか) で決まる. rank$(A) = n$ であるならば解の自由度が 0 である (つまり唯一の解をもつ) から, 解は「自明な解」だけである.

【重要事項】同次形 1 次方程式の自明な解

同次形 1 次方程式 $A\boldsymbol{x} = \boldsymbol{0}$ はつねに自明な解 $\boldsymbol{x} = \boldsymbol{0}$ をもつ.

Notes

1° やがて, 線型代数の理論にとって重要となるのは, 解が自明な解以外に存在する, という場合である. 中学高校では「不定」などといって一人前の扱いを受けてこなかったものが, 本書においては本書のもっとも重要なものとして登場する！ ここではその予感だけに止めよう.

【重要事項】

同次形 1 次方程式 $A\boldsymbol{x} = \boldsymbol{0}$ が自明でない解をもつ.

$\Longleftrightarrow$ 　未知数の個数 $>$ 係数行列のランク

6.8 基本的な連立 1 次方程式の解法の示唆するもの

以上のことがわかると，方程式の個数 m と未知数の個数 n が等しい標準的な連立 1 次方程式の係数行列だけに注目すると，次の定理が成立することは納得できよう．

正方行列に対する重要な掃き出し

【定理】 n 次の正方行列で，かつそのランク r が n に等しいものは，その行列が，行の基本変形だけを使った掃き出し法で，単位行列に変形できる．

Notes

1° n 次正方行列の標準形のランクが n に等しいとは，単位行列に変形された，ということである．

2° 一見すると意外に映るかも知れないが，行と列の基本変形が，基本行列と総称される単位行列に似た正則行列をそれぞれ，左側から，右側からかけるという操作に対応していることを思い出せば，与えられた正方行列 A に対して，行と列に対する基本変形に対応する基本行列を左右からかけていって，単位行列 E に変形できたということは，

$$P_l \cdots P_2 P_1 A Q_1 Q_2 \cdots Q_k = E \qquad (P_i, Q_j \text{ は何らかの基本行列})$$

となることであり，ここで

$$P = P_l \cdots P_2 P_1, \qquad Q = Q_1 Q_2 \cdots Q_k$$

とまとめておけば，

$$PAQ = E$$

となることである．これから，$QPA = E$ が得られる．

問題 34 $QPA = E$ が得られることを示せ．また，この結果が行の基本変形だけで与えられた行列 A を単位行列に変形できることを示していることを説明せよ．

この定理は，行列の正則性の判定（逆行列をもつか否か）と，逆行列が

存在する場合にはその行列の求め方についての重要な示唆をもつ．

掃き出し法の基本変形と逆行列

与えられた正方行列 A が行に対する左基本変形だけで単位行列に変形できるならば，それぞれ基本変形に対応する行列を順に $F_1, F_2, \cdots, F_l$ とおけば，$F_l F_{l-1} \cdots F_2 F_1 A = E$ が成り立つということである．すなわち，$F = F_l \cdots F_2 F_1$ とおけば，$FA = E$ であるから F は A の (左) 逆行列である．そして，この F の具体形を計算するには，A に施していくのと同じ基本変形を単位行列 E に施していけばよい．

そこで A と E を横に並べた $n \times 2n$ 型行列 (A, E) に対して，A を標準型に変形するのと同じ行の基本変形を全体に施していく．

◎ 左半分の A が基本行列に変形できれば，そのときの右半分が A の逆行列である．

× 左半分の A が基本行列に変形できなければ，A は正則でない．

Notes

1° 人間がやると処理が面倒臭いが，アルゴリズムが単純で効率が良いのでコンピュータ処理には向いている．コンピュータ・プログラミングとして最適な入門者用例題である．

2° 上の変形過程の記述で示したことから，正則行列については，左または右いずれか一方の（言い換えれば，行または列，いずれかの）基本変形だけで単位行列にまで変形することができることが分かる．

問題 35　これを証明せよ．

6.9　ランクのもつ重要な意味

ここでは，n 次の単位行列を，n 次の基本行ベクトルを縦に並べて $\begin{pmatrix} \boldsymbol{e}_1 \\ \boldsymbol{e}_2 \\ \vdots \\ \boldsymbol{e}_n \end{pmatrix}$ あるいは，基本列ベクトルを横に並べて $({}^t\boldsymbol{e}_1, {}^t\boldsymbol{e}_2, \cdots, {}^t\boldsymbol{e}_n)$ と見れば，単位行列 E を構成する n 個のベクトルの線型独立性は成分を表示させて計算すれば直ちにわかる．

実は，単位行列に限らず，次の定理が一般に成り立つ．

ランクの意味

【定理】 一般に，与えられた $m \times n$ 型行列 A のランクは A を m 個の行ベクトルにブロック分割したとき，そして，n 個の列ベクトルにブロック分割したとき，その中に存在する線型独立なベクトルの最大個数に等しい．

Notes

1° その詳しい証明はとりあえずいまは保留させて欲しいが，事実としてこれを知り納得することは悪くない．ちょうど，高校以下の数学で負の数や実数をはじめ厳密な定義や計算の理論を知らなくても使いこなして実用的な応用には不自由しないのと同様である．

2° しかし，次のように納得することも難しくはない．余力のある人は以下を読むとよい．

上で考えたのは，n 次の単位行列という正方正則行列の場合，列ベクトルの並びと見ても，行ベクトルの並びと見ても，n 個の線型独立なベクトルが並んでいるという基本的な事実であった．この単位行列に，次数の等しい行または列，いずれかを追加してもそれらは，既に並んでいる行ベクトルあるいは列ベクトルの線型結合で表現できる．言い換えれば元の単位行列に行または列を追加しただけの行列の拡大では，線型独立なベクトルの個数は n のままであり，また追加した行や列は，元の単位行列の行や列の基本変形で掃き出されてしまうので，ランクの値は決して増えない．

3° 実は，ここに書いたもっとも単純な場合をきちんと理解しさえすれば，一般の場合の証明も，その証明の核心となる証明の精神はほとんど同じである．

(a) 例えば $m \times n$ 型行列 A で，それを m 個の n 次行ベクトルが縦に並んだものと見たときに，その中で，線型独立な行ベクトルの最大個数が r 個であるとする．線型独立な行ベクトルを仮に（必要ならベクトルの添字をつけ替えて）$\{\boldsymbol{a}_1, \cdots, \boldsymbol{a}_r\}$，残りを $\{\boldsymbol{a}_{r+1}, \cdots, \boldsymbol{a}_m\}$ と名付けたとする．すると，残りの行ベクトル，例えば，$\boldsymbol{a}_{r+1}$ は，$\{\boldsymbol{a}_1, \cdots, \boldsymbol{a}_r\}$ の線型結合で表現される．ということはこの線型結合に対応する行の基本変形を繰り返せば，その行はきれいに掃き出されてしまう．これを他の行についても繰り返せば，線型独立な行ベクトル $\{\boldsymbol{a}_1, \cdots, \boldsymbol{a}_r\}$ だけが残って，その他はすべて掃き出されてしまう．つまり，与えられた行列 $A = \begin{pmatrix} \boldsymbol{a}_1 \\ \vdots \\ \boldsymbol{a}_n \end{pmatrix} \begin{matrix} \uparrow \\ n\text{個} \\ \downarrow \end{matrix}$ のランクは，線型独立な行ベクトルだけからなる行列 $A' = \begin{pmatrix} \boldsymbol{a}_1 \\ \vdots \\ \boldsymbol{a}_r \end{pmatrix} \begin{matrix} \uparrow \\ r\text{個} \\ \downarrow \end{matrix}$ のランクと同じである．

(b) $m \times n$ 型行列 A で，それを n 個の m 次列ベクトルが横に並んだものと見たときも同様である．すなわち，その中で，線型独立な列ベクトルの最大個数が r 個であるとする．線型独立な列ベクトルを仮に $\{{}^t\boldsymbol{a}_1, \cdots, {}^t\boldsymbol{a}_r\}$ と名付けて同様の議論を組み立てればよい．

言い換えれば，上の定理を証明する上でもっとも本質的なのは，次の二つの補題（主定理を証明する上で重要な準備となる定理）である．

基本変形とランク

【補題 1】 行列の基本変形でランクは変わらない．すなわち，与えられた行列 A に対して基本変形を施した行列を B とおくと A, B の線型独立な行ベクトルの最大個数は相等しく，またそれは，線型独立な列ベクトルの最大個数とも相等しい．すなわち

$$A \text{ のランク} = B \text{ のランク}$$

基本変形とランク

【補題 2】 基本変形で $F(r)$ と変形される行列 A の線型独立な行ベクトルの最大個数，線型独立な列ベクトルの最大個数は，ともに r である．

Notes

1° 証明を発見するには，まずこの補題が深く納得できていればよい．難しそうに映るが，「ごく当り前のことを主張しているだけである」という納得を目指して自分なりの納得を発見してほしい．

Question 13

中学生になってはじめて方程式という考え方を代数で学んだとき，数の代りに未知数と呼ばれる文字を使って問題を解けることに感動した思い出があります．方程式という手法をマスターすると，小学生のときは問題文の条件を必死に考えて頭の中で答えを見出そうとした数値の計算方法を，何も考えることなく，どんなに難しい問題も，文字式の機械的な計算だけで答えが発見できたことに大きな喜びを感じた記憶がいまでも鮮明です．このような思い出は決して私個人の小さな体験ではなく，全国紙の政治面にすら「こじれ切った政局打開の方程式」というフレーズなどが踊ることからも推察できるように，多くの成人した人も難しい局面を打開する驚異の力を数学の方程式に対して感じているのではないかと思います．私は，その意味で「求めたい未知の値を x とおく」ことに方程式の手法の出発点があると思って来ました．

ところが，本章では，「連立 1 次方程式の解法に関する限り，未知数自身には意味がない」ということで大きなショックを受けました．確かに，連立 1 次方程式として

$$\begin{cases} x+y=20 \\ 2x+4y=52 \end{cases} \quad \text{も} \quad \begin{cases} \alpha+\beta=20 \\ 2\alpha+4\beta=52 \end{cases} \quad \text{も} \quad \begin{cases} \text{鶴}+\text{亀}=20 \\ 2\,\text{鶴}+4\,\text{亀}=52 \end{cases}$$

もどれも同じですから，連立 1 次方程式に関しては，文字自身には意味がないことは納得せざるを得ないのですが，そうなると，中学生のとき

の感動は，嘘だったということになるのでしょうか.

【Answer 13】

いいえ，そんなことはありません．中学生には中学生ならではの，高校生には高校生ならではの感動があって良いと思います．そして大学生には大学生ならではの感動があるべきでしょう.

数学を筆頭に，先人たちが営々と築いて来た知の世界は，マンダラ模様に飾られている大伽藍にも決してひけをとらないほど，全体像の詳細がすぐに正確に把握できない奥深い魅力が潜んでいて，深く知れば知るほど新しい魅力が見出されるのは自然というべきかも知れません.

一人前の大人になっても「方程式が立てば解が見つかる」と素朴に信じている人が多いのは，中学生の感動が，高校や大学を出ても変わらないということでしたら，困ったものですが，線型代数の立場に立ったなら問題が全部が解消されたというわけではありません.

実際，（連立）1 次方程式の場合には，未知数という文字自身が数学的には重要なのではなく，真に重要なのは未知数の前に付けられている係数や定数であると気楽に断定できますが，高次の方程式（特に未知数が複数の場合）やより一般に，多項式よりも複雑な関数で記述される方程式については，「重要なのは係数とその位置情報だけである」と断定するのは不可能です．1 次方程式は広大な方程式の世界の中で統一的な議論を組み立てることが容易なもっとも単純な場合でしかない，ということです.

数学の世界は，あなたが想像する以上に広大無辺なんです.

Question 14

2 次方程式 $ax^2+bx+c=0$ に関しては

$$x = \frac{-b \pm \sqrt{b^2-4ac}}{2a}$$

という「解の公式」がとても有名です．2 次方程式より単純な連立 1 次方程式に関しては，この章で勉強した拡大係数行列の行の基本変形で，解が存在しないための条件も含め，いろいろな場合が扱えることは，一応は理解できましたが，2 次方程式の解の公式に比べると繁雑で，面倒臭いことは否定できません．解がある場合だけでも，解を表現する簡単な公式はないのでしょうか．

【Answer 14】

ある意味で科学的な技術の進歩は，修行を積んだ職人芸を有していない一般人でも同じ結果が得られるような装置の開発の歴史であったといってよいでしょう．その意味で，現代文明に生きている人の立場に立って見ればどんな問題も解ける「解の公式」が欲しい気持は，わかります．そして 1 次方程式に関しては，連立する方程式の個数と未知数の個数が等しい場合（係数行列が正方行列の場合）に関しては，唯一の確定解が定まる場合（係数行列の逆行列が存在する場合）には，

$$A\boldsymbol{x} = \boldsymbol{b} \iff \boldsymbol{x} = A^{-1}\boldsymbol{b}$$

が解の公式といって良いでしょう．しかし，正方行列 A の次数が大きいときは，A^{-1} の計算は繁雑です．次章の言葉を使えば行列の行列式が計算できるという前提の下では **Cramer の公式**というものがありますが，通常の解法より，公式を使って計算する方が大変なくらいですから正直にいえば，公式とはいっても，実用的な価値は乏しいといわなければなりません．

それでももっとも単純な 2 元 1 次方程式の場合には，次のような比較的簡単な公式になります．

$$ad-bc \neq 0 \text{ のとき，} \quad \begin{cases} ax+by = e \\ cx+dy = f \end{cases} \iff \begin{cases} x = \frac{de-bf}{ad-bc} \\ y = \frac{af-ce}{ad-bc} \end{cases}$$

がそれです．

私は，2 次方程式の解の公式を珍重する人々がなぜ連立 1 次方程式のこの公式をもったいぶって教えないのか，理解できません．気付いている人がどれくらいいるかわかりませんが，私は，中学生に要求される連立 1 次方程式の具体例が，簡単な場合には，これに当てはめるよりも簡単に解けるものばかりであること，そして面倒な場合には，この公式に当てはめるために必要な前処理が面倒であることが多いこと，などの《正当な理由》がその背景にあると思っています．

実は，2 次方程式の場合にもこれが当てはまるはずですが，学校教育では，巧妙に，または無自覚に，それが避けられているために，解の公式の有難味だけが一方的に誇張されているのです．実際，現実には，2 次方程式 $ax^2+bx+c=0$

において，係数 a, b, c は実数（実際にはしばしば整数）に限定されていますが，もし複素数まで許容すると，解の公式は公式としての魅力を失います．例えば，$(1+i)x^2-2(1-2i)x+(1-i)=0$ のような単純なものですら解の公式の結果は $x=\dfrac{1-2i\pm\sqrt{(1-2i)^2-4(1+i)(1-i)}}{2(1+i)}$ となり，この先が絶望的なのです．一般に，与えられた複素数 z に対し，$w=\sqrt{z}$ となる w が定義できない（$w^2=z$ となる w は二つありますがそのどちらが $\sqrt{z}$ であるか判定できない）という問題があり，これがリーマン面という重要な現代数学的概念のもっとも基本的な例なのです．

極形式という表現を使うと平方根問題を解決できるように見えますが，三角関数という 2 次関数を遥かに超えた関数の登場を回避することができません．

そもそも係数を実数に限定しても，$(1+\sqrt{2})x^2+(2+\sqrt{2})x+\sqrt{3}=0$ のようにホンの少し複雑にしただけで，解の公式の威力は大したものでないことが分かるでしょう．

そもそも，解の公式を単純化したいなら，考えるべき方程式 $ax^2+bx+c=0$ を，それと同値な $a=1$ の場合に変形して，$x^2+px+q=0$ とすれば，最終的な解も $x=\dfrac{-p\pm\sqrt{p^2-4q}}{2}$ と単純化できるはずです．

では, なぜ, この単純な形が学校では, 教育されないのでしょう．それは, 単に, 有理数 p, q に対してこの公式を適用すると後の平方根の処理が一般に繁雑化するからに違いありません．これに対して，有理数 p, q に対して $x^2+px+q=0$ と表現できる方程式は，適当な整数を両辺にかけて，$ax^2+bx+c=0$（a, b, c は整数）という形にすることができ，それに標準的な解の公式を適用する方が平方根の計算が見通し良く見えるからでしょう．

このように考えると，とても便利そうに映っている 2 次方程式の解の公式も，実は,「それが便利に使える都合の良い場面ばかりを扱っている」という**教育にありがちな虚偽**が見えて来るでしょう．

公式とは所詮はそんなものであり，公式の意味もわからないまま無批判的に頼りにするのは危険である，ということです．公式は，その存在そのものに意味がある，という理論的な理解の重要性を強調したいと思います．つまり公式があるということは，いかなる場合に対しても解をある形で表現するための初等的な処理手順があるということであるからです．

Question 15

前の質問の人達のように本文の内容がよくわかっていないので，恥ずかしいのですが，私が理解できていない基本的なことを質問させて下さい．「数学では正しい答えは一つである」と小学校の頃から習ってそれが数学の魅力だと思って来ました．その意味で行列のランクのように，基本変形の仕方によっては変わってしまうかも知れない概念を定義する際に well-defined であるかどうかを気にしなければならないというお話はとても納得できます．しかし，連立 1 次方程式で，そもそも係数行列のランクが行列の行の数よりも小さいような場合は，方程式の個数が，未知数の個数よりも少ないわけですから，ランクを考えるまでもなく，解は一つに決まることなく，不定になることは明らかだと思います．自由度を考える意味がわかりません．

【Answer 15】

いえ，立派な質問です．わかるためには，まず「わかるとはどういうことかがわかる」ことが必要ですね．あなたがわかっていないのは，「数学では正しい答えは一つである」という古典的なフレーズの連立 1 次方程式における「答え」の本当の意味です．そして，この類の問題は，暗黙の了解として，敢えて取り上げられることなく，無視されてしまうことが少なくありません．あなたの質問は，数学教育の抱える致命的な欠点を指摘しているともいえるので，堂々と質問を発した態度で，きちんと聞いて下さい．

そもそも「連立 1 次方程式を解く」とは，

> 与えられた未知数についての複数の 1 次方程式の**連言条件**（「かつ」で結合された条件）を，各未知数ごとに分離された同値な連言条件の形式に表現し直す

ことであるのですが，本書も含め，こういうことは，大学以前では難しすぎることとして，また，大学以降ではあまりに当り前のこととして無視されることが一般的です．初等的な確定解が決まる $\begin{cases} x+y=20 \\ 2x+4y=52 \end{cases}$ のように唯一の確定解が決まるように見える場合でも，もしこれが未知数 x, y, z についての方程式であるなら，露骨に言い換えると，$\begin{cases} x+y+z=z+20 \\ 2x+4y+3z=3z+52 \end{cases}$ であったとす

ると，この方程式は，$\begin{cases} x = 14 \\ y = 6 \\ z = t \ \ (t \text{ は任意の定数}) \end{cases}$ という自由度 1 の解をもちます．未知数 x, y の値は確定しているように見えますが，方程式の連立条件を満たす (x, y, z) の組は，無数にあって，その全体が上のように表現できるものだけに決まるということです．

不確定な値を表現するのに使う文字（上の例では t）は自由に選ぶことができますが，そのような表現を通じて決まる (x, y, z) の集合は一意に決まります．それは最初に与えられ連立条件によって定められるものでもあるからです．

なお，解に自由度があるものは，未知数の中で「任意の定数」を割り当て方はいろいろあります．もっとも単純な例として，x, y についての方程式 $x+y = 2$ を考えましょう．この方程式の解は，

$\begin{cases} x = s \\ y = 2-s \end{cases}$ (s は任意の定数)　でも，$\begin{cases} x = 2-t \\ y = t \end{cases}$ (t は任意の定数) でも，

$\begin{cases} x = 1+u \\ y = 1-u \end{cases}$ (u は任意の定数) でも

構いません．表現は違っても，これらは他にも無数にある正しい表現と同じく，どれも同じ解を表現しているからです．なお，集合で表すなら，

$$\{(x, y) | \exists u \ \text{s.t.} \ (x = 1+u \ \text{かつ} \ y = 1-u)\}$$

のようになります．

第7章

線型変換と行列

7.1　線型変換とは

本節の表題にある線型変換を定義するに当たり，その起源となる，より一般的な写像や変換という概念を確認しておこう．

写像の概念

【定義】 空でない集合 X, Y に対し，

任意の $x \in X$ に対して，それに対応する $y \in Y$ がただ一つ存在するとき，集合 X から集合 Y への**写像** map が決まるという．
この写像を f などの記号で表し，x, y の関係を短く

$$y = f(x)$$

と，あるいはより詳しく右の上，下いずれかの図式のように表現する．
$\longrightarrow$ は集合の間の関係，$\longmapsto$ は要素の間の関係として，一応区別する．

$$f : x \in X \longmapsto y = f(x) \in Y$$

あるいは，より丁寧に，

$$\begin{array}{cccc} f: & X & \longrightarrow & Y \\ & \Psi & & \Psi \\ & x & \longmapsto & y = f(x) \end{array}$$

Notes

1° ここで述べた写像の概念は，$f(x)$ が x の数式で与えられることの多い関数の概念の一般化・抽象化であるが，二つの概念の間に実質的な違いはほとんど存在しないと思ってよい．

2° ここに登場した「対応」という重要用語が定義されていないことは，上の定義の論理的欠陥であるが，本書では高校数学と同じように日常用語の延長として理解されているものとしてここでは立ち入らない．

3° 対応という用語を避け，要素 x を要素 y に移す，と表現することもある．写像という用語に基づくなら，「写す」という表現も許されるだろう．

4° X, Y が単なる集合ではなく，何らかの構造が定義された空間であるとき，写像を**変換** transformation という別の言葉で呼ぶ慣習がある．変換というと，写像という用語に比べ，単なる点集合というよりは形をもった図形が別の形の図形に姿を変えて置き換えられるというニュアンスをより強く帯びる．ある形 form を 境（さかい） を超えて trans 別の形へと変化させる，という transoform の原義の香りがするからであろう．しかし，論理的には明確な区別があるわけではない．変換 T が，空間 V の要素 $\boldsymbol{x}$ を空間 W の要素 $\boldsymbol{y}$ に移すことを，右のような図式で表現する．

$$T : \boldsymbol{x} \in V \longmapsto \boldsymbol{y} = T(\boldsymbol{x}) \in W$$

あるいは，より丁寧に，

$$\begin{array}{cccc} T: & V & \longrightarrow & W \\ & \Psi & & \Psi \\ & \boldsymbol{x} & \longmapsto & \boldsymbol{y} = T(\boldsymbol{x}) \end{array}$$

このような変換の中で本書で重要なのは，これから述べる線型空間 V から線型空間 W への**線型変換**，すなわち空間 V から空間 W への線型的な変換である．「線型的」という形容が以下の定義のどこで効いているかをしっかり理解しよう．

線型変換の定義

【定義】　ベクトル $\boldsymbol{x} \in V$ をベクトル $\boldsymbol{y} \in W$ に移す線型空間 V から線型空間 W への変換 T が次の2条件

- $T(\boldsymbol{x}+\boldsymbol{x}') = T(\boldsymbol{x})+T(\boldsymbol{x}') \quad \forall \boldsymbol{x}, \forall \boldsymbol{x}' \in V$
- $T(\alpha \boldsymbol{x}) = \alpha T(\boldsymbol{x}) \quad \forall \alpha \in \mathbb{R},\ \forall \boldsymbol{x} \in V$

を満たすとき，変換 T は V から W への**線型変換** linear transformation であるという．

Notes

1° 線型変換についての上の性質から，線型変換 T では $T(\mathbf{0}) = \mathbf{0}$ であることが直ちに導かれる．ただし，両辺に登場する $\mathbf{0}$ は記号は同じでも，指示対象が必ずしも同じでないことは特に注意を要する．同じように見えていても，左辺の $\mathbf{0}$ は空間 V のベクトル，右辺の $\mathbf{0}$ は空間 W のベクトルである．もし $V = \mathbb{R}^n, W = \mathbb{R}^m$ なら，左辺のは n 次零ベクトル，右辺のは m 次零ベクトルである.

問題 36 線型変換 $T: V \longrightarrow W$ において,

$$T(\mathbf{0}_V) = \mathbf{0}_W$$

が成り立つことを示せ. ここで, $\mathbf{0}_V$, $\mathbf{0}_W$ はそれぞれ空間 V, W の零ベクトルである.

2° 同様に, 線型変換を特徴づける等式に登場する加法演算と実数倍という線型空間の基本演算に関しても, 左辺は空間 V の, 右辺は空間 W の演算である.

3° 線型変換を特徴づける等式は,

- ベクトル $\boldsymbol{x}$, $\boldsymbol{x}'$ に対して, 和をとってから変換 T で移したものが, それぞれのベクトルを変換 T で移したもの同士の和をとったものと一致する.
- ベクトル $\boldsymbol{x}$ とスカラー α に対して, スカラー倍をとってから変換 T で移したものが, $\boldsymbol{x}$ を変換 T で移したものの同じスカラー倍と一致する.

というように読むことができる.

文面上の表現を形式的に理解すると,

- 和をとるという演算と変換 T で移すことが交換可能
- 実数倍をとるという演算と変換 T で移すことが交換可能

と見ることができる.

和の場合を右図のように表現すると事態の核心により直観的に迫ることができる.

実数倍も同様である.

$$\begin{array}{ccc} \boldsymbol{x}, \boldsymbol{x}' \in V & \overset{T}{\longmapsto} & T(\boldsymbol{x}), T(\boldsymbol{x}') \in W \\ \text{和}\downarrow & & \text{和}\downarrow \\ \boldsymbol{x}+\boldsymbol{x}' \in V & \underset{T}{\longmapsto} & T(\boldsymbol{x}+\boldsymbol{x}') = \\ & & T(\boldsymbol{x})+T(\boldsymbol{x}') \in W \end{array}$$

線型変換の重要性質へのもう一つの接近

線型変換 $T: V \to W$ に対して変換の値域, つまり, しばしば $T(V)$ という記号で略記される, $\forall \boldsymbol{x} \in V$ に対してその像であるベクトル $T(\boldsymbol{x})$ 全体, より正確には, $\boldsymbol{y} = T(\boldsymbol{x})$ となる $\boldsymbol{x} \in V$ が存在するような $\boldsymbol{y}$ 全体の集合を, T の像 image と呼ぶ. また, 変換 T で $\mathbf{0} \in W$ に移される V のベクトルの全体を変換 T の核 kernel と呼ぶ. それらをそれぞれ I, K とすると,

$$\text{集合 } I = \{\boldsymbol{y} \in W \mid \exists \boldsymbol{x} \in V \text{ s.t. } \boldsymbol{y} = T(\boldsymbol{x})\}$$

集合 $K = \{\boldsymbol{x} \in V \mid T(\boldsymbol{x}) = \mathbf{0} \in W\}$

である．なお，I, K はそれぞれしばしば，$T(V), T^{-1}\{\mathbf{0}\}$ と表される．

【注意】 T^{-1} は本来は，逆関数と同様，変換 T の逆変換を表現する記号であるが，逆変換が存在しない場合でも，つまり，T が1対1の上への変換でない場合にも，上に定義した意味で使われる．実際，核の次元が1以上の場合には，変換 T は1対1では決してない．

問題 37　集合 I, K はそれぞれ W, V の部分空間をなすことを示せ．

4° 線型空間としての核 K と像 I の次元 $\dim(K), \dim(I)$ の間には，重要な関係式

$$\dim(V) = \dim(I) + \dim(K)$$

が成立する．これは本書レベルではやや高級なので詳細は省く．しかし，次の課題のように定理の主張の意味がわかれば，証明はさして難しくない．

問題 38　「次元定理」の名で知られる上の定理について，その主張の意味することを，基底の言葉でいうとどういうことか考えてみよ．

5° 線型変換の定義に登場する2条件の代わりに，それらを

$$T(\alpha\boldsymbol{x}+\beta\boldsymbol{x}') = \alpha T(\boldsymbol{x})+\beta T(\boldsymbol{x}') \qquad \forall\boldsymbol{x}, \forall\boldsymbol{x}' \in V,\ \forall\alpha, \forall\beta \in \mathbb{R}$$

という1つに置き換えることができる．これを示すのは簡単である．

6° V, W を数ベクトル空間 $V = \mathbb{R}^n$, $W = \mathbb{R}^m$ に限定して論ずることも多い．このような線型変換 $T : \mathbb{R}^n \longrightarrow \mathbb{R}^m$ は，$m = n = 1$ の場合には，実数 $x \in \mathbb{R}$ を実数 $y \in \mathbb{R}$ に移す変換であるが，既に触れたように，これは正比例と呼ばれるもっとも基本的な関数である．言い換えれば，線型変換 $T : \mathbb{R}^n \longrightarrow \mathbb{R}^m$ は，正比例という関係の高次元化・一般化である．

■ 7.2　行列の表す線型変換

線型変換の話題を論じるには，一般的なベクトル空間 V, W で考えることができるが，ここでは n 次，m 次の数ベクトルの作る空間の場合，つまり $V = \mathbb{R}^n, W = \mathbb{R}^m$ であるとして考える．そして以下では，それぞれの

数ベクトルは n 次，m 次の**列ベクトル**であるとして議論を進める．

いうまでもなく，列ベクトルで行なった議論は転置のような機械的操作を通じて行ベクトルでの議論に翻訳できる．

まず，$m \times n$ 型行列 A が与えられると空間 $V = \mathbb{R}^n$ から空間 $W = \mathbb{R}^m$ への線型変換が決まることを確認しよう．老婆心ながら，$n = m$ であるとも，また $n < m$ あるいは $n > m$ であるとも限らない．

行列の定める線型変換

【定理】 $m \times n$ 型行列 A が与えられたとき，任意の n 次列ベクトル $\boldsymbol{x} \in \mathbb{R}^n$ を m 次列ベクトル $\boldsymbol{y} = A\boldsymbol{x} \in \mathbb{R}^m$ に移す変換を T_A とおく．すなわち，

$$T_A : \boldsymbol{x} \in \mathbb{R}^n \longmapsto \boldsymbol{y} = A\boldsymbol{x} \in \mathbb{R}^m$$

すると，この変換 T_A は数ベクトル空間 $\mathbb{R}^n$ から数ベクトル空間 $\mathbb{R}^m$ への線型変換である．

【定義】 変換 T_A を，**行列 A の定める線型変換**，あるいは**行列 A の表す線型変換**と呼ぶ．

Notes

1° この変換 T_A が線型変換であることは，行列とベクトルとの積（より一般には行列同士の積）の基本性質から直ちに導かれる自明な基本的事実である．

問題 39 上で定義した変換 T_A が数ベクトル空間 $\mathbb{R}^n$ から数ベクトル空間 $\mathbb{R}^m$ への線型変換であることを示せ．

2° T_A という記号は，行列 A が与えられるとそれによって決まる変換であることを表現しようとしている．

3° このように行列から出発する線型変換の定義を最初に与えたのは，前節で述べたような抽象的な線型変換の具体的内容を，まずは行列という目に見える形式で紹介したいからである．しかし，この次の節では，抽象的な線型空間で線型変換を考え，それが基底を通じて，最終的には行列に関係することを紹介する．そして基底に関係して行列が登場するときには，同じ線型変換で

も，基底の選び方を変更すると，関係する行列がどのように変わるか，という線型代数の最初の基本目標に接近できる．

4°　上のような「行列の定める線型変換」は，次節で述べる一般の線型変換を先取りして，ここでそれと比べると，線型空間の基底として，数ベクトル空間 $\mathbb{R}^n$, $\mathbb{R}^m$ それぞれの基本ベクトルからなる標準的な基底 $\mathcal{E} = < \boldsymbol{e}_1, \boldsymbol{e}_2, \cdots, \boldsymbol{e}_n >$，$\mathcal{F} = < \boldsymbol{f}_1, \boldsymbol{f}_2, \cdots, \boldsymbol{f}_m >$ が，唯一の基底として《暗黙の前提》として仮定されている点で特殊であるものの，その分だけわかりやすい．しかし，本来は，基底 $\mathcal{E}, \mathcal{F}$ に関して行列 A の定める線型変換というべきである．

5°　わが国では，$m = n = 2$ に限定した話題を，「行列の表す 1 次変換」という単元名で高校数学の花形?! の話題として扱っていた時代があった．線型変換を 1 次変換と表現しても大きな問題はないが，$m = n = 2$ への限定という制約のために，現代数学的な話題を学校数学で扱うときにありがちな硬直した狭隘（きょうあい）さという陥穽（かんせい）にはまる原因にもなってきた．この単元が消滅したことを，「数学教育の衰退の兆候」と嘆く向きがあるようであるが，あまりに狭い世界に教育対象を限定することはそれが「教育上の配慮」からであれ何であれ，充実した中身ある数学教育のために良いこととは思えなかったので，筆者自身はこの《文教行政の転向》に対して必ずしも悲嘆派ではない．

6°　読者も，高校数学の単元から抜けてすっきりとした線型変換をしっかりと学んで欲しい．つまり，与えられた行列 A で定められる線型変換は，基底を取り換えるとどのような行列で表現されるか，という線型代数のもっとも重要な問題がここから始まるからである．

■ 7.3　一般の線型変換と行列

以下では，数ベクトルに限定せず，一般の n 次元実線型空間 V から m 次元実線型空間 W への線型変換 T を考える．最初に，線型変換 $T : V \longrightarrow W$ が，n 次元空間 V の基底 $\mathcal{A} = < \boldsymbol{a}_1, \boldsymbol{a}_2, \cdots, \boldsymbol{a}_n >$ を構成する n 個のベクトル $\boldsymbol{a}_1, \boldsymbol{a}_2, \cdots, \boldsymbol{a}_n$ の変換 T による像を決めるだけで，変換として完全に決まり，しかも行列と深い関係をもつことを定式化しよう．ここが初心者には，大きな関門である．気迫を込めて読み進もう．

線型変換を決定する条件

【定理】 n 次元線型空間 V から m 次元線型空間 W への線型変換 T を決定するには，空間 V,W の基底が与えられ，V の基底を構成する各ベクトルの変換 T による像の，W の基底による線型結合による表現が与えられればよい．

Notes

1° この定理の証明は，次のように具体的な計算を通じて考えれば，何でもない．

i) V,W の基底として，それぞれ，

$$\mathcal{A}=<\boldsymbol{a}_1,\boldsymbol{a}_2,\cdots,\boldsymbol{a}_n>,\qquad \mathcal{B}=<\boldsymbol{b}_1,\boldsymbol{b}_2,\cdots,\boldsymbol{b}_m>$$

をとる．すると，$\mathcal{A}$ の各要素 $\boldsymbol{a}_i\in V$ の変換 T による像 $T(\boldsymbol{a}_i)\in W$ は，空間 W の基底の線型結合で表現できるはずであるから，

$$\begin{cases}T(\boldsymbol{a}_1)=k_{11}\boldsymbol{b}_1+k_{21}\boldsymbol{b}_2+\cdots+k_{m1}\boldsymbol{b}_m\\T(\boldsymbol{a}_2)=k_{12}\boldsymbol{b}_1+k_{22}\boldsymbol{b}_2+\cdots+k_{m2}\boldsymbol{b}_m\\\qquad\vdots\\T(\boldsymbol{a}_n)=k_{1n}\boldsymbol{b}_1+k_{2n}\boldsymbol{b}_2+\cdots+k_{mn}\boldsymbol{b}_m\end{cases}\qquad\cdots(\bigstar)$$

と表現できる．すなわち，基底 $\mathcal{B}=<\boldsymbol{b}_1,\boldsymbol{b}_2,\cdots,\boldsymbol{b}_m>$ の意味からこのような実数 k_{ij} $(i=1,2,\cdots,m;j=1,2,\cdots,n)$ の組が一意的に存在する．

ii) 空間 V の任意のベクトル $\boldsymbol{v}$ は，基底 $\mathcal{A}$ を構成するベクトル $\boldsymbol{a}_1,\boldsymbol{a}_2,\cdots,\boldsymbol{a}_n$ の線型結合で一意的に表現できるはずであるから，

$$\boldsymbol{v}=x_1\boldsymbol{a}_1+x_2\boldsymbol{a}_2+\cdots+x_n\boldsymbol{a}_n$$

となる実数 $x_1,x_2,\cdots,x_n$ の組が $\boldsymbol{v}$ に応じて一意的に確定する．

iii) すると，このベクトル $\boldsymbol{v}$ の変換 T による像 $T(\boldsymbol{v})$ は

$$\begin{aligned}T(\boldsymbol{v})&=T(x_1\boldsymbol{a}_1+x_2\boldsymbol{a}_2+\cdots+x_n\boldsymbol{a}_n)\\&=x_1T(\boldsymbol{a}_1)+x_2T(\boldsymbol{a}_2)+\cdots+x_nT(\boldsymbol{a}_n)\end{aligned}$$

となるはずである．ここで，$T(\boldsymbol{a}_1),T(\boldsymbol{a}_2),\cdots,T(\boldsymbol{a}_n)$ は，上に $(\bigstar)$ で示したように決まっているから，こうして任意の $\boldsymbol{v}$ の像 $T(\boldsymbol{v})$ も決まる．つまり，

iv) 線型変換 T が決まる.

2° こうして空間 V の基底の変換による像を決めるだけで，空間 V 全体の像が決まることが示されたが，この定理はその主張以上に，その証明の途中で使われた関係 (★) が重要である．それを次にまとめよう.

これは，行列の積の約束を流用して，次のように簡潔に表現できる.

基底に関して線型変換を表現する行列

【表現の改良】

上で論じた関係 (★) は

$$(T(\boldsymbol{a}_1), T(\boldsymbol{a}_2), \cdots, T(\boldsymbol{a}_n)) = (\boldsymbol{b}_1, \boldsymbol{b}_2, \cdots, \boldsymbol{b}_m) \begin{pmatrix} k_{11} & k_{12} & \cdots & k_{1n} \\ k_{21} & k_{22} & \cdots & k_{2n} \\ \vdots & \vdots & \vdots & \vdots \\ k_{m1} & k_{m2} & \cdots & k_{mn} \end{pmatrix}$$

となる．右辺の第 2 因子の行列を $K = (k_{ij})$ とおけば，さらに簡潔に

$$(T(\boldsymbol{a}_1), T(\boldsymbol{a}_2), \cdots, T(\boldsymbol{a}_n)) = (\boldsymbol{b}_1, \boldsymbol{b}_2, \cdots, \boldsymbol{b}_m)K \qquad \cdots(☆)$$

と書き換えられる.

Notes

1° 行列 K は，線型変換 $T\colon V \to W$ を空間 V の基底 $<\boldsymbol{a}_1, \boldsymbol{a}_2, \cdots, \boldsymbol{a}_n>$，空間 W の基底 $<\boldsymbol{b}_1, \boldsymbol{b}_2, \cdots, \boldsymbol{b}_m>$ に関して特徴づけるものである.

2° 関係 (☆) の両辺に登場するベクトルが列の数ベクトルである場合には，行列のブロック分割と見ると，形式的にのみならず意味を考えても正しい.

■ 7.4　抽象的な線型空間のベクトルの数ベクトル化

数ベクトル空間とは限らない抽象的な線型空間のベクトルも，線型空間の基底が与えられれば，基底を構成するベクトルの線型結合の係数を考えることを通じて，数ベクトルと結びつけて考えることができる．すなわち，実 n 次元線型空間 V において，一つの基底 $\mathcal{A} = <\boldsymbol{a}_1, \boldsymbol{a}_2, \cdots, \boldsymbol{a}_n>$ が与えられれば，任意のベクトル $\boldsymbol{v} \in V$ に対して，

$$\boldsymbol{v} = x_1\boldsymbol{a}_1 + x_2\boldsymbol{a}_2 + \cdots + x_n\boldsymbol{a}_n$$

となる実数 $x_1, x_2, \cdots, x_n$ の組が一意的に定められ，また逆も成り立つ．つまり，

$$\boldsymbol{v} \longleftrightarrow \begin{pmatrix} x_1 \\ x_2 \\ \vdots \\ x_n \end{pmatrix}$$

このように，ベクトル $\boldsymbol{v} \in V$ と 1 対 1 対応する数ベクトル $\begin{pmatrix} x_1 \\ x_2 \\ \vdots \\ x_n \end{pmatrix}$ を考えることができる．

これを精密に述べると次のようになる．

ベクトルとその成分，成分表示

【定義】 実 n 次元線型空間 V において，ある基底 $\mathcal{A} = <\boldsymbol{a}_1, \boldsymbol{a}_2, \cdots, \boldsymbol{a}_n>$ を決めると，空間 V の任意のベクトル $\boldsymbol{v}$ が線型結合 $x_1\boldsymbol{a}_1 + x_2\boldsymbol{a}_2 + \cdots + x_n\boldsymbol{a}_n$ で一意的に表現できる．線型結合を構成する項 $x_i\boldsymbol{a}_i$（またはときに，その係数 x_i 自身）を $\boldsymbol{v} \in V$ の，$\boldsymbol{a}_i$ **成分**（ときに第 i 成分）と呼ぶ．成分（の係数）である数 x_i を並べてできる数ベクトルを，ベクトル $\boldsymbol{v} \in V$ の，基底 $\mathcal{A}$ に関する**成分表示**と呼ぶことにしよう．

Notes

1°　「成分」は上のように 2 通り，いずれかの流儀で定義できるが，学校数学には「成分表示」という，よく似た概念が曖昧なまま使われている．定義さえしっかりすればよいので，ベクトル成分を加え合わせた線型結合そのものをベクトル $\boldsymbol{v} \in V$ の成分表示と呼ぶことにしてもよい．しかし上では，以下のように，これとは違う立場をとっている．なぜであろうか？

2°　上で述べたように，n 次元実線型空間の要素であるベクトル $\boldsymbol{v} \in V$ は，n 次

の実数ベクトル $\begin{pmatrix} x_1 \\ x_2 \\ \vdots \\ x_n \end{pmatrix}$ と対応させることができる.「違う立場」というのは,

　　この数ベクトル自身を，基底 $<\boldsymbol{a}_1, \boldsymbol{a}_2, \cdots, \boldsymbol{a}_n>$ に関するベクトル

　　$\boldsymbol{v}$ の，**成分表示**という

と定義している，ということである．この立場が数学的には単純で話が速いので本書ではこの立場をとったのだが，学校数学では基底概念なしに，しかも数ベクトルしか扱わないために，この立場では学習者に意味が通じにくいことも事実である.

しかしながら，数学では，一貫してさえいれば，言葉の表面的な定義の違いは重要でない.

急所は,

　　抽象的な線型空間においても，基底を決めさえすれば,

　　ベクトルを数ベクトルに対応させることができる

ことにある.

3° n 次元実線型空間 V において，基底を一組，$\mathcal{A} = <\boldsymbol{a}_1, \boldsymbol{a}_2, \cdots, \boldsymbol{a}_n>$ のように選べば，$\boldsymbol{v} \in V$ の，基底 $\mathcal{A}$ の線型結合による表現 $x_1\boldsymbol{a}_1 + x_2\boldsymbol{a}_2 + \cdots + x_n\boldsymbol{a}_n$ は，抽象的な実線型空間のベクトル $\boldsymbol{v}$ を実数ベクトルとして扱う道が開かれる．いわば，**すべてのベクトルの《数ベクトル化》**である.

$$\boldsymbol{v} \in V \longleftrightarrow \begin{pmatrix} x_1 \\ x_2 \\ \vdots \\ x_n \end{pmatrix}$$

4° この対応を支えている上に述べた，$\boldsymbol{v}$ を $\boldsymbol{a}_1, \boldsymbol{a}_2, \cdots, \boldsymbol{a}_n$ の線型結合として表す関係は，形式的には $1 \times n$ 型, $n \times 1$ 型行列の積として

$$\boldsymbol{v} = (\boldsymbol{a}_1, \boldsymbol{a}_2, \cdots, \boldsymbol{a}_n) \begin{pmatrix} x_1 \\ x_2 \\ \vdots \\ x_n \end{pmatrix}$$

のように簡略に定式化できる．$V = \mathbb{R}^n$ の場合であれば $\boldsymbol{a}_1, \boldsymbol{a}_2, \cdots, \boldsymbol{a}_n$ のそれぞれは $n \times 1$ 型行列（n 次列ベクトル）であり，それを横一列に並べた $(\boldsymbol{a}_1, \boldsymbol{a}_2, \cdots, \boldsymbol{a}_n)$ は正則な n 次正方行列である.

7.5 抽象的な線型空間の線型変換と行列の表す線型変換の関係

n 次元，m 次元の実線型空間 V から W への線型変換 T は，V の基底 $\mathcal{A}$ と W の基底 $\mathcal{B}$ を決めることで，あたかも数ベクトル空間 $\mathbb{R}^n$ から数ベクトル空間 $\mathbb{R}^m$ への線型変換のように表現できる．すなわち，

線型空間上の線型変換の行列化

【定理】 V の基底 $\mathcal{A}$ を構成するベクトルの線型変換 T による像を並べたものと，W の基底 $\mathcal{B}$ を構成するベクトルを並べたもの同士を結ぶ関係

$$(T(\boldsymbol{a}_1), T(\boldsymbol{a}_2), \cdots, T(\boldsymbol{a}_n)) = (\boldsymbol{b}_1, \boldsymbol{b}_1, \cdots, \boldsymbol{b}_m)K \qquad \cdots(☆)$$

に登場する $m \times n$ 型行列 K を用いると，線型変換 $T: V \to W$ は，V, W のそれぞれのベクトルの基底 $\mathcal{A}, \mathcal{B}$ についての成分表示同士を，行列 K の定める線型変換 $T_k\colon \mathbb{R}^n \to \mathbb{R}^m$ として，すなわち

$$\begin{pmatrix} y_1 \\ y_2 \\ \vdots \\ y_m \end{pmatrix} = K \begin{pmatrix} x_1 \\ x_2 \\ \vdots \\ x_n \end{pmatrix}$$

として捉えられる．

Notes

1° 基本関係 (☆) を，ベクトル $\boldsymbol{v} \in V$ の，基底 $< \boldsymbol{a}_1, \boldsymbol{a}_2, \cdots, \boldsymbol{a}_n >$ に関する，成分表示

$$\boldsymbol{v} = (\boldsymbol{a}_1, \boldsymbol{a}_2, \cdots, \boldsymbol{a}_n) \begin{pmatrix} x_1 \\ x_2 \\ \vdots \\ x_n \end{pmatrix}$$

に対応するベクトル $T(\boldsymbol{v}) \in W$ の，基底 $< \boldsymbol{b}_1, \boldsymbol{b}_2, \cdots, \boldsymbol{b}_m >$ に関する成分表示

$$T(\boldsymbol{v}) = (\boldsymbol{b}_1, \boldsymbol{b}_2, \cdots, \boldsymbol{b}_m) \begin{pmatrix} y_1 \\ y_2 \\ \vdots \\ y_m \end{pmatrix} \qquad \cdots(♡)$$

を関連させるだけでよい．

2° 実際，

$$\boldsymbol{v} = (\boldsymbol{a}_1, \boldsymbol{a}_2, \cdots, \boldsymbol{a}_n)\begin{pmatrix} x_1 \\ x_2 \\ \vdots \\ x_n \end{pmatrix}$$

の両辺を T で移したものは

$$T(\boldsymbol{v}) = (T(\boldsymbol{a}_1), T(\boldsymbol{a}_2), \cdots, T(\boldsymbol{a}_n))\begin{pmatrix} x_1 \\ x_2 \\ \vdots \\ x_n \end{pmatrix}$$

であり，右辺の左側の因子を関係 (☆) で書き換えると

$$T(\boldsymbol{v}) = (\boldsymbol{b}_1, \boldsymbol{b}_2, \cdots, \boldsymbol{b}_m)K\begin{pmatrix} x_1 \\ x_2 \\ \vdots \\ x_n \end{pmatrix} \qquad \cdots(\diamondsuit)$$

を得る．(♡) と (◇) を比較して（$\boldsymbol{b}_1, \boldsymbol{b}_2, \cdots, \boldsymbol{b}_m$） の係数の一致により），

$$\begin{pmatrix} y_1 \\ y_2 \\ \vdots \\ y_m \end{pmatrix} = K\begin{pmatrix} x_1 \\ x_2 \\ \vdots \\ x_n \end{pmatrix}$$

となる，つまり抽象的な線型変換 $\boldsymbol{u} = T(\boldsymbol{v})$ が，上のように，$\boldsymbol{v} \in V$，$\boldsymbol{u} \in W$ の基底 $\mathcal{A}, \mathcal{B}$ に関する成分表示を考えることにより，数ベクトル空間 $\mathbb{R}^n$ から数ベクトル空間 $\mathbb{R}^m$ へあるの行列 K の表す線型変換 T_K となっている．

7.6　線型変換と基底の取り換え

n 次元実ベクトル空間 V において，基底 $\mathcal{A} = <\boldsymbol{a}_1, \boldsymbol{a}_2, \cdots, \boldsymbol{a}_n>$ の各要素を新基底 $\mathcal{A}' = <\boldsymbol{a}'_1, \boldsymbol{a}'_2, \cdots, \boldsymbol{a}'_n>$ の各要素で置き換えることは，V から V へのある線型変換を定義する．

問題 40　この主張を証明せよ．

基底の取り換え行列

【定義】 実 n 次元空間 V の基底 $\mathcal{A} = <\boldsymbol{a}_1, \boldsymbol{a}_2, \cdots, \boldsymbol{a}_n>$ を $\mathcal{A}' = <\boldsymbol{a}'_1, \boldsymbol{a}'_2, \cdots, \boldsymbol{a}'_n>$ に移す，V から V への線型変換を，基底 $\mathcal{A}$ に関して特徴づける行列 P を**基底の取り換え** $\mathcal{A} \to \mathcal{A}'$ **行列**と呼ぶ．

すなわち，行列 P は以下の関係を満たす n 次正則行列である．

$$(\boldsymbol{a}'_1, \boldsymbol{a}'_2, \cdots, \boldsymbol{a}'_n) = (\boldsymbol{a}_1, \boldsymbol{a}_2, \cdots, \boldsymbol{a}_n)P \qquad \cdots(1)$$

Notes

1° $<\boldsymbol{a}_1, \boldsymbol{a}_2, \cdots, \boldsymbol{a}_n>$ を $<\boldsymbol{a}'_1, \boldsymbol{a}'_2, \cdots, \boldsymbol{a}'_n>$ に移すとは

$$\boldsymbol{a}_1 \to \boldsymbol{a}'_1, \quad \boldsymbol{a}_2 \to \boldsymbol{a}'_2, \quad , \quad \cdots \quad , \quad \boldsymbol{a}_n \to \boldsymbol{a}'_n$$

という意味である

2° V から V への線型変換はしばしば「V 上の線型変換」と呼ばれる．

3° 上のまとめと同様に，実 m 次元空間 W において，基底 $\mathcal{B} = <\boldsymbol{b}_1, \boldsymbol{b}_2, \cdots, \boldsymbol{b}_m>$ を新基底 $\mathcal{B}' = <\boldsymbol{b}'_1, \boldsymbol{b}'_2, \cdots, \boldsymbol{b}'_m>$ に取り換える変換の行列を Q とおけば，

$$(\boldsymbol{b}'_1, \boldsymbol{b}'_2, \cdots, \boldsymbol{b}'_m) = (\boldsymbol{b}_1, \boldsymbol{b}_2, \cdots, \boldsymbol{b}_m)Q \qquad \cdots(2)$$

である．Q は m 次の正則行列である．

4° P, Q の正則性は，基底が線型独立なベクトルで構成されることから，わかることである．

空間の基底を取り換えることによって，線型変換を特徴づける行列がどのような影響を受けるかという問題について，次の結論的な定理が導かれる．

基底の取り換えと線型変換を特徴づける行列

【定理】 実 n 次元空間 V から実 n 次元空間 W への線型変換 T を，基底 $\mathcal{A}, \mathcal{B}$ に関して特徴づける行列 A，基底 $\mathcal{A}', \mathcal{B}'$ に関して特徴づける行列 B の間には，基底の取り換え $\mathcal{A} \to \mathcal{A}'$ 行列，基底の取り換え $\mathcal{B} \to \mathcal{B}'$ 行列をそれぞれ P, Q として

$$B = Q^{-1}AP$$

という関係がある．

Notes

1° 証明の基本は，上に示した，基底の取り換え行列の基本関係 (1), (2) と基底による線型変換 T の特徴付けを結合するだけである．

2° 実際，行列 A が，基底 $\mathcal{A}, \mathcal{B}$ で線型変換 T を特徴づけるとすると

$$(T(\boldsymbol{a}_1), T(\boldsymbol{a}_2), \cdots, T(\boldsymbol{a}_n)) = (\boldsymbol{b}_1, \boldsymbol{b}_2, \cdots, \boldsymbol{b}_m)A \qquad \cdots(3)$$

であり，同様に行列 B が基底 $\mathcal{A}, \mathcal{B}$ で線型変換 T を特徴づけるとすると

$$(T(\boldsymbol{a'}_1), T(\boldsymbol{a'}_2), \cdots, T(\boldsymbol{a'}_n)) = (\boldsymbol{b'}_1, \boldsymbol{b'}_2, \cdots, \boldsymbol{b'}_m)B \qquad \cdots(4)$$

である．

3° (1) から変換 T の像を考えて

$$(T(\boldsymbol{a'}_1), T(\boldsymbol{a'}_2), \cdots, T(\boldsymbol{a'}_n)) = (T(\boldsymbol{a}_1), T(\boldsymbol{a}_2), \cdots, T(\boldsymbol{a}_n))P$$

が得られ，この右辺を (3) を用いて書き直すと，

$$(T(\boldsymbol{a'}_1), T(\boldsymbol{a'}_2), \cdots, T(\boldsymbol{a'}_n)) = (\boldsymbol{b}_1, \boldsymbol{b}_2, \cdots, \boldsymbol{b}_m)AP$$

が導かれる．

4° ここで，Q の正則性を考慮して (2) を

$$(\boldsymbol{b}_1, \boldsymbol{b}_2, \cdots, \boldsymbol{b}_m) = (\boldsymbol{b'}_1, \boldsymbol{b'}_2, \cdots, \boldsymbol{b'}_m)Q^{-1}$$

と書き直すと，上で導いた式は，

$$(T(\boldsymbol{a'}_1), T(\boldsymbol{a'}_2), \cdots, T(\boldsymbol{a'}_n)) = (\boldsymbol{b'}_1, \boldsymbol{b'}_2, \cdots, \boldsymbol{b'}_m)Q^{-1}AP$$

となる．言い換えれば，基底 $\mathcal{A}, \mathcal{B}$ に関して行列 A で特徴づけられる線型変換 $T : V \to W$ を V の基底 $\mathcal{A}'$, W の基底 $\mathcal{B}'$ に関して特徴づける行列 B は，

$$B = Q^{-1}AP$$

である．

7.7　数ベクトル空間上の変換の場合

以上，少し一般的な議論を展開してきたが，実用的にもっとも重要なのはこれから述べる V も W も同じ数ベクトル $\mathbb{R}^n$ の場合である．

つまり，数ベクトル空間 $\mathbb{R}^n$ 上の，行列 A の定める線型変換 T_A に対し，その《暗黙の前提》となっている，基本ベクトルからなる標準基底 $\mathcal{E} = <\boldsymbol{e}_1, \boldsymbol{e}_2, \cdots, \boldsymbol{e}_n>$ を別の新基底 $\mathcal{P} = <\boldsymbol{p}_1, \boldsymbol{p}_2, \cdots, \boldsymbol{p}_n>$ で置き換え

たときの線型変換を表す行列 B は，基底 $\mathcal{E} \to \mathcal{P}$ の取り換え行列を P として，

$$B = P^{-1}AP$$

で与えられる，ということである．

これを基底の取り換えという理論的な概念を省いて敢えて技術的にまとめると次のようになる．

数ベクトル空間上の線型変換を表す行列の一般化

【定理】 与えられた n 次正方行列 A に対し，任意に選んだ n 個の線型独立な n 次列ベクトル

$$\boldsymbol{p}_1 = \begin{pmatrix} p_{11} \\ p_{21} \\ \vdots \\ p_{n1} \end{pmatrix}, \quad \boldsymbol{p}_2 = \begin{pmatrix} p_{12} \\ p_{22} \\ \vdots \\ p_{n2} \end{pmatrix}, \quad \cdots, \quad \boldsymbol{p}_n = \begin{pmatrix} p_{1n} \\ p_{2n} \\ \vdots \\ p_{nn} \end{pmatrix}$$

を横に並べてできる n 次正則行列を P とおく．

つまり，$P = (\boldsymbol{p}_1, \boldsymbol{p}_2, \cdots, \boldsymbol{p}_n) = \begin{pmatrix} p_{11} & p_{12} & \cdots & p_{1n} \\ p_{21} & p_{22} & \cdots & p_{2n} \\ \vdots & \vdots & \ddots & \vdots \\ p_{n1} & p_{n2} & \cdots & p_{nn} \end{pmatrix}$ とおくと，この P に対し

$$B = P^{-1}AP$$

で与えられる n 次正方行列 B は，基底 $\mathcal{P} = <\boldsymbol{p}_1, \boldsymbol{p}_2, \cdots, \boldsymbol{p}_n>$ に関して元の線型変換 T_A と同じ線型変換を表す行列である．

Notes

1° これは線型代数において応用上もっとも重要な定理であるといってよい．

2° 正方行列 A が正方行列 B とそれぞれの基底は違っていても《同じ線型変換》を表すというという関係に立つことは，A と B が見掛けの違いにも関わらず本質的には同じものとして同一視できるということができる．

3° 実際，ある正則行列 P を用いて

$$B = P^{-1}AP$$

という関係にあることを，行列 A, B の関係として $A \backsim B$ と表現することにすれば，この $\backsim$ という関係は，相等性と似た次の基本性質を満たす．

・反射性: $\forall A,\ A \backsim A$

・対称性: $\forall A, \forall B,\ A \backsim B \Longrightarrow B \backsim A$

・推移性: $\forall A,\ B,\ C,\ A \backsim B$ かつ $B \backsim C \Longrightarrow A \backsim C$

4° そこでこのような関係にある正方行列 A, B は互いに**相似**であるという．

7.8　線型変換の理論的な重要性

線型変換の理論的な重要性は，

- 行列と列ベクトルで表現される線形変換の基本形が，線型性をもたない一般の空間から空間への変換に対しても，ちょうど正比例の関係が一般の関数 $y = f(x)$ についてもある 1 点 $(\alpha, f(\alpha))$ の極微の近傍では $dy = f'(\alpha)dx$ という正比例の関係として成立し得るように局所的に成立し得ること，したがって多変数の振る舞いを調べる微積分学においてヤコビアン Jacobian という概念の基礎となること
- 直接は行列やベクトルという表現形式をもっていない場合にも数列や微積分において

$$\sum_{k=1}^{n}\{\alpha a_n + \beta b_n\} = \alpha \sum_{k=1}^{n} a_n + \beta \sum_{k=1}^{n} b_n$$

や

$$\frac{d}{dx}\{\alpha f(x) + \beta g(x)\} = \alpha \frac{d}{dx} f(x) + \beta \frac{d}{dx} g(x)$$

$$\int_a^b (\alpha f(x) + \beta g(x))dx = \alpha \int_a^b f(x)dx + \beta \int_a^b g(x)dx$$

のように，登場すること（本書では触れる余裕がないが，実は，このような関数がもっとも典型的で重要なベクトルなのである！）

など，本書で十分に触れられていない世界で必携の道具となっていることがある．

Question 16

いままで線型変換という概念が言葉だけではピンときていませんでしたが，ここで勉強した基底の取り換えによる成分表示の間の関係がそれであるとすると，とてもピンときました．座標軸の変更という視点は私自身には全くなかったので，本書でも前から何回も登場して来ていたのですが，私は x 軸，y 軸，$\cdots$ という古い考え方にしがみついていたように思います．座標軸を自由に考え直すという発想は，地球中心の世界観から太陽系さえ相対化する宇宙論的な世界観への転換というべき革命的な転換で，コペルニクス以上に重要ではないかと思います．このような重大な視点をどうしてもっと早くから提示してくれなかったのでしょう．

【Answer 16】

座標軸の取り換えの話題に入るのが遅すぎるという御批判を真摯に受け止めます．ただし弁解がましいのですが，数学を記述するには，やはり論理的な準備が整ってからの方が能率が良いので，ついそのようにしてしまいました．余計なお世話だったかもしれません．基底の取り換えを論ずるには，行列，逆行列，1 次方程式，線型変換などの諸々の準備が必要だというのは著者の立場であり，読者，学習者の立場に立ってみれば，座標概念の反省から入る逆向きの構成（例えば，伝統的な座標概念の現象学的な描写→座標概念の解体と再構築に向けてのデザイン→座標軸と基本ベクトルの概念→基底の概念→線型変換→行列→ 1 次方程式）などもあり得ると思いますが，そのような逆向きの理解こそは読者のためにとっておきたいもっとも大切な学習方法だと私は考えています．ただ私自身は，これまでの部分も，そのような学習を誘発するように書いて来たつもりではあります．

また，基底の取り換えを介して線型変換がはじめてピンときたというあなたの理解に敬意を表しますが，それでは，なぜ基底の取り換えを考えるのか，その動機はわかるでしょうか．実は，それは本書でも次章以降で展開する話題なのです．

学習の motivation を上げるための方法としていろいろなことが言われますが，一般に，動機づけのための説明を増やすと，ほぼ必然的に長い物語になります．それを読むときの躍動感も，読後の格別の感動も良く理解できます．当然そのような物語への挑戦も否定するつもりは毛頭ありませんが，短くまとめることは不可能に近いと考え，私は本書では放棄しました．

なお，あなたが指摘しているように，天動説から地動説への転換という理解で科学史上の大革命といわれているコペルニクスの「太陽中心説」それ自身は，天動説と呼ばれている，プトレマイオスが提唱し，その後の天文観測を通じて確立していた「周転球理論」と運動の相対性という運動の基本原理を考慮すれば，理論的には変わりないわけですし，宇宙の中心は地球でも太陽でもないのですから，パラダイム・シフトと呼ばれる，考え方の枠組自体の大転換というほどの意味はないかもしれません．「太陽中心説」が古代からあったことを思えば，恒星と惑星との違いの意味の発見，あるいは，太陽系の小ささの発見の方が遥かに重要でしょうね．

ただし，気を付けて欲しいのは，座標軸が直交していない座標系を考えるという発想自身は実は近世初期の最初の解析幾何の発見の時代からありました．また，解析幾何のその後の展開の中で，様々な数理現象を考えるために線型代数を超えた，もっと弾力的な座標系も考えられて来た歴史も考慮する必要があります．その中でもっとも重要なものの一つは極座標でしょう．

線型代数でいう基底の取り換えは，基本的に，もっとも古典的な座標系に関して最大限の一般性を確保するものではありますが，その意味で，あなたのように，パラダイム・シフトにたとえるほどの革命性があるか，私自身は少し消極的ですが，あなたが自分自身の中でこの考え方の斬新性を高く評価するのは素晴しいことであると思います．学校教育に限らず，言えることですが，いつしか硬直して染み付いてしまった先入観の呪縛から自らを解放することは素晴らしいことであるからです．

第8章

行列式

本章では，実用的にも理論的にも重要な，与えられた行列で定まる行列式 determinant という値について，歴史的経緯には触れず，現代的な観点から見て初学者にも是非とも理解して欲しい最重要事項に絞って述べよう．

まず日本語では「行列」と「行列式」と紛らわしい表現であるが，これはわが国だけの事情であり，英語では matrix と determinant というまったく異なる用語で呼ばれていることに注意したい．わが国では「行列と行列式」のような表題の本が出回るほどであるから，この用語法は意図的に似せているということなのかもしれないが，学習者には混乱の元になりかねない．**行列式は，正方行列について定義される，しかし行列とは全く別の概念**であることを，まず認識してほしい．

英語の determinant には，何かを「決定するもの」という意味が込められている．これは行列式の理解に役に立つ．実際，行列式の値は行列についての決定的な情報である．

8.1 行列式とは
— 理論的にも実用的にも便利な行列式の定義

行列式にはいろいろなアプローチがあるが，ここでは理論的にすっきりしていて，その後での実用にも便利なものに限定して紹介しよう．

というのは行列式は，歴史の浅い線型代数の中で，確定解型の連立 1 次方程式の解の公式という古典的な問題を巡って，日本を含め世界のいろいろな文化の中で研究されて来た長い歴史を有する．

しかし，古典的な定義は初学者にとっては外見がひどく繁雑で，それに定義にしたがって簡単に計算できるのは，2次，3次程度の小さな行列の行列式に限られる．本章の解説で明らかになることであるが，一般に n 次の正方行列の行列式は「$n!$ 通りの n 個の行列成分の積の和」であるので，n が少しでも大きな値になると，それにしたがって計算すること自身が絶望的である＊！

そんなわけで，次元の大きな量の処理が欠かせない現代にあっては，行列式に関して古しえの偉人が達成した定義や計算法自身には，実用性が乏しい．このことも考慮して本書では敢えて古典的な定義を飛ばして行列式の話をはじめる．

以下では，前章同様，ベクトルといったら，数ベクトル空間 $\mathbb{R}^n$ の n 次の列ベクトルのことであると約束し，それを $\boldsymbol{v}$ のような記法で表現しよう．

行列式の定義

【定義】 n 個のベクトル $\boldsymbol{x}_1, \boldsymbol{x}_2, \cdots, \boldsymbol{x}_n$ を決めると一つの実数が定まる関数（n ベクトル変数実数値関数）$f(\boldsymbol{x}_1, \boldsymbol{x}_2, \cdots, \boldsymbol{x}_n)$ で，次の性質をもつものを，行列 $A = (\boldsymbol{x}_1, \boldsymbol{x}_2, \cdots, \boldsymbol{x}_n)$ の**行列式** (determinant) といい，$\det(A)$ あるいは $|A|$ という記号で表す．

- （交代性）：1以上 n 以下の任意の異なる整数 i, j に対し，変数ベクトルの i 番目（＝行列の i 列目）と j 番目（＝行列の j 列目）を入れ換えると，行列式の値の符号が反転する．すなわち，$1 \leqq i, j \leqq n$, $i \neq j$ となる任意の i, j について

  $$\det(\boldsymbol{x}_1, \cdots, \overset{i\,列}{\boldsymbol{x}_j}, \cdots, \overset{j\,列}{\boldsymbol{x}_i}, \cdots, \boldsymbol{x}_n) = -\det(\boldsymbol{x}_1, \cdots, \overset{i\,列}{\boldsymbol{x}_i}, \cdots, \overset{j\,列}{\boldsymbol{x}_j}, \cdots, \boldsymbol{x}_n)$$

- （多重線型性）：行列の行列式はどの列についても線型である，すなわち $1 \leqq i \leqq n$ となる任意の整数 i について，第 i 列について線型である．つまり，$\forall \boldsymbol{x}_i, \boldsymbol{x}'_i \in \mathbb{R}^n$, $\forall \alpha \in \mathbb{R}$ に対して，

＊ たった $n = 10$ ですら，$10! = 3{,}628{,}800$ 通りの，10個の成分の積からなる和であるから，もしも，10個の成分の積である1個の項をたったの 2 cm で書いたとしても，全体は 70 km 以上の長さとなる途方もなく長い計算式になる！

$$\begin{aligned}&\det(\cdots,\boldsymbol{x}_i+\boldsymbol{x}_i',\cdots)\\&=\det(\cdots,\boldsymbol{x}_i,\cdots)+\det(\cdots,\boldsymbol{x}_i',\cdots),\end{aligned}$$

$$\det(\cdots,\alpha\boldsymbol{x}_i,\cdots)=\alpha\det(\cdots,\boldsymbol{x}_i,\cdots)$$

- **(単位性)**：単位行列 E を n 個の列ベクトルにブロック分割した基本列ベクトル $\boldsymbol{e}_1,\boldsymbol{e}_2,\cdots,\boldsymbol{e}_n$ に対して

$$\det(\boldsymbol{e}_1,\boldsymbol{e}_2,\cdots,\boldsymbol{e}_n)=1$$

である．すなわち，単位行列 E の行列式 $\det(E)$ の値は 1 である．

Notes

1° 多重線型性に関しても通常の線型性と同様，上に挙げた 2 条件を

・$\forall\alpha,\forall\beta\in\mathbb{R}$，$\forall\boldsymbol{x}_i,\forall\boldsymbol{x}_i'\in\mathbb{R}^n$について

$$\begin{aligned}&\det(\cdots,\alpha\boldsymbol{x}_i+\beta\boldsymbol{x}_i',\cdots)\\&=\alpha\det(\cdots,\boldsymbol{x}_i,\cdots)+\beta\det(\cdots,\boldsymbol{x}_i',\cdots)\end{aligned}$$

という一つの条件にまとめることができる．もちろん，この等式において特に言及していないが，うるさくいえば，i 列以外の他のベクトルも両辺で同じもの同士は等しいという条件下である．

2° 「行列式とは……のことである」という，通常の定義（定義すべき概念が《何である》かを別の言葉で明確に示す定義（explicit definition 陽的定義）に対して，上のような行列式が満足すべき性質を列挙しただけの定義 **implicit definition** では，行列式を具体的に計算するのに役に立たないと思われがちである．陽的な定義も存在するのだが，それを本書で最初に扱わないのは，実は計算など実用的な意味に乏しい割には，定義の叙述が意外に手間取るからである．

3° implicit は，対応する日本語を見つけにくい英単語であるが，explicit と対照をなし，両者は陰と陽のような意味であり，陽関数，陰関数のように使う場面はあるが，「陰陽思想」は，隣国韓国ほどは現代の日本人にはピンと来ない対照概念であろう．explicit の方は「明示的」とわかりやすい現代語に訳せるが，implicit には対応するうまい訳語がない．数学では implicit の発音に近い「陰伏的」という訳語の発明もあるが普及には成功しているように思えない．

4° implicit definition が具体的な計算にも有効なのは，例えば $\mathbb{R}^2$ のベクトルの内積を次のように定義しても，計算の道が開かれることから，容易に想像できるであろう．

内積の implicit definition

【定義】 任意の 2 次列ベクトル $\boldsymbol{u}, \boldsymbol{v} \in \mathbb{R}^2$ に対して，実数値が定められる 2 ベクトル変数実数値関数 $f(\boldsymbol{u}, \boldsymbol{v})$ が次の性質を満たすとき，これを $\boldsymbol{u}$, $\boldsymbol{v}$ の内積と呼び $(\boldsymbol{u}, \boldsymbol{v})$ で表す．

交換可能性: $(\boldsymbol{u}, \boldsymbol{v}) = (\boldsymbol{v}, \boldsymbol{u})$

双線型性: α, β は任意の実数として

$$(\alpha\boldsymbol{u}+\beta\boldsymbol{u}', \boldsymbol{v}) = \alpha(\boldsymbol{u}, \boldsymbol{v}) + \beta(\boldsymbol{u}', \boldsymbol{v}),$$
$$(\boldsymbol{u}, \alpha\boldsymbol{v}+\beta\boldsymbol{v}') = \alpha(\boldsymbol{u}, \boldsymbol{v}) + \beta(\boldsymbol{u}, \boldsymbol{v}')$$

基準値性: $(\boldsymbol{e}_1, \boldsymbol{e}_1) = (\boldsymbol{e}_2, \boldsymbol{e}_2) = 1, \quad (\boldsymbol{e}_1, \boldsymbol{e}_2) = 0$

5° 双線型性とは 2 重線型性のことである．

6° 交換可能性を仮定していることを考えれば，双線型性の 2 式は一方でよいが，交換可能性よりも双線型性を強調したいので敢えて両者を並べている．

7° 以上の「内積の有するべき性質」から「$\boldsymbol{u} = \begin{pmatrix} x \\ y \end{pmatrix}$，$\boldsymbol{v} = \begin{pmatrix} z \\ w \end{pmatrix}$ に対して，$(\boldsymbol{u}, \boldsymbol{v}) = xz+yw$」を導くことができる．実際，$\boldsymbol{u} = x\boldsymbol{e}_1+y\boldsymbol{e}_2$，$\boldsymbol{v} = z\boldsymbol{e}_1+w\boldsymbol{e}_2$ であることから，$(x\boldsymbol{e}_1+y\boldsymbol{e}_2, z\boldsymbol{e}_1+w\boldsymbol{e}_2)$ に内積の双線型性を利用して 2 次 2 項式 $(xe_1+ye_2)(ze_1+we_2)$ の「展開」とよく似た計算をするだけで，最後に基準値性を考慮すれば，高校数学では意味がわからず結果として公式の丸暗記を強いられてきた通常の内積の定義を導出することができる．実はこれから述べる行列式の explicit な計算的定義も見掛けの情報が増えるわずかな繁雑さを除けば，似たようなものである．

ただし行列式の場合は，行列の次数が低い場合ですら計算自身がかなり面倒である．それについては本書では，じきに（ただしもう少し準備を整えてから）扱う．

行列式の転置不変性

【定理】 与えられた正方行列 A に対し，その (j,i) 成分を (i,j) 成分としてもつ，**転置行列**と呼ばれる行列 ${}^tA$ の行列式 $\det({}^tA)$ は，$\det(A)$ に等しい．

Notes

1° 行列における，縦と横の並びを換えるだけの転置という操作は，行と言ってきたものを列と言い直すような言い回しの変化に過ぎない．つまり，最初の定義では，n 次正方行列を n 個の n 次列に $(\boldsymbol{a}_1, \boldsymbol{a}_2, \cdots, \boldsymbol{a}_n)$ とブロック分割してそれら n ベクトル変数実数値関数として行列式を定義しているが，n 次正方行列を n 個の n 次行ベクトルに $\begin{pmatrix} {}^t\boldsymbol{a}_1 \\ {}^t\boldsymbol{a}_2 \\ \vdots \\ {}^t\boldsymbol{a}_n \end{pmatrix}$ とブロック分割して，これら n 個の行ベクトルの実数値関数で交代性，多重線型性，単位性をもつものが行列式であると定義しても実際上なにも変わるはずもないということである．

2° これは，学習の現段階では，《乱暴な直感》（＝論理的根拠に基づかない自分勝手な判断）によって支えられているに過ぎないであろう．やがて行列式の定義に基づく列を基準とした展開の計算の原理を緻密に理解できれば，その計算を，行を基準にして行なっても違いが自明な言い回しのそれに過ぎず，実質的にはなにも変わらないことを《直観》（＝緻密な細部を計算的に明らかにする以前に，計算結果を見抜く本質の洞察）する境地に達せられよう．

したがって，行列の転置によって行列式の値が変わる方がおかしいと，とりあえずここでは，気楽に済ませて先に進んでもらえばよいと思う．この段階で，定理として大切なきちんとした証明を学ばなければと思ってしまうと，技巧的な難しさに目を奪われ，行列式の概念の理解への道を閉ざしてしまいかねないし，この定理の理論的意義は，以下の，おそらくは初学者の目にはおそらくごく自然なものに映るであろう次の事実を主張するために使いたいだけだからである．

【定理】 行列式のこの性質から，以下に展開する n 次正方行列を n 個の n 次列ベクトルにブロック分割したときの行列の変形が対応する行列式に及ぼす効果の議論は，すべて，n 次正方行列を n 個の n 次行ベクトルにブロック分割した場合にも同じように成り立つ．

Notes

1° 連立一次方程式で，行の基本変形に拘ったのは，それが連立 1 次方程式の（加減法による）解法に密接に関連していたからであり，一般の行列のランクの計算など，連立一次方程式と直結しない行列自身の議論では，列の基本変形も行の基本変形と同様であったことも思い出しておこう．

2° また，行列式の定義において，行列 A の n 個の行ベクトルへのブロック分割 $\begin{pmatrix} {}^t\boldsymbol{a}_1 \\ {}^t\boldsymbol{a}_2 \\ \vdots \\ {}^t\boldsymbol{a}_n \end{pmatrix}$ に対応して ${}^t\boldsymbol{a}_1, {}^t\boldsymbol{a}_2, \cdots, {}^t\boldsymbol{a}_n$ で実数が定まる関数（n ベクトル変数実数値関数）$f({}^t\boldsymbol{a}_1, {}^t\boldsymbol{a}_2, \cdots, {}^t\boldsymbol{a}_n)$ を考えれば，"行 $\leftrightarrow$ 列 の交換" だけで同じ議論が成立するという《いまは大雑把な，しかしやがて理論的にも正当化される正統的理解》である，という理解で当面はよいだろう．

8.2　行列式の基本性質

次に，行列式の計算において重要な役割を果たす，行列式の列に関する基本性質として，以下を導くことができる．

行列式の基本性質 1

【定理】 与えられた n 次の正方行列 A を n 個の n 次列ベクトルにブロック分割して $(\boldsymbol{a}_1, \boldsymbol{a}_2, \cdots, \boldsymbol{a}_n)$ としたとき，

- この中のある異なる 2 列が同一であるならば，$\det(A) = 0$ でなければならない．
- 与えられた行列 $A = (\boldsymbol{a}_1, \boldsymbol{a}_2, \cdots, \boldsymbol{a}_n)$ に対し，その「ある列に別の列の定数倍を加える」という "列の基本変形" を施して行列 A' をつ

くっても，行列式の値は変化しない．すなわち，$\det(A) = \det(A')$ でなければならない．

Notes

1° 最初の主張の証明は，行列式の列交代性による．つまり同一の列同士を交換しても行列 A は自分自身と同一であるが，行列式の交代性により，$\det(A) = -\det(A)$ であり，したがって，$\det(A) = 0$ でなければならない．

2° 1 以上 n 以下の異なる 2 整数 i, j に関して，n 次正方行列 $A = \det(\cdots, \boldsymbol{a}_i, \cdots, \boldsymbol{a}_j, \cdots)$ から，正方行列 A の「第 i 列の α 倍を第 j 列に加える」という列についての基本変形で得られる行列 $A' = (\cdots, \boldsymbol{a}_i, \cdots, \boldsymbol{a}_j + \alpha\boldsymbol{a}_i, \cdots)$ の行列式は，元の行列の行列式と同じ値である．実際，第 j 列についての線型性と上の主張により，

$\det(A') = \det(\cdots, \boldsymbol{a}_i, \cdots, \boldsymbol{a}_j, \cdots) + \alpha \det(\cdots, \boldsymbol{a}_i, \cdots, \boldsymbol{a}_i, \cdots)$
$= \det(\cdots, \boldsymbol{a}_i, \cdots, \boldsymbol{a}_j, \cdots) = \det(A)$ つまり $\det(A') = \det(A)$

である．係数 α がかかった右辺の行列の行列式の値が，行列が同じ列を含むことから 0 であることが，決定的に効いている．

行列の列に関する三つめの基本変形，すなわち，行列のある列を α 倍した行列の行列式に関する以下の定理は，行列式の対応する列についての線型性から直ちに明らかである．

行列式の基本性質 2

【定理】 与えられた n 次の正方行列 A を n 個の n 次列ベクトルに分解して $A = (\boldsymbol{a}_1, \boldsymbol{a}_2, \cdots, \boldsymbol{a}_n)$ としたとき，この中のある 1 列を α 倍した行列 $A' = (\boldsymbol{a}_1, \cdots, \alpha\boldsymbol{a}_i, \cdots, \boldsymbol{a}_n)$ の行列式 $\det(A')$ は，$\alpha \det(A)$ に等しい．

Notes

1° この定理の系（定理から直ちに証明できる命題）として次を挙げることができる．

【系 1】 行列 A において，ある列がゼロベクトル $\mathbf{0}$ であるならば，$\det(A) = 0$ である．

実際，その列の任意の定数 α 倍に対して，行列 A 自身は変化しないにも関わらず，行列式は α 倍になるはずであるから，$\det(A) = \alpha \det(A)$ であり，したがって，任意の α についてこれが成り立つことを考えれば，$\det(A) = 0$ でなければならない．

2° また，次も上の定理の系として導かれる．

【系 2】 n 次正方行列 A と実数 α に対し

$$\det(\alpha A) = \alpha^n \det(A)$$

である．

これは元の行列の各列について，1 列毎に α 倍の操作を繰り返していくと考えれば，行列自身の α 倍は，それぞれの列の α 倍の効果の合成結果と見ることができる，というだけである．

8.3　行列式の値が簡単にわかる重要な行列

さて，単位行列の行列式の値は定義から 1 に等しいが，単位行列以外の行列についても，行列式の上の定義に基づいてその行列式の値を計算できる．簡単にわかる例からはじめよう．

行列式の値が簡単にわかる行列の例

【定理】

- 対角成分を除いては成分が 0 である**対角行列** diagonal matrix

$$A = \begin{pmatrix} a_1 & 0 & \cdots & 0 \\ 0 & a_2 & \cdots & 0 \\ \vdots & \vdots & \ddots & \vdots \\ 0 & 0 & \cdots & a_n \end{pmatrix}$$ の行列式は 対角成分の積 $a_1 a_2 \cdots a_n$ に等しい．

- 対角成分より下にある成分がすべて 0 である**上三角行列**

$A = \begin{pmatrix} a_1 & * & \cdots & * \\ 0 & a_2 & \cdots & * \\ \vdots & \vdots & \ddots & * \\ 0 & 0 & \cdots & a_n \end{pmatrix}$ の行列式も 対角成分の積 $a_1 a_2 \cdots a_n$ に等しい.

Notes

1° 上の二つの主張は，後半は前半の一般化になっているので論理的には後半（上三角）だけがあればよいが，後に触れるように証明では前半が後半の基礎になっている.

2° **【特別の注意】** このように行列式を考える行列 A を**正方形状に並んだ成分で表現するときは**，成分による行列 A の定義をしてから抽象的な記号を使って行列式を $\det(A)$ と表現するよりも，行列成分の並びに対してそのまま両側を | と | で挟んで $\begin{vmatrix} a_1 & 0 & 0 & \cdots & 0 \\ 0 & a_2 & 0 & \cdots & 0 \\ 0 & 0 & a_3 & \cdots & 0 \\ \vdots & \vdots & \vdots & \ddots & \vdots \\ 0 & 0 & 0 & \cdots & a_n \end{vmatrix}$ のように《行列式》を直接表現する方がわかりやすい. [ ]（鈎括弧）で括って行列を表現する**行列表現**である $\begin{bmatrix} a_1 & 0 & 0 & \cdots & 0 \\ 0 & a_2 & 0 & \cdots & 0 \\ 0 & 0 & a_3 & \cdots & 0 \\ \vdots & \vdots & \vdots & \ddots & \vdots \\ 0 & 0 & 0 & \cdots & a_n \end{bmatrix}$ と**混同しないように**注意せよ.

3° はじめの定理の証明は，上の行列が単位行列 E を n 個の列ベクトルにブロック分割した際の基本ベクトル $\boldsymbol{e}_1, \cdots, \boldsymbol{e}_n$ を用いると $(a_1\boldsymbol{e}_1, \cdots, a_n\boldsymbol{e}_n)$ とブロック分割されて表現される行列 A に対しその行列式の各列に対する線型性を繰り返し用いて変形して行くと，$\det(A) = a_1 \cdots a_n \cdot \det(\boldsymbol{e}_1, \boldsymbol{e}_2, \cdots, \boldsymbol{e}_n) = a_1 a_2 \cdots a_n \cdot \det(E) = a_1 a_2 \cdots a_n$ が導かれる.

4° 2 番目の定理は，対角成分に 0 がない場合には，対角成分をそのまま（つまり 1 に変更しないまま）ピヴォットにした行に関する掃き出し操作を左上から順に行なって対角行列に変形すれば対角行列の場合に帰着できる. 対角成

分に $a_{ii}=0$ があるという例外的な場合は，(i,i) 成分を $a'_{ii}=\epsilon_i(\neq 0)$ で置換した三角行列 B の行列式を対角成分の積として一次的結論を導き，積という演算の連続性に訴えるという技巧的な証明もあり得るだろう，

5° 対角成分に関する技巧的な仮定をしなくても，現時点ではややレベルが高いが，後に述べる行列式の値の多重線型性を使った行列式の展開を実行すれば，対角成分の積 $a_{11}a_{22}\cdots a_{nn}$ 以外の成分の登場する項は，どこかで対角線より上にある成分（$i<j$ となる (i,j) 成分）を因子に含む項にはそれに対応してどこかで対角線より下にある成分である 0（$i>j$ となる (i,j) 成分）を因子にもつので，その項は必ず 0 になることが定義からわかる．ただし，後の説明を読んでいない現時点ではこの証明の詳細は深くわからなくてよい．

6° これまた自明の話であるが，行列式の転置不変性から上三角行列について言えたことは下三角行列と呼ばれる $A=\begin{pmatrix} a_1 & 0 & 0 & \cdots & 0 \\ * & a_2 & 0 & \cdots & 0 \\ * & * & a_3 & \cdots & 0 \\ * & * & * & \ddots & 0 \\ * & * & * & \cdots & a_n \end{pmatrix}$ の行列式についても同様の結論が言える．

7° ただし，念のための注意であるが，三角行列というのはその (i,j) 成分を a_{ij} と表現したとき

$$i>j \quad \Longrightarrow \quad a_{ij}=0 \qquad\qquad \text{（上三角行列）}$$

$$i<j \quad \Longrightarrow \quad a_{ij}=0 \qquad\qquad \text{（下三角行列）}$$

となる行列のことであり，$\begin{pmatrix} 0 & 0 & \cdots & 0 & a_1 \\ 0 & 0 & \cdots & a_2 & * \\ \vdots & \vdots & ⋰ & * & * \\ a_n & \vdots & \cdots & * & * \end{pmatrix}$ など，単に見掛けが三角である行列のことではない．

8.4　行列式の計算公式

さらなる一般論に入って行く前に，多くの線型代数関連の本では，冒頭に扱われるであろう「一般の行列の行列式の計算公式」という話題に触れておこう．

行列式の implicit definition から，行列式の値を導くことができる最も基本的な場合を公式化しておこう．

2 次の正方行列の行列式

【定理】 2 次正方行列 $A = \begin{pmatrix} a & b \\ c & d \end{pmatrix}$ の行列式は

$$\det(A) = ad - bc.$$

Notes

1° 定義にしたがって計算していくだけであることがよく理解できるように計算を順を追って丁寧に示そう．

(1) まず，行列 A を $\boldsymbol{a}_1 = \begin{pmatrix} a \\ c \end{pmatrix}$ と $\boldsymbol{a}_2 = \begin{pmatrix} b \\ d \end{pmatrix}$ という 2 列にブロック分割する．

(2) さらに，基本ベクトル $\boldsymbol{e}_1 = \begin{pmatrix} 1 \\ 0 \end{pmatrix}$，$\boldsymbol{e}_2 = \begin{pmatrix} 0 \\ 1 \end{pmatrix}$ を利用して，$\boldsymbol{a}_1 = a\boldsymbol{e}_1 + c\boldsymbol{e}_2$，$\boldsymbol{a}_2 = b\boldsymbol{e}_1 + d\boldsymbol{e}_2$ と書き換えられることを踏まえる．

(3) すると，目的の $\det(A)$ の値を計算するためには，

$$\det(A) = \det(\boldsymbol{a}_1, \boldsymbol{a}_2) = \det(a\boldsymbol{e}_1 + c\boldsymbol{e}_2,\ b\boldsymbol{e}_1 + d\boldsymbol{e}_2)$$

のように，行列 A を 2 個の列にブロック分割し，各列を標準基底 $\mathcal{E} = <\boldsymbol{e}_1, \boldsymbol{e}_2>$ を構成する基本ベクトルの線型結合で表現した形が最初の変形の出発点となる．

(4) ここで，行列式の第 1 列と第 2 列に関する二重線型性（双線型性）を踏まえれば右辺の最後の式は，上で解説した内積の場合と同様，本質的には 2 次式 $(ax+cy)(bx+dy)$ の展開と同じく，

$$\begin{aligned}&\det(A)\\&= ab\det(\boldsymbol{e}_1, \boldsymbol{e}_1) + ad\det(\boldsymbol{e}_1, \boldsymbol{e}_2) + bc\det(\boldsymbol{e}_2, \boldsymbol{e}_1) + cd\det(\boldsymbol{e}_2, \boldsymbol{e}_2)\end{aligned}$$

と計算できる．

(5) ここで同じ列ベクトルを横に並べた行列の行列式 $\det(\boldsymbol{e}_1, \boldsymbol{e}_1)$，$\det(\boldsymbol{e}_2, \boldsymbol{e}_2)$ の値は 0 であり，他方，行列式の定義により，$\det(\boldsymbol{e}_1, \boldsymbol{e}_2) = \det(E) = 1$ である．また，順序が反対の $\det(\boldsymbol{e}_2, \boldsymbol{e}_1)$ は $-\det(\boldsymbol{e}_1, \boldsymbol{e}_2) = -1$ である．

(6) これらの基本ベクトルから成る行列式の値を上の結果に代入すれば，

$$\det(A) = ad - bc$$

を得る．

2°　この結果は，行列 $A = \begin{pmatrix} a & b \\ c & d \end{pmatrix}$ に似た行列式の記法を使って書くと，

$$\begin{vmatrix} a & b \\ c & d \end{vmatrix} = ad - bc$$

となる．

3°　ここで示した計算手法そのものは，原理的には 2 次の正方行列に限らず n 次の正方行列に一般化できる．しかしその計算は一般に気が遠くなるほど繁雑である．その理由は以上を熟読すればわかるが，いまはまだ明確に見えなくてよいだろう．すぐ次で基本原理は説明する．

行列式の計算の基本原理

n 次正方行列を n 個の n 次列ベクトルにブロック分割して $A = (\boldsymbol{a}_1, \boldsymbol{a}_2, \cdots, \boldsymbol{a}_n)$ と捉え，これらの成分表示

$$\boldsymbol{a}_1 = \begin{pmatrix} a_{11} \\ a_{12} \\ \vdots \\ a_{1n} \end{pmatrix},\ \boldsymbol{a}_2 = \begin{pmatrix} a_{21} \\ a_{22} \\ \vdots \\ a_{2n} \end{pmatrix},\ \cdots,\ \boldsymbol{a}_n = \begin{pmatrix} a_{n1} \\ a_{n2} \\ \vdots \\ a_{nn} \end{pmatrix}$$

を，これらを支える標準基底 $\mathcal{E} = <\boldsymbol{e}_1, \boldsymbol{e}_2, \cdots, \boldsymbol{e}_n>$ の線型結合で表現すると，

$$\begin{cases} \boldsymbol{a}_1 = a_{11}\boldsymbol{e}_1 + a_{12}\boldsymbol{e}_2 + \cdots + a_{1n}\boldsymbol{e}_n \\ \boldsymbol{a}_2 = a_{21}\boldsymbol{e}_1 + a_{22}\boldsymbol{e}_2 + \cdots + a_{2n}\boldsymbol{e}_n \\ \qquad\qquad \vdots \\ \boldsymbol{a}_n = a_{n1}\boldsymbol{e}_1 + a_{n2}\boldsymbol{e}_2 + \cdots + a_{nn}\boldsymbol{e}_n \end{cases}$$

となるから，行列式の値として「展開計算」されるべきは，

$$\det(A) = \det(a_{11}\boldsymbol{e}_1 + a_{12}\boldsymbol{e}_2 + \cdots + a_{1n}\boldsymbol{e}_n,\quad a_{21}\boldsymbol{e}_1 + a_{22}\boldsymbol{e}_2 + \cdots + a_{2n}\boldsymbol{e}_n,$$
$$\cdots,\quad a_{n1}\boldsymbol{e}_1 + a_{n2}\boldsymbol{e}_2 + \cdots + a_{nn}\boldsymbol{e}_n)$$

というものになる．

Notes

1° 上の最後の行列式を，各列についての線型性によって展開したものは，n 個の項からなる n 個の一次式を掛け合わせた n 次同次式のようなものであるから，真面目に* 《展開計算》すると，展開式には n^n 個の項が登場することになる．ただし，行列式は，考えるべき行列の列の中に同じものが含まれている場合には，それに対応する行列式は**計算するまでもなく** 0 であると断定できるので，公式を作るときには無視することができる．そうなると実質的に計算しなければならないのは，**行列を作る列の中に同じ基本ベクトルが登場しないようなもの**だけ，ということになる．数学的には，これで n^n 個 $\longrightarrow$ $n!$ 個という《計算の節約》ができることになる．n の値が大きくなると，この節約がいかに重大であるかがわかる．n の値がごく小さい場合ですら，決定的な差である．

n	1	2	3	4	5	6	7	8	$\cdots$
n^n	1	4	27	256	625	46656	833543	166777216	$\cdots$
$n!$	1	2	6	24	120	720	5040	40320	$\cdots$

この表からも前節の単純な結果は，$n=2$ という n の値が極めて小さい場合の特例であったことがわかる．

2° 以上を，より詳しく言い換えると，

$$\det(A) = \det(a_{11}\boldsymbol{e}_1 + a_{12}\boldsymbol{e}_2 + \cdots + a_{1n}\boldsymbol{e}_n,\ \ a_{21}\boldsymbol{e}_1 + a_{22}\boldsymbol{e}_2 + \cdots + a_{2n}\boldsymbol{e}_n,\ \ \cdots,\ \ a_{n1}\boldsymbol{e}_1 + a_{n2}\boldsymbol{e}_2 + \cdots + a_{nn}\boldsymbol{e}_n)$$

と表現されているものを，右辺を行列式の多重線型性に基づいて計算（展開）すると，

$$\det(A) = \sum_{i_1=1}^{n} \sum_{i_2=1}^{n} \cdots \sum_{i_n=1}^{n} a_{1,i_1} a_{2,i_2} \cdots a_{n,i_n} \det(\boldsymbol{e}_{i_1}, \boldsymbol{e}_{i_2}, \cdots, \boldsymbol{e}_{i_n})$$

* 数学によく登場する一種の業界用語であり，これを，道徳的に／倫理的に／ $\cdots$ と誤解されるととんでもないことになる．単に「頭を使わず形式的に」という意味である．

という添字 $i_1, i_2, \cdots, i_n$ についての全部で n^n 個の det の多重和*となるが，行列式で考えるべき最終的な和の値を知る上で同じ列が登場するものは 0 であり，総和の値には影響しない．よって実際上，計算しなければならないのは，同じ列番号が登場しない場合，つまり，

$$\{i_i, i_2, \cdots, i_n\} \text{ は全体として } \{1, 2, \cdots, n\} \text{ と等しい}$$

という厳しい制約条件を満たす，つまり $< i_1, i_2, \cdots, i_n >$ が $< 1, 2, \cdots, n >$ の順列の一つになっているというような，$n!$ 個の項の和だけである．なお，ここでは a_{1,i_1} と，行列の要素を表す添え字の間に丁寧に「，」（コンマ）を打っているが，わかっているなら，さぼってもよい．

以上から，次の重要な事実がわかる．

行列式の explicit な定義

【定理】　n 次正方行列 $A = (a_{ij})$ に対してその行列式 $\det(A)$ の値は，

$$\det(A) = \sum_{i_1, i_2, \cdots, i_n} a_{1,i_1} a_{2,i_2} \cdots a_{n,i_n} \det(\boldsymbol{e}_{i_1}, \boldsymbol{e}_{i_2}, \cdots, \boldsymbol{e}_{i_n})$$

ただし，$\{i_i, i_2, \cdots, i_n\}$ は全体として $\{1, 2, 3, \cdots, n\}$ と等しい．

Notes

1° 和をとるべき各項の係数をなす $a_{1,i_1} a_{2,i_2} \cdots a_{n,i_n}$ の部分は，第 1 行の第 i_1 列成分，第 2 行の第 i_2 列成分，…，第 n 行の第 i_n 列成分の積であるが，

$$\{i_i, i_2, \cdots, i_n\} = \{1, 2, \cdots, n\}$$

という条件から，

> 行列 A の成分を 1 行目から順に**各行から 1 つずつ，**
> **列番号の重複がないように** 全部で n 個選んだ成分の積

であり，その後に続く行列式部分 $\det(\boldsymbol{e}_{i_1}, \boldsymbol{e}_{i_2}, \cdots, \boldsymbol{e}_{i_n})$ は，単位行列 $E = (\boldsymbol{e}_1, \boldsymbol{e}_2, \cdots, \boldsymbol{e}_n)$ を構成する n 個の列を入れ換えたものに対する行列式であ

* 例えば $\displaystyle\sum_{i=1}^{n}\sum_{j=1}^{n} a(i,j)$ は，添字 i, j についての二重和であり $n \times n = n^2$ 個の項の和 $\{a(1,1)+a(1,2)+\cdots+a(n,1)\}+\{(a(2,1)+a(2,2)+\cdots+a(2,n)\}$ $+\cdots+\{a(n,1)+a(n.2)+\cdots+a(n,n)\}$ である．

るので，入れ換え回数によって 1 または -1 である（奇数回の入れ換えなら -1，偶数回の入れ換えなら $+1$）．

2° 「$\{i_i, i_2, \cdots, i_n\}$ は全体として $\{1, 2, 3, \cdots, n\}$ と等しい」という表現を，高校数学風の表現に接近させて言えば「列 $< i_i, i_2, \cdots, i_n >$ は $\{1, 2, \cdots, n\}$ のある順列である」ということである．「順列の総数の公式」を学んでいればその総数が $n!$ 個であることは自明であろう．

3° 上の冒頭「和をとるべき各項の係数」を計算するための行列 A の成分を選ぶ順序を行番号ではなく，列番号の小さい順に並べ替えると，$a_{j_1 1} a_{j_2 2} \cdots a_{j_n n}$ と表現できる（積の順序を入れ換えただけである）．

4° これは

$$\{j_i, j_2, \cdots, j_n\} = \{1, 2, \cdots, n\}$$

という条件から，

> 行列 A の成分を**各列から 1 つずつ，行番号の重複がないように**全部で n 個選んだ成分の積

である．

5° 変換の逆がわかっている人で，もう少しきちんとした形式の証明が欲しい人は，順列 $< 1, 2, \cdots, n >$ を $< i_1, i_2, \cdots, i_n >$ に対応させる変換の逆変換を考えればよいだろう．

6° 集合 $\{1, 2, 3, \cdots, n\}$ の要素のある順列 $< i_1, i_2, , i_3 \cdots, i_n >$ が順列 $< 1, 2, 3, \cdots, n >$ から，**互換**と呼ばれる **2 個の入れ換え**操作を何回やって到達するか，その途中経過は無数にあるが，回数の偶奇性は，途中経過によらず確定することが様々な理由からわかる．それが前項に述べた ± 1 が決まる根拠でもある．

7° しかし，置換の偶奇，さらには置換全体に関する話は，発展性のある素材であるので線型代数との関連ではなくもう少し広い話題の中で余裕をもって触れて欲しい．という理由で，本書ではこれ以上立ち入らないことにしたい．表層的で簡易な説明でわかったことにして欲しくない，とても重要な話題であると思うからである．

8° 上の定理の理解までくると，実質的に，古典的な**行列式の明示的な定義** explicit definition にほぼ到達しているといってよい．

以上で行列式を計算するための一般的な思想と，$n = 2$ というもっとも

単純な場合におけるその実際の計算が終わったので，もう一つの具体例として $n=3$ の場合を考えよう．実用的な行列では極めて大きな型を扱うのが普通であるが，理論的な理解の基礎を固めるための学習では，この型の行列の行列式の理論的な理解が実践的には重要である．

3 次の正方行列の行列式の値の計算公式

【定理】 3 次正方行列 $A=\begin{pmatrix} a_{11} & a_{12} & a_{13} \\ a_{21} & a_{22} & a_{23} \\ a_{31} & a_{32} & a_{33} \end{pmatrix}$ の行列式は

$$\det(A) = a_{11}a_{22}a_{33}+a_{21}a_{32}a_{13}+a_{31}a_{12}a_{23}$$
$$-a_{31}a_{12}a_{23}\ a_{21}a_{32}a_{13}-a_{11}a_{32}a_{23}.$$

Notes

1° 証明は上の一般論を $n=3$ に限定して書くだけである．つまり，

$$\det(A) = \sum_{\{i_1,i_2,i_3\}=\{1,2,3\}} a_{1,i_1}a_{2,i_2}a_{3,i_3}\det(\boldsymbol{e}_{i_1},\boldsymbol{e}_{i_2},\boldsymbol{e}_{i_3})$$

という和をとるための条件

$$\{i_1,i_2,i_3\}=\{1,2,3\}$$

を満たす $\{i_1,i_2,i_3\}$ の具体的な可能性について丁寧に調べ上げるだけである．

(1) $<i_1,i_2,i_3> = <1,2,3>$
(2) $<i_1,i_2,i_3> = <2,3,1>$
(3) $<i_1,i_2,i_3> = <3,1,2>$
(4) $<i_1,i_2,i_3> = <2,1,3>$
(5) $<i_1,i_2,i_3> = <3,2,1>$
(6) $<i_1,i_2,i_3> = <1,3,2>$

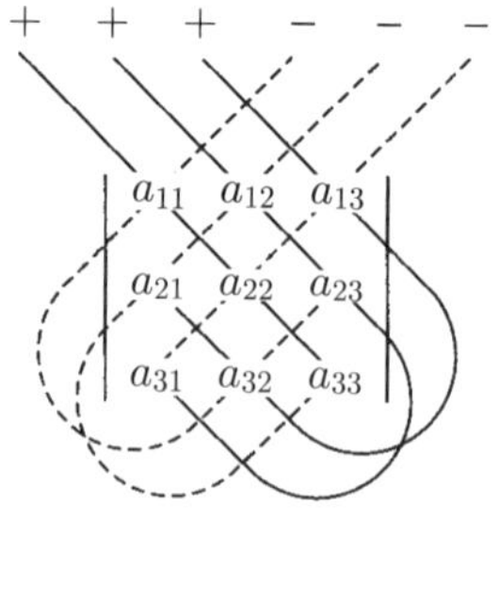

の各場合について，係数 $a_{1,i_1}a_{2,i_2}a_{3,i_3}$ につく行列式 $\det(\boldsymbol{e}_{i_1},\boldsymbol{e}_{i_2},\boldsymbol{e}_{i_3})$ の値，つまり ±1 という，実質的には符号を決める操作を行なえばよい．この計算公式には**サラスの公式**という名前までついているが，複雑そうに見えるこの公式の機械

的な暗記法として，前ページの図のように，積をとる行列成分を 3 個ずつ線で結ぶ方法が知られている．しかし，単純な覚え方があるのは，ここまでが限界である．$n \geqq 4$ のような少しでも大きな行列の行列式は，このような素朴な解法では手も足もでない．

2° 上の明示的な定義 explicit definition に基づく行列式の計算は，このように次数 n の値が増大すると急速に繁雑になり，

$x = 2$ の場合には，$2! = 2$ 通りの 2 個ずつの成分の積の和であったが，

$x = 3$ の場合には，$3! = 6$ 通りの，3 個ずつの成分の積の和になり，

$n = 4$ のときでは，$4! = 24$ 通りの，4 個ずつの成分の積の和，

$n = 5$ のときには，$5! = 120$ 通りの，5 個ずつの成分の積の和となるから

こんな小さい行列ですら，真面目に計算することは絶望的な気持になる．

3° このように行列式は，明示的な定義にしたがって計算するよりは，基本変形で良い形（典型的には対角行列あるいは三角行列）に変形してから計算する方が，遥かに効率が良いことがわかるだろう．

8.5　行列の積と行列式

n 個の列ベクトル $\boldsymbol{x}_1, \boldsymbol{x}_2, \cdots, \boldsymbol{x}_n$を変数とする新しい関数 $f(\boldsymbol{x}_1, \boldsymbol{x}_2, \cdots, \boldsymbol{x}_n)$ を，与えられた n 次の正方行列 A を用いて

$$f(\boldsymbol{x}_1, \boldsymbol{x}_2, \cdots, \boldsymbol{x}_n) = \det(A\boldsymbol{x}_1, A\boldsymbol{x}_2, \cdots, A\boldsymbol{x}_n) \qquad \cdots(*)$$

と定義すると，この n ベクトル変数実数値関数は，行列式の交代性，多重線型性から同様に交代性，多重線型性をもち，したがって，単位性を除いて行列式 $\det(\boldsymbol{x}_1, \boldsymbol{x}_2, \cdots, \boldsymbol{x}_n)$ と一致するので，関数 $f(\boldsymbol{x}_1, \boldsymbol{x}_2, \cdots, \boldsymbol{x}_n)$ は定数倍の $\det(\boldsymbol{x}_1, \boldsymbol{x}_2, \cdots, \boldsymbol{x}_n)$ である．

しかもその定数は，$\boldsymbol{x}_1 = \boldsymbol{e}_1$，$\boldsymbol{x}_2 = \boldsymbol{e}_2$，$\cdots$，$\boldsymbol{x}_n = \boldsymbol{e}_n$ のときの値，つまり

$$f(\boldsymbol{e}_1, \boldsymbol{e}_2, \cdots, \boldsymbol{e}_n) = \det(\boldsymbol{a}_1, \boldsymbol{a}_2, \cdots, \boldsymbol{a}_n) = \det(A)$$

である．したがって，上の $(*)$ の左辺は $\det(A)\det(X)$，一方，右辺は $\det(AX)$ である．

こうして，記号 X を B に書き換えて，次の定理を得る．

行列の積と行列式の積

正方行列 A, B に対して次の関係が成立する．

$$\det(AB) = \det(A)\det(B)$$

Notes

1° 行列 A の行列式を $|A|$ という記号で表現することの優位性の一つは，この性質が，まるで実数や複素数の絶対値記号の場合のように，

$$|AB| = |A|\,|B|$$

と表現できることである．

2° この定理の主張を敢えて短い言葉で表現すれば，

「（二つの）行列の積の行列式は，（二つの）行列の行列式の積である」

ということであり，これは形式的にいえば，「積」（をとること）と「行列式」（の値を求めること）が交換可能であるということである．もちろん，積といっても左辺では行列の積，右辺では実数の積と概念的な意味は異なるが，それを意図的に混同すると交換可能であるということになる．

似た話は既に経験している．実際，線型空間 $V = \mathbb{R}^n$ から線型空間 $W = \mathbb{R}^m$ への線型変換 T の基本性質（線型性の一部）である

$$T(\boldsymbol{x}+\boldsymbol{y}) = T(\boldsymbol{x})+T(\boldsymbol{y})$$

も，「ベクトル $\boldsymbol{x}, \boldsymbol{y}$ の和の変換 T の像は，ベクトル $\boldsymbol{x}, \boldsymbol{y}$ それぞれの変換 T の像 $T(\boldsymbol{x}), T(\boldsymbol{y})$ の和である」（ここでも左辺の和は空間 V における和，右辺の和は空間 W における和という区別を敢えて無視している！）と読めば，「和をとる」「変換 T で移した像を考える」という操作が可換であることを主張している．

線型変換でこの線型性が果たしたのと同様に重要な役割を，行列式という行列から実数への関数が果たすという予感をもつのは正統的である．

8.6　行列式の線型代数的意義

以上の定理がわかってくると次の定理は自ずと納得がいく．逆に次がよくわからないときは，ここに来るまでの叙述についての理解が足りないと

判断すべきである.

線型従属性と行列式

【定理】 n 次正方行列 $A=(\boldsymbol{a}_1, \boldsymbol{a}_2, \cdots, \boldsymbol{a}_n)$ に対して，ベクトル $\boldsymbol{a}_1, \boldsymbol{a}_2, \cdots, \boldsymbol{a}_n$ が線型従属であるならば，$\det A=0$ である.

Notes

1° この定理の証明の流れは次のようなものである.

仮定により，すべてが 0 ではないある定数 $c_1, c_2, \cdots, c_n$ に対して $c_1\boldsymbol{a}_1+c_2\boldsymbol{a}_2+\cdots+c_n\boldsymbol{a}_n=\boldsymbol{0}$ である．そこで例えば，$c_i \neq 0$ であるなら，ベクトル $\boldsymbol{a}_i$ が，$\boldsymbol{a}_1 \sim \boldsymbol{a}_n$ から $\boldsymbol{a}_i$ を除く $n-1$ 個の線型結合 $-\frac{c_1}{c_i}\boldsymbol{a}_1-\cdots-\frac{c_{i-1}}{c_i}\boldsymbol{a}_{i-1}-\frac{c_{i+1}}{c_i}\boldsymbol{a}_{i+1}-\frac{c_n}{c_i}\boldsymbol{a}_n$ で表現される．この係数に対応して，与えられた行列 A の第 i 列に対して第 k 列の $\frac{c_k}{c_i}$ 倍を加えるという操作を $k=1, \cdots, i-1, i+1, \cdots, n$ に対して実行すれば，行列 A の第 i 列が $\boldsymbol{0}$ になる．このような列の基本変形で行列式の値は変化しないはずであるが，最後の行列の行列式は 0 である．したがって，与えられた行列の行列式も 0 である.

上の定理は逆*も成り立つ．すなわち，

線型独立性と行列式

n 次正方行列 $A=(\boldsymbol{a}_1, \boldsymbol{a}_2, \cdots, \boldsymbol{a}_n)$ に対して，ベクトル $\boldsymbol{a}_1, \boldsymbol{a}_2, \cdots, \boldsymbol{a}_n$ が線型独立であるならば，$\det A \neq 0$ である.

Notes

1° 本来は証明すべきであるが，紙数の制限から証明は割愛する.

2° ただし定理の気持は理解して欲しい．というのは，線型独立なベクトル $\boldsymbol{a}_1, \boldsymbol{a}_2, \cdots, \boldsymbol{a}_n$ を並べた n 次正方行列 A は，そのランクが n であり，標準型は，対角成分がすべて 1 の対角行列，すなわち単位行列であり，したがってその行

---

* 直後に述べるのは，論理的には「逆」というよりもそれと論理的に同値な「裏」というべきである.

列式の値は 1 であって 0 でない．基本変形だけでそれに到達する元々の行列の行列式は，これの 0 を除く定数倍であるから 0 ではあり得ない，ということである．

以上の定理から，行列の正則性を行列式を用いて判定できる．すなわち，

行列式による行列の正則性の判定

与えられた n 次の正方行列 A が正則であるためには

$$\det(A) \neq 0$$

であることが必要十分である．

Notes

1° n 次の正方行列 A を作っている n 個の列ベクトルについて

列ベクトルが線型独立 $\iff$ A のランクが n $\iff$ $\det(A) \neq 0$

という関係が樹立された．

2° 与えられた行列 A の正則性（逆行列 A^{-1} の存在性）の判定を，標準型への変形――これは逆行列を具体的に求めるための計算手順でもあった――を行なうことなく，行列式の計算だけでできることがここで嬉しいことである．行列式の計算自身の繁雑さを無視するならばという限定付きであるが．

3° 他方で，行列式の値で行列 A が正則であると判定できてもこれだけでは A の逆行列 A^{-1} を具体的に求めることにはつながらない．A^{-1} の存在の保証はそれを求める問題とはまったく別なのである．

4° A の行列式 $\det(A)$ を用いて A の逆行列 A^{-1} に計算的に接近する公式がないわけではない．行列 A の一列ないし一行についての線型性だけを使った行列式の展開に登場する，小行列式と呼ばれる 1 次だけ小型の正方行列の行列式を求めることで得られる余因子行列と呼ばれる行列を使ったものであるが，実用性からは価値がないと断定したくなるほど繁雑な式である．

5° 一般に，成分に数でない文字を含む行列の行列式の計算は，掃き出し方による単純化が容易でないため，そもそも一般にかなり面倒である．

困ったことに線型代数においてもっとも重要な概念というべき**固有値** eigen value を求める計算は，まさにこのような繁雑な計算を必要とする．その結

果，実用的な意義のある次数の高い行列の行列式に対しては理論的な計算は実際上実行不可能といってよいほどの複雑さを孕(はら)んでいる．そのために，すべての固有値を決定するという夢を断念して，代わりに実用上もっとも大切な（絶対値において）最大の固有値に近似的にアプローチするなどの**数値的な解法**で満足せざるを得ない．そのための理論的に深い方法から，繁雑だが単純な計算を繰り返しすれば済むものまでいろいろあり，読者のおかれている立場によっては，学び甲斐が大きい話題も少なくないが，このような実際的な手法に関する話題のうち，もっとも大雑把に済む話の一つは本章の最後に紹介することにしよう．《理論では達成が困難な話題がコンピュータの利用でごく身近になっていることを実感》してもらうとともに，《ほんのわずかの理論的な理解だけあれば，ともすれば利便性に走って巨大なミスに気付かない「実用的な解法」の危険に対して厳しい批判的な視点ももつ》というもっとも大切な収穫が得られると期待するからである．

8.7　行列式の幾何学的意味

ここまで行列式のもつ理論的な意味に注目して論じてきたが，0 であるかないかというだけで，**行列式という実数**がもつ豊かで直観的な幾何学的意味に触れてこなかった．行列式の章の最後にこの問題を取り上げておこう．行列式の幾何学的意味は，

- 多重線型性
- 交代性
- 単位性

で特徴づけられるはずである．これらを基礎にまずは 2 次正方行列の行列式から出発して行列式の幾何学的意味を見ていこう．

いままでの議論と同様，2 次の正方行列 A を二つの 2 次の列ベクトル $\boldsymbol{a}_1 = \begin{pmatrix} a \\ b \end{pmatrix}$，$\boldsymbol{a}_2 = \begin{pmatrix} c \\ d \end{pmatrix}$ の並び $(\boldsymbol{a}_1, \boldsymbol{a}_2)$ と見ることにしよう．行列式 $\det(A) = \det(\boldsymbol{a}_1, \boldsymbol{a}_2)$ の値は，既に見た 2 次の正方行列の行列式の計算公式に従えば，$ad-bc$ であり，これの絶対値である $|ad-bc|$ は ベクトル $\boldsymbol{a}_1, \boldsymbol{a}_2$ の張る平行四辺形，あるいは，座標平面上原点 O と点 $\mathrm{A}_1(a, b)$ を

両端とする線分，原点 O と点 $A_2(c,d)$ を両端とする線分を隣り合う 2 辺とする平行四辺形 OA_1BA_2 の面積である．

実際，$\boldsymbol{e}_1=\begin{pmatrix}1\\0\end{pmatrix}$，$\boldsymbol{e}_2=\begin{pmatrix}0\\1\end{pmatrix}$ に対しては $\det(\boldsymbol{e}_1,\boldsymbol{e}_2)=1$ であり，$\det(\boldsymbol{e}_2,\boldsymbol{e}_1)=-1$ であるから，行列式の交代性により，行列式 $\det(A)$ は，A を構成する列ベクトル $\boldsymbol{a}_1,\boldsymbol{a}_2$ が張る**平行四辺形の符号つきの面積**であり，その符号は $(\boldsymbol{a}_1,\boldsymbol{a}_2)$ が相対的に $(\boldsymbol{e}_1,\boldsymbol{e}_2)$ と同じ向きの位置にあるときは正，$(\boldsymbol{e}_2,\boldsymbol{e}_1)$ と同じ向きの位置にあるときは負である*．

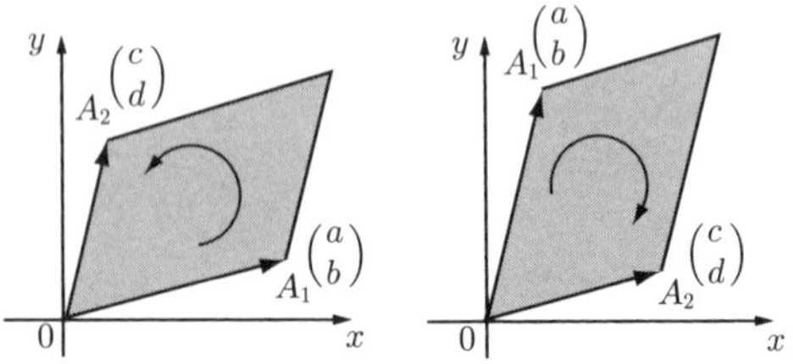

① $ad-bc>0$ の場合　② $ad-bc<0$ の場合

一般に $\det(\boldsymbol{a},\boldsymbol{b})$ は，ベクトル $\boldsymbol{a},\boldsymbol{b}$ の張る平行四辺形**の符号つき面積である．行列式の多重線型性，交代性は，この符号つき面積の概念と良く調和する．

同様に，3 次の正方行列 A を三つの 3 次の列ベクトル $\boldsymbol{a}_1=\begin{pmatrix}a\\b\\c\end{pmatrix}$，$\boldsymbol{a}_2=\begin{pmatrix}d\\e\\f\end{pmatrix}$，$\boldsymbol{a}_3=\begin{pmatrix}g\\h\\i\end{pmatrix}$ の並び $(\boldsymbol{a}_1,\boldsymbol{a}_2,\boldsymbol{a}_3)$ と見ることにすると，行列式 $\det(A)=\det(\boldsymbol{a}_1,\boldsymbol{a}_2.\boldsymbol{a}_3)$ の値は，3 つのベクトルの張る**平行六面体の符号つき体積**という幾何学的意味をもつ．

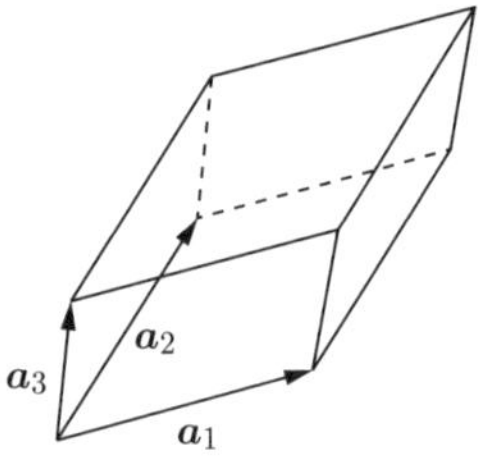

平行六面体の体積の符号は，$\boldsymbol{a}_1,\boldsymbol{a}_2,\boldsymbol{a}_3$ が右手の親指，人差指，中指のような配置（右手系）にあるときは正，反対に左手系にあるときは負となる．

---

* より厳密には $\triangle OA_1A_2$ において，$O\to A_1\to A_2$ が左回りにあるときは正，右回りにあるときは負である．

** この言い回しが厳密でないと感じる読者のために，敢えて厳密な表現に挑むならば，$\boldsymbol{a}$，$\boldsymbol{b}$ の張る平行四辺形とは，$\overrightarrow{OA_1}=\boldsymbol{a}$，$\overrightarrow{OA_2}=\boldsymbol{b}$ として $0\leqq x\leqq 1$，$0\leqq y\leqq 1$ となる x,y を用いて $\overrightarrow{OP}=x\overrightarrow{OA_1}+y\overrightarrow{OA_2}$ と表現される点 P 全体である．

4 次以降の n 次正方行列の行列式も，以上と同様に，幾何学的意味を考えることができるが，直観的な意味は失われる．実際，n 次の正方行列を作る n 個の n 次列ベクトルの作る平行超多面体（$n = 4$ のときは平行超12 面体，$n = 5$ のときは平行超二十面体，etc.）の符号つき超体積，といわれてもピンとこない人が多いのは自然である．

なお，以上では，正方行列を，列ベクトルにブロック分割して考えてきたが，行ベクトルに分けて考えても同様である．符号付きの面積や体積も変わらないのは，行列式の転置不変性に照らして考えれば当然の話である．

Question 17

行列式の起源は行列の起源より古いことが本書ではしばしば指摘されていますが，そんなことはあり得ないように私は感じてしまいます．そもそも行列がなければ，行列式を考えることができないのではないでしょうか．

【Answer 17】

確かに，本書のように行列式を定義するのでしたら，行列やベクトルの概念がないと話になりませんね．実は，連立 1 次方程式は，今日のような代数的記号法ができる遥か前から，あるいは，そのような記号法を知らずに，鶴亀算のような，今日なら小学校で文章題と呼ばれる具体的な問題を通じて，しかし一般論を目指して考えられてきました．といっても，今日的にいえば，未知数の個数と方程式の個数が一致して唯一の確定解が決まるという古典的な場合だけですけれど．そのような連立 1 次方程式では，重要なのは，方程式の係数に相当する情報だけですから，実際上，係数を縦横に並べた正方行列を考えることになります．それを A と表せば，解として A^{-1} に相当するものが必要になり，その一般論から $\det(A)$ の値を求める公式へと導かれたのです．日本では，江戸時代の和算家もこのような問題に取り組んでいます．

私自身は，昔の人が，行列式の概念やその計算法にたどり着いたということよりも，未知数を扱う統一的な記号法もない時代に，連立方程式で表現される条件を満足する未知の値を計算するために，その係数こそが重要であると気付いたことの方に驚嘆します．イスラム世界の偉大な数学者の書いた書物の名前の冒頭に由来する，したがって近代以降の文明に生きる人には意味の分かるはずのない西欧語 Algebra を「代数」と訳した明治時代の人の理解力の貪欲さと，同時にその深みの無さに文明開化という時代を感じます．

Question 18

私達は行列という現代数学的概念を学んできて，正方行列の逆行列に辿り着いたところで，連立 1 次方程式という古典的な話題に話が飛びました．そして連立 1 次方程式の立場で逆行列を掃き出し法で求められることを学び終えたら，今度は唯一の確定解をもつ場合の連立 1 次方程式の解法と関連して古くから研究されて来たという行列式です．話の流れが少しづつずれて，本来なら与えられた正則行列の逆行列を表す公式や，確定解をもつ場合の連立 1 次方程式の解の公式が，行列式でエレガントに与えられる，と話が運ばれるべきではないかと思うのですが，いかがでしょうか．

【Answer 18】

長い物語を追う読解力をお持ちで，大変頼もしいことです．御指摘の通り，話を連続させながら少しづつ変質させて物語を発展させているというのが正確です．唯一の確定解をもつ連立 1 次方程式

$$A\boldsymbol{x} = \boldsymbol{b}$$

について

$$\boldsymbol{x} = A^{-1}\boldsymbol{b}$$

という確定解が出るなら，A^{-1} を表す公式がここにあるべきだというお考えは，確かにその通りでしょう．

それを敢えて省いたのは，その公式が公式として表現することは可能であっても，実際に公式として運用するのは実際的でないほど面倒臭く，限られた紙数をそれに捧げるほどの価値がないと思われるからです．

歴史的な価値があるといっても，現代的に価値に照らして必須といえないものは整理していかないと，若い人が継承していかなければならない過去の遺産は増えるばかりです．多くの知的な遺産を継承することも大切ですが，その上に新しい伝統となる知恵の発見のために割く努力こそが重要ですから，なんで

もかんでも遺産が大切だ，というのは無責任だと私は思います．

ただし，せっかくの問題提起ですから，もっとも単純な場合である

$$\begin{cases} ax+by=e \\ cx+dy=f \end{cases}$$

という連立 1 次方程式に対する行列式を用いた解の公式を，こんなものは覚えるに値しないことを確認するために，載せておきましょう．

まず，係数行列を二つの列ベクトル $\boldsymbol{a}, \boldsymbol{b}$ にブロック分解し，また，上と同様に定数項に相当する列ベクトルを

$$A = \begin{pmatrix} a & b \\ c & d \end{pmatrix} = (\boldsymbol{a}_1, \boldsymbol{a}_2), \qquad \boldsymbol{b} = \begin{pmatrix} e \\ f \end{pmatrix}$$

のようにおけば，唯一の確定解は $\boldsymbol{x} = \dfrac{1}{\det(\boldsymbol{a}_1, \boldsymbol{a}_2)} \begin{pmatrix} \det(\boldsymbol{b}, \boldsymbol{a_2}) \\ \det(\boldsymbol{a_1}, \boldsymbol{b}) \end{pmatrix}$ となるという結論だけ述べておきましょう．これが正しいことは 1 次方程式の章で解の公式として述べたものと比較すれば明らかでしょう．連立方程式の形が複雑化しても，**Cramer の公式**と名付けられているこの公式は同じように成り立ちます．

第9章

固有値，固有ベクトル，固有空間

再び線型変換（あるいは線型写像）$T : V \to W$ の話題に戻ろう．

一般に，任意の線型変換 $T : \mathbb{R}^n \ni \boldsymbol{x} \mapsto T(\boldsymbol{x}) \in \mathbb{R}^m$ は，適当な $m \times n$ 型行列 A を用いて，

$$T(\boldsymbol{x}) = A\boldsymbol{x}$$

という行列とベクトルの積として表現できること（つまりは $T = T_A$ となる行列 A が存在すること）を既に学んだ（第7章）が，この表現の前提条件にあったものを思い出しつつ，ここでもう一度反省的に理解を深めよう．

9.1 線型変換の基礎にある基底の概念

この線型変換の議論で決定的に重要な役割を果たしているのは行列 A であるが，そもそも，この行列 A を決める上で前提になっていた《あること》が暗黙に仮定されている．それをしっかりと見抜き理解するために，本章では $m = n$ の場合，つまり，$V = W = \mathbb{R}^n$ として，この場合には，n 次単位行列を構成している列ベクトルからなる空間 $\mathbb{R}^n$ の標準基底 $\mathcal{E} = < \boldsymbol{e}_1, \boldsymbol{e}_2, \boldsymbol{e}_3, \cdots, \boldsymbol{e}_n >$*がそれであり，この基底を構成する各列ベクトル $\boldsymbol{e}_1, \boldsymbol{e}_2, \boldsymbol{e}_3, \cdots, \boldsymbol{e}_n$ の変換 T による像 image**である列ベクトル

---

* これはもっとも自然で，もっとも基本的であるという意味で標準基底と呼ばれることが多いのであるが，選んだものをそのように扱うことにすればよいという意味では絶対的なものではない．

** 変換 T で移された先のことである．既に触れたように変換という概念は，現代数学ではより一般的な写像の概念に包含される．「うつす」を「移す」というとダイナミックな移動を連想させて変換を述べるのに好都合である．

$$T(\boldsymbol{e}_1) = \begin{pmatrix} a_{11} \\ a_{12} \\ a_{13} \\ \vdots \\ a_{n1}, \end{pmatrix}, \quad T(\boldsymbol{e}_2) = \begin{pmatrix} a_{12} \\ a_{22} \\ a_{32} \\ \vdots \\ a_{n2} \end{pmatrix}, \cdots, \quad T(\boldsymbol{e}_n) = \begin{pmatrix} a_{n1} \\ a_{n2} \\ a_{n3} \\ \vdots \\ a_{nn} \end{pmatrix}$$

を並べて得られる行列が，変換 T を，空間 $V = W = \mathbb{R}^n$ の共通の基底 $\mathcal{E}$ として表現する行列を作るのであった．

問題 41　これを確認せよ．

【ヒント】　実際，これらの列ベクトルを横一列に並べて得られる正方行列

$$\begin{pmatrix} a_{11} & a_{12} & \cdots & a_{1n} \\ a_{21} & a_{22} & \cdots & a_{2n} \\ \vdots & \vdots & \ddots & \vdots \\ a_{n1} & a_{n2} & \cdots & a_{nn} \end{pmatrix}$$

が，上の式に登場する行列 A に他ならない．

すなわち，

$$A = (T(\boldsymbol{e}_1), T(\boldsymbol{e}_2), \cdots, T(\boldsymbol{e}_n))$$

である．

Notes

1°　空間として我々の慣れ親しんだ $\mathbb{R}, \mathbb{R}^2, \mathbb{R}^3$ の自然な延長として，もっとも考えやすい n 次元空間 $\mathbb{R}^n$ の要素である n 次の数ベクトルだけを考えてきたために，ここまでの話は多くの場面では「与えられた行列 A に対して変換 T が決まる」と記述してきたが，これからは反対に，「与えられた変換 T に対してその表現である行列 A が決まる」というストーリになっていく．これまで話が逆転していたのは，その議論の前提条件として，**標準的な基底が暗黙に仮定されていた**ためであることを理解するのが重要な点である．というのも，高校以下の数学では，数直線や座標平面，そして座標空間いずれにおいても，座標軸は与えられて決まっているもので，このような根本的事態そのものを疑うという姿勢が学習から排除されてきたために，ここで躓（つまず）く可能性に合理的な根拠があるからである．高校までしっかり勉強してきた読者のために特に強調しておきたい．

2° 当然のことながら，$\boldsymbol{y}=A\boldsymbol{x}$ という平凡な定式化には，ベクトル $\boldsymbol{x}$ とそれが変換 T で移される先のベクトル $\boldsymbol{y}$ とが，それぞれ $\boldsymbol{x}=\begin{pmatrix} x_1 \\ x_2 \\ \vdots \\ x_n \end{pmatrix}$，$\boldsymbol{y}=\begin{pmatrix} y_1 \\ y_2 \\ \vdots \\ y_n \end{pmatrix}$ のように $\mathbb{R}^n$ の要素として数の列ベクトルで表現されていることが前提とされてきたのであるが，この表現も《理論的には》

$$\boldsymbol{x}=x_1\boldsymbol{e}_1+x_2\boldsymbol{e}_2+\cdots+x_n\boldsymbol{e}_n$$

$$\boldsymbol{y}=y_1\boldsymbol{e}_1+y_2\boldsymbol{e}_2+\cdots+y_n\boldsymbol{e}_n$$

という具合いに，**標準基底 $\mathcal{E}$ を構成する列ベクトルの線型結合表現に基づく成分表示に過ぎない**と理解しなおすべきである．

行列は線形空間 V 上の線型変換の表現であるが，同じ線型変換 T の表現であっても**基底の取り方によって，表現の見た目の形は変化すること**が大切なポイントである．どのように変化するか，それを繰り返しをおそれず，次節でもう一度簡単に振り返ってみてみよう．

9.2　基底の取り換え

前節では，「n 次正方行列 A が与えられると，それによって，$V=\mathbb{R}^n$ 上の線型変換

$$T_A: V\ni\boldsymbol{x}\mapsto\boldsymbol{y}\in V,\quad ただし，\boldsymbol{y}=A\boldsymbol{x}$$

が定まる」という話に，標準基底

$$\mathcal{E}=<\boldsymbol{e}_1,\boldsymbol{e}_2,\cdots,\boldsymbol{e}_n>$$

がしばしば暗黙の前提となっていることは，既に指摘した通りである．

では，もし別の線型独立なベクトル $\boldsymbol{p}_1,\boldsymbol{p}_2,\cdots,\boldsymbol{p}_n$ からなる空間 V の新しい基底

$$\mathcal{P}=<\boldsymbol{p}_1,\boldsymbol{p}_2,\cdots,\boldsymbol{p}_n>$$

に関して線型変換 T を表現したときは，どうなるであろうか．

既に論じたことであるから，ここでは結論を急ぐとして，それはやはり

行列で表現される．この行列を B とおけば B は元の行列 A との間にはいかなる関係をもつかという問題として要点をまとめなおしてみよう．

我々の当面の目標

ベクトル $\boldsymbol{x} = x'_1\boldsymbol{p}_1 + x'_2\boldsymbol{p}_2 + x'_3\boldsymbol{p}_3 + \cdots + x'_n\boldsymbol{p}_n$ …① が変換 T で $\boldsymbol{y} = y'_1\boldsymbol{p}_1 + y'_2\boldsymbol{p}_2 + y'_3\boldsymbol{p}_3 + \cdots y'_n\boldsymbol{p}_n$ …② に移されるとしたときに，これらの成分の対応関係を表現する等式

$$\begin{pmatrix} y_1 \\ y'_2 \\ y'_3 \\ \vdots \\ y'_n \end{pmatrix} = B \begin{pmatrix} x_1 \\ x'_2 \\ x'_3 \\ \vdots \\ x'_n \end{pmatrix}$$

における行列 B と元の行列 A との間にある関係という問題であるといってもよい．

いま，$V = \mathbb{R}^n$ の新しい基底 $\mathcal{P}$ を構成する n 個の列ベクトルを，より詳細に成分まで表現して

$$\boldsymbol{p_1} = \begin{pmatrix} p_{11} \\ p_{21} \\ \vdots \\ p_{n1} \end{pmatrix}, \qquad \boldsymbol{p_2} = \begin{pmatrix} p_{12} \\ p_{22} \\ \vdots \\ p_{n2} \end{pmatrix}, \qquad \cdots, \qquad \boldsymbol{p}_n = \begin{pmatrix} p_{1n} \\ p_{2n} \\ \vdots \\ p_{nn} \end{pmatrix}$$

とする．これら n 次列ベクトルを横一列に並べてできる n 次正方行列を P とおく．すなわち，

$$P = (\boldsymbol{p}_1, \boldsymbol{p}_2, \cdots, \boldsymbol{p}_n)$$

とおくと，$P = (p_{ij})$ となっている．

Notes

1° 最重要事項を繰り返しておくと，基底をなすベクトルは線型独立であるから，n 次行列 P のランクは n であり，したがって P は正則である（つまり，P^{-1} が存在する）．

ここで，前ページに書いた $\boldsymbol{x}, \boldsymbol{y}$ を $\boldsymbol{p}_1, \boldsymbol{p}_2, \cdots, \boldsymbol{p}_n$ の線型結合で表現する式①，②に関する計算を見通しよく運ぶために，これらを形式的に，このベクトルの内積の表現あるいは行列の積の表現を転用して表現しよう．

$$\boldsymbol{x} = (\boldsymbol{p}_1, \boldsymbol{p}_2, \cdots, \boldsymbol{p}_n)\begin{pmatrix} x'_1 \\ x'_2 \\ \vdots \\ x'_n \end{pmatrix} = P\begin{pmatrix} x'_1 \\ x'_2 \\ \vdots \\ x'_n \end{pmatrix}$$

$$\boldsymbol{y} = (\boldsymbol{p}_1, \boldsymbol{p}_2, \cdots, \boldsymbol{p}_n)\begin{pmatrix} y'_1 \\ y'_2 \\ \vdots \\ y'_n \end{pmatrix} = P\begin{pmatrix} y'_1 \\ y'_2 \\ \vdots \\ y'_n \end{pmatrix}$$

となる．

Notes

1°　ここでやっていることは $ax+by$ という表現を形式的に行列の積として $(a, b)\begin{pmatrix} x \\ y \end{pmatrix}$ と書こうというような話で，いかに形式上とは言っても，以前からの約束であれば 1×2 型行列と 2×1 型行列の積として 1×1 型行列が出てくるはずであるから，両脇に括弧を補って $(ax+by)$ と表現すべきではないかという形式に拘った疑問も出るであろう．しかし，1×1 型行列（上式の場合は本来は n×1 型行列である）では両脇の（　）を省いて表現してもよいという《おおらかな態度》で話を進めているのである．

2°　実は，行列を表現する際の両脇の括弧も，**そもそもは行列としての纏まりを表現するための記号に過ぎない**．前に，丸みを帯びた括弧ではなく，直線的な鈎括弧で括るスタイルの存在にも言及したが，そもそも纏まりを括弧で括る以外に四角の枠で囲っても構わない．あるいは線を使うことなく単なる空白であっても，上下左右の隣りと区別がつき内部の纏まりが保証されさえすれば構わない，という意味で，行列表現するための括弧は，**数学的には積極的な意味を有さない無益な記号**である．しかし，意味のない括弧が便利なのは，括弧なしには意味の曖昧な「きょうはいしゃにいく」が「(きょう)（はいしゃに）いく」か「(きょうは)（いしゃに）いく」とする（括弧のない文に括弧を合理的に補うことを，情報処理ではより広く**構文解析**，より狭くは**形態素解析**，哲学ではより広く**分節化**という，初期の AI の主要で実質的な研究分野であった.）ことで，日常的に意味がわかる漢字交じりの文「今日，歯医者に行く」「今日は医者に行く」と変換できるのに似ている．ベクトルの表現についても同様である．論理的には不要でも実用的に不可欠な意味を担うことが多い記号なのである．

以上の結果，とりわけ出発点となった線型変換の関係式 $\boldsymbol{y} = A\boldsymbol{x}$ と，別の基底についての成分からなるベクトルの関係式

$$\boldsymbol{x} = P\begin{pmatrix} x'_1 \\ x'_2 \\ \vdots \\ x'_n \end{pmatrix}, \qquad \boldsymbol{y} = P\begin{pmatrix} y'_1 \\ y'_2 \\ \vdots \\ y'_n \end{pmatrix}$$

を結合して以下を得る．

$$\begin{pmatrix} y'_1 \\ y'_2 \\ \vdots \\ y'_n \end{pmatrix} = P^{-1}\boldsymbol{y} = P^{-1}A\boldsymbol{x} = P^{-1}AP\begin{pmatrix} x'_1 \\ x'_2 \\ \vdots \\ x'_n \end{pmatrix}$$

これは，我々が求めてきた行列 A, B の間にある関係が，行列 P を介して

$$B = P^{-1}AP$$

という単純な式で与えられることを示している．

以上を定理としてまとめよう．

線型変換を表現する行列と基底の取り換え

【定理】 $\mathbb{R}^n$ で，標準基底 $\mathcal{E}$ に関して，行列 A で表現される線型変換 $T_A : \mathbb{R}^n \ni \boldsymbol{x} \mapsto \boldsymbol{y} = A\boldsymbol{x} \in \mathbb{R}^n$ は，$\mathbb{R}^n$ の線型独立なベクトル $\boldsymbol{p}_1, \boldsymbol{p}_2, \cdots, \boldsymbol{p}_n$ を構成要素とする新しい基底 $\mathcal{P} = <\boldsymbol{p}_1, \boldsymbol{p}_2, \cdots, \boldsymbol{p}_n>$ に関しては，この基底を構成するベクトルを横に並べて得られる正則行列 $P = (\boldsymbol{p}_1, \boldsymbol{p}_2, \cdots, \boldsymbol{p}_n)$ を用いて，行列 $P^{-1}AP$ で表される．

9.3　固有ベクトルの一般概念——不変部分空間入門

そこで変換 T を表現する行列を単純化するために，$\mathbb{R}^n$ の標準基底に拘(こだわ)ることをやめて，**変換 T の本性を見極めるのに，より都合の良い基底**を選び替える，という問題に挑戦しよう．いろいろな基底の中でベストなものが本章に登場する固有ベクトルからなる基底である．

まず希望的な観測から述べよう．

ムシの良い話

もしも，のことであるが，

$$\begin{cases} T(\boldsymbol{p}_1) = \lambda_1 \boldsymbol{p}_1 \\ T(\boldsymbol{p}_2) = \lambda_2 \boldsymbol{p}_2 \\ \qquad \vdots \\ T(\boldsymbol{p}_n) = \lambda_n \boldsymbol{p}_n \end{cases}$$

となる線型独立なベクトル $\boldsymbol{p}_1, \boldsymbol{p}_2, \cdots, \boldsymbol{p}_n$ が存在するならば，基底 $\mathcal{P} = <\boldsymbol{p}_1, \boldsymbol{p}_2, \cdots, \boldsymbol{p}_n>$ に関して，この変換を表現する行列 B は

$$B = \begin{pmatrix} \lambda_1 & 0 & \cdots & 0 \\ 0 & \lambda_2 & \cdots & 0 \\ \vdots & \vdots & \ddots & \vdots \\ 0 & 0 & \cdots & \lambda_n \end{pmatrix}$$

という対角行列で表現できるはずである．

問題 42　上の楽観的希望の根拠を述べよ．

そこでこの夢に向かって必要な概念を整備していこう．

固有値，固有ベクトルの概念

【定義】　線型空間 $V = \mathbb{R}^n$ 上の線型変換 T に対し，

$$T(\boldsymbol{v}) = \lambda \boldsymbol{v} \quad \text{かつ} \quad \boldsymbol{v} \neq \boldsymbol{0}$$

となるベクトル $\boldsymbol{v} \in V$ が存在するならば，このような定数 λ を線型変換 T の**固有値** eigenvalue と呼び，上のようなベクトル $\boldsymbol{v}$ を線型変換 T の（固有値 λ に属する）**固有ベクトル** eigenvector と呼ぶ．

Notes

1° $\boldsymbol{v}=\boldsymbol{0}$ であるなら，$T(\boldsymbol{v}) = \lambda\boldsymbol{v}$ の両辺はともに $\boldsymbol{0}$ であるから等式の成立は自明である．線型変換 T が行列 A で表現されるものなら，上の最初の条件は，$A\boldsymbol{v} = \lambda\boldsymbol{v}$ という式になる．右辺を単位行列 E を使って $\lambda E\boldsymbol{v}$ と書き換えて，左辺に移項して変形すれば $(A-\lambda E)\boldsymbol{v} = \boldsymbol{0}$ という同次形の 1 次方程式が得られる．したがってこれが $\boldsymbol{v} = \boldsymbol{0}$ という《自明な解》をもつことは明らかである．上の付帯条件 $\boldsymbol{v} \neq \boldsymbol{0}$ は，この

自明な解以外の解である

ことを主張しているのである．

2° 既に以前注意したことであるが，線型変換 T について $T(\boldsymbol{0}) = \boldsymbol{0}$ であることは，線型変換を特徴づける基本性質から直ちに導かれる．$v \neq 0$ という条件は，その意味でも重要である．

3° $\boldsymbol{v}$ が線型変換 T の固有値 λ に属す固有ベクトルであるならば，0 でない任意の定数 l に対して，$l\boldsymbol{v}$ も線型変換 T の固有値 λ に属する固有ベクトルである．つまり固有ベクトルに関しては，定数倍の違いはどうでもよい．より積極的に表現し直すと，固有ベクトルを考えるときは，定数倍の違いは無視すべきである，ということである．ただし，$l = 0$ のときは $l\boldsymbol{v} = \boldsymbol{0}$ になってしまうので，これは固有ベクトルとは呼ばない．

問題 43 固有ベクトルを考える際は定数倍の違いは無視してよいことを証明せよ．

4° 上で述べたことは，この後に続く対角化などの実用的な立場で考えると，「固有値が与えられてもそれに属する固有ベクトルは一つに決まらない」と否定的に捉えがちであるが，数学的には，「線型変換 T の固有値 λ に属する固有ベクトルの全体（及び $\boldsymbol{0}$）からなる W_λ は線型部分空間をなす」と積極的に理解すべきものである．その意味でこの空間を**固有空間**と呼ぶ．一般に空間

V 上の変換 T と V の部分空間 W に関して，

$$\forall \boldsymbol{v} \in W,\ \ T(\boldsymbol{v}) \in W$$

となること，より簡略には $T(W) \subset W$ となることを，「空間 W は $\boldsymbol{T}$ 不変 T-invariant である」と呼ぶ．**不変部分空間**は，変換の性質を研究するために基礎となる重要な概念である．本書ではこれ以上詳しく触れないが，一般に線型代数で初学者に講じられるのは空間 V 全体が，1 次元の**固有空間**に分解可能であるというもっとも基本的な場合であり，それがこれから述べる「対角化」の中でもっとも基本的な話題となるが，本当に重要なのは，固有空間よりも一般性の高い不変部分空間である．

5° 先に注意したように $\mathbf{0}$ は固有ベクトルになり得ないが，0 が固有値になることは十分にあり得る．

問題 44　0 を固有値にもつのはどんな場合であろう．

さらに応用上大切な定理がある．

異なる固有値に対する固有ベクトルの線型独立性

【定理】 線型空間 $V = \mathbb{R}^n$ 上の線型変換 T に対し，k 個の相異なる固有値 $\lambda_1, \cdots, \lambda_k$ のそれぞれに属する任意の固有ベクトルとして $\boldsymbol{v}_1, \cdots, \boldsymbol{v}_k$ をとると，これらは線型独立である．

Notes

1° この定理は，同じ固有値に属するベクトルは線型従属であることを含意していない．$\boldsymbol{v}' = l\boldsymbol{v}$ となる 0 でない実数 l が存在する（当然，このときは $\boldsymbol{v}, \boldsymbol{v}'$ は線型従属である）ようなベクトルが同じ固有値に属する固有ベクトルであることは自明である（問題 43 で見た）が，他方，線型独立なベクトル $\boldsymbol{u}, \boldsymbol{v}$ が同じ固有値 λ に属する固有ベクトルであることもあり得ることを忘れてはならない．これについては本章の最後により明確になるであろう．

2° 上の定理は，少し厳密な証明を書くと，面倒そうに映る恐れがあるが，その核心は以下のように単純である．ただし，初読の際は読み飛ばしてもよかろう．

3° 【証明の筋書き】k を 2 以上 n 以下の整数として，$\boldsymbol{v}_1, \boldsymbol{v}_2, \cdots, \boldsymbol{v}_{\kappa-1}$ までは線型独立であると仮定し，κ 個目の固有ベクトル $\boldsymbol{v}_\kappa$ を加えても線型独立で

あることを証明する．一種の数学的帰納法であるが，κ には n という上の限界があるという点で標準的な数学的帰納法とは少し違う．

さてまず，

$$c_1\boldsymbol{v}_1+c_2\boldsymbol{v}_2+\cdots+c_\kappa\boldsymbol{v}_\kappa=\boldsymbol{0} \quad \cdots(\Diamond)$$

と仮定する．$(\Diamond)$ の両辺に対して線型変換 T を施すと

$$c_1\lambda_1\boldsymbol{v}_1+c_2\lambda_2\boldsymbol{v}_2\cdots+c_k\lambda_\kappa\boldsymbol{v}_\kappa=\boldsymbol{0}$$

となる．左辺では，線型変換の基本性質 $T\left(\sum_{i=1}^{\kappa}c_i\boldsymbol{v}_i\right)=\sum_{i=1}^{\kappa}c_iT(\boldsymbol{v}_i)$ と固有ベクトルの性質 $T(\boldsymbol{v}_i)=\lambda_i\boldsymbol{v}_i\,(i=1,2,\cdots,\kappa)$ が，右辺では線型変換の基本性質 $T(\boldsymbol{0})=\boldsymbol{0}$ が使われている．

後者の等式から，$(\Diamond)$ の両辺の λ_κ 倍を引くと最後の $\boldsymbol{v}_\kappa$ の項が消えて

$$c_1(\lambda_1-\lambda_\kappa)\boldsymbol{v}_1+c_2(\lambda_2-\lambda_\kappa)\boldsymbol{v}_2+\cdots+c_{\kappa-1}(\lambda_{\kappa-1}-\lambda_\kappa)\boldsymbol{v}_{\kappa-1}=\boldsymbol{0}$$

が得られる．ここで仮定されていた $\boldsymbol{v}_1,\cdots,\boldsymbol{v}_{\kappa-1}$ の線型独立性を使えば

$$c_1(\lambda_1-\lambda_\kappa)=c_2(\lambda_2-\lambda_\kappa)=\cdots=c_{\kappa-1}(\lambda_{\kappa-1}-\lambda_\kappa)=0$$

であり，固有値がすべて異なることを考えれば

$$c_1=c_2=\cdots=c_{\kappa-1}=0$$

が導かれる．これを最初の仮定 $(\Diamond)$ に代入すると，

$$c_\kappa\boldsymbol{v}_\kappa=\boldsymbol{0} \quad \text{したがって} \quad c_\kappa=0$$

であるとわかる．これからベクトル $\boldsymbol{v}_1,\boldsymbol{v}_2,\cdots,\boldsymbol{v}_\kappa$ の線型独立性が導かれるというわけである．

上の定理から直ちに次の重要な定理が導かれる．

対角化可能の場合

【定理】 空間 $V=\mathbb{R}^n$ 上の与えられた線型変換 T を表す行列 A はもし，n 個の異なる値の固有値 $\lambda_1,\lambda_2,\cdots,\lambda_n$ をもつならば，左上から右下にかけて異なる固有値が並ぶ行列に対角化可能である．

Notes

1° n 次正方行列が対角化できるために，値の異なる固有値がちょうど n 個存在することは十分であるが必要ではない．値の異なる 2 個の固有値同士が接近

して最終的に一致してしまう重解のような場合でも，対角化に際して重要なのは固有ベクトルの線型独立性であるので，一致してしまった元々の固有値それぞれの固有ベクトルの線型独立性が維持されるならば，対角化できることになる.

ところで，与えられた行列の固有値や固有ベクトルを具体的に求めるにはどうしたらよいのだろう．この具体的な問題は実用性の点でも重要であるのだが，ここまではそれを求める具体的な手順の問題には触れてこなかった．これは意外に手強い問題であり，コンピュータを用いても全体像を捉えることは極めて困難である．それを次節で考えよう．

9.4 固有値・固有ベクトルの求め方

与えられた n 次正方行列 A に対して，実数 λ がその固有値であるとは

$$A\boldsymbol{v} = \lambda\boldsymbol{v} \quad \text{かつ} \quad \boldsymbol{v} \neq \boldsymbol{0}$$

となるベクトル $\boldsymbol{v} \in \mathbb{R}^n$ が存在することであった．p. 205, *Notes* 1° で触れたように，左の等式

$$(A-\lambda E)\boldsymbol{v} = \boldsymbol{0}$$

となる.

$B = A-\lambda E$ とおけば，B は n 次正方行列であり，条件 $B\boldsymbol{v} = \boldsymbol{0}$ は $\boldsymbol{v}$ の成分である n 個の未知数についての n の1次方程式からなる**同次形の**(定数項がすべて0である) 連立1次方程式であり，したがって解として**自明な $\boldsymbol{v} = 0$ 以外の解**をもつためには，係数行列 $A-\lambda E$ のランクが n 未満であることが必要十分である．そしてその条件は

$$\det(A-\lambda E) = 0$$

である.

これより，未知数 λ を x に替えるだけで次の定理が得られる.

固有値の満たすべき方程式

【定理】 与えられた正方行列 A の固有値は，x についての方程式

$$\det(A-xE)=0$$

の解である．

固有方程式・固有多項式

【定義】 n 次正方行列 A の固有値の満たすべき方程式 $\det(A-xE)=0$ を，行列 A の**固有方程式**（ときに特殊方程式），方程式の左辺の $(-1)^n$ 倍に相当する $\det(xE-A)$ を行列 A の**固有多項式**（とされ特殊多項式）と呼ぶ．

Notes

1° 方程式としては，$\det(A-xE)=0$ を考えても，$\det(xE-A)=0$ と左辺が $(-1)^n$ 倍となるだけの違いであるから方程式としては同値であるが，後者の方が，x の最高次の係数が 1 と断定できる（なぜだろう？）ので，固有多項式としては，符号の違いしかない $\det(xE-A)$ を基本に考え，これを記号 $\Phi_A(x)$ などと表現することが多い．

2° A が n 次正方行列であるとき多項式 $\Phi_A(x)$ は n 次式，固有方程式は n 次方程式になる．

3° このことは我々が与えただけの行列式の定義からはすぐには見えないかもしれない．実際，x の文字式が成分にあるため，うまく掃き出さないとすぐにつまってしまいそうである．一応，その手順らしきものを書いてみよう．

(1) $A=(a_{ij})$ として考えよう．

(2) $xE-A$ は，対角成分に x から行列 A の対角成分を引いた 1 次式 $x-a_{ii}$ が並ぶ行列 である（非対角成分は対応する A の成分の符号を逆転したものである）．$xE-A$ の $(1,1)$ 成分は $x-a_{11}$ であるから，これをピヴォットにして行列の第 2 行目以降を掃き出すという方法は，この 1 回目はともかく，$(2,2)$ 成分以降先に進むにつれて式が繁雑化してしまう．

(3) しかし，やがて上三角行列に到達できたなら，対角成分の積をとればそれが求める固有方程式を与える多項式になる．

4° 実は，行列式に迫るのに，以下に示すような，行列式の交代性，多重線型性，

単位性によって行列式自身をうまく分解して行列式の値を 1 つ低次の行列式の値に帰着させるという方法がある．（これについては紙面に余裕があれば付録で付けたいところであるが繁雑な計算なので省略させて欲しい．）それを使わなくても，行列式が，各列から同じ行成分をとらないようにして 1 個ずつ成分を取ってかけた積の和であるという基本原理を理解していれば，多項式の最高次は対角成分の積 $(x-a_{11})(x-a_{22})\cdots(x-a_{nn})$ から出てくる x^n であり，その次は，この展開から出てくる $-\{a_{11}+a_{22}+\cdots+a_{nn}\}x^{n-1}$ であることがすぐにわかる．

対角成分から一つ，例えば第 i 列の対角成分 $(x-a_{ii})$ を選ばなかったときは，第 i 列からはある $k \neq i$ について第 k 行成分 $-a_{ki}$ を選んでいるとして，第 (k,k) 成分も選べないので，対角成分の n 個の x の 1 次式のうち選べても最大で $n-2$ 個でしかないので，高々 $n-2$ 次式である．

5° このようにして，固有多項式 $\Phi_A(x) = \det(xE-A)$ の，次数をはじめ，以下のような大雑把な状況

- ∘ x の n 次式であり最高次の係数は 1 であること
- ∘ 第 $(n-1)$ 次の係数は，行列 A の**跡** (trace [英], Spur [独]) と呼ばれる対角成分の和 $\sum_{i=1}^{n} a_{ii}$ の (-1) 倍であること
- ∘ 定数項は，$(-1)^n \det(A)$ であること

などがわかる．

6° しかし，与えられた n 次正方行列 A に対して，その固有多項式と呼ばれる n 次式 $\Phi_A(x)$ を具体的な詳細にわたって実際に求めることも，n 次の固有方程式を解いて固有値の厳密値をすべて求めることも実際には実行できない．

7° 以下では，厳密値を容易に論ずることができる 2 次の場合だけを論じ，3 次の具体的な場合は次章に回そう．その代わり本章の終わりには，厳密値ではなく近似的な値を数値的に求める実用的な方法に触れよう．

問題 45　n 次正方行列 A の固有多項式 $\Phi_A(x) = \det(xE-A)$ について次の各問いに答えよ，

(1) 最高次は x^n であることを示せ．

(2) 次の次数の項は，$-\mathrm{tr}(A)x^{n-1}$ であることを示せ．

(3) 定数項は $\det(-A)$ であることを示せ．

9.5　2 次正方行列の固有値問題

a, b, c, d を実数として，2 次の正方行列 $A = \begin{pmatrix} a & b \\ c & d \end{pmatrix}$ について考えよう．

2 次正方行列の対角化

【定理】　2 次正方行列 $A = \begin{pmatrix} a & b \\ c & d \end{pmatrix}$ に対しては，特性多項式は

$$\Phi_A(x) = x^2 - (a+d)x + (ad-bc)$$

である．

Notes

1°
$$\det(xE-A) = \begin{vmatrix} x-a & -b \\ -c & x-d \end{vmatrix} = (x-a)(x-d) - (-b)(-c)$$
という簡単な計算にすぎない．

対角化の可能性

【定理】

- $\boldsymbol{D = (a+d)^2 - 4(ad-bc) > 0}$ のとき：異なる固有値が 2 個存在する．したがって，必ず対角化できる．
- $\boldsymbol{D = (a+d)^2 - 4(ad-bc) = 0}$ のとき：2 個の固有値が一致してしまうので，対角化できるかどうか，まだ判定できない．
- $\boldsymbol{D = (a+d)^2 - 4(ad-bc) < 0}$ のとき：固有値が実数の範囲に存在しないので，対角化不可能である．

Notes

1° $\boldsymbol{D < 0}$ の場合，我々が考えてきた成分に実数をもつ実行列の世界では対角化できないことをきちんと理解したい．残念ながら間違った解説があるらしいので読者は気をつけて欲しい．

2° $\boldsymbol{D < 0}$ の場合，虚数を考えれば，対角化できると思う読者もいるだろうが，それは素朴な誤解である．我々が考えているのは実ベクトル，実行列の世界であったことを忘れてはならない．

3° 複素固有値を考えるためにはそもそも行列やベクトルを考えるときから複素数の世界で考えないとならない.（老婆心ながら，複素係数の2次方程式では，$D<0$ も $D>0$ と同様，解の虚実の判定条件としては機能しないが，条件 $D\neq 0$ は，異なる二つの複素固有値をもつことを主張するので対角化の可能性に関して肯定的な判定条件にはなる.）

4° 複素ベクトル，複素行列を考える方が自然な議論が展開できるのであるが，その自然さを享受する体験は，読者が本書を終えてから，この先のより明るい世界に進む勇気と希望をもったときの愉しみとしよう.

5° $D=0$ で対角化できる場合は，実は $A=\begin{pmatrix} a & 0 \\ 0 & a \end{pmatrix}$ のようにもともと対角行列であったというつまらない場合である. a に属する固有ベクトルとしては任意の独立な平面ベクトルの組，例えば $\boldsymbol{e}_1=\begin{pmatrix} 1 \\ 0 \end{pmatrix}$ と $\boldsymbol{e}_2=\begin{pmatrix} 0 \\ 1 \end{pmatrix}$ とか，$\boldsymbol{e}_1+\boldsymbol{e}_2=\begin{pmatrix} 1 \\ 1 \end{pmatrix}$ と $\boldsymbol{e}_1-\boldsymbol{e}_2=\begin{pmatrix} 1 \\ -1 \end{pmatrix}$ とか，いくらでもある.

9.6　高次の正方行列の固有値に迫る数値的近似法

一般に n 次の正方行列の固有多項式は，$\Phi_A(x)=\det(xE-A)$ という n 次の多項式であるが，その特殊の項の係数しか簡単にはわからないので，この記法自身の実用性は乏しい.

理論的には，n 次の正方行列 A に対してその固有多項式 $\det(xE-A)$ を展開して n 次式が出てくるはずであることまでは簡単であるが，n の値が大きくなる場合には，その具体的な形を厳密に求めたり，方程式の厳密解を求めることは絶望的に困難である．理論的な値あるいは厳密値は実際的には，《高根の花》でしかない.

しかしながら，固有値の意味を理解していれば，固有値の効果を決めるのは（絶対値において）最大の固有値であることが分かる．これを直観的に理解するためのその中でもっとも自然で computer programming にも向いている **Power Method** という手法（不学にして筆者は標準的な邦訳を知らないが「累乗法」ないし「冪(べき)法」であろうか）を単純化して説明しよう.

行列 A がもし n 個の線型独立な固有ベクトル $\boldsymbol{v}_1, \boldsymbol{v}_2, \cdots, \boldsymbol{v}_n$ を有したとしてそれぞれが属する固有値を $\lambda_1, \lambda_2, \cdots, \lambda_m$ としよう（重複度を考慮しても n 個の固有値の存在を仮定できるのは我々が放棄して来た複素数体 $\mathbb{C}$ 上のベクトル空間であるので，これは本書の記述の中に留まる我々には虫の良い自分勝手な暗黙の前提が仮定されているというより，根拠のない幸運願望にすがっているといわなければならない）．

$\boldsymbol{v}_1, \boldsymbol{v}_2, \cdots, \boldsymbol{v}_n$ の線型独立性から任意のベクトル $\boldsymbol{x}$ はこれらの線型結合で一意的に表現される．それを

$$\boldsymbol{x} = x_1\boldsymbol{v}_1 + x_2\boldsymbol{v}_2 + \cdots + x_n\boldsymbol{v}_n$$

とする．

固有ベクトルの定義から，当然

$$\begin{cases} A\boldsymbol{v}_1 = \lambda_1\boldsymbol{v}_1 \\ A\boldsymbol{v}_2 = \lambda_2\boldsymbol{v}_2 \\ \qquad\vdots \\ A\boldsymbol{v}_n = \lambda_n\boldsymbol{v}_n \end{cases}$$

であり，したがって任意の自然数 k について

$$\begin{cases} A^k\boldsymbol{v}_1 = \lambda_1^k\boldsymbol{v}_1 \\ A^k\boldsymbol{v}_2 = \lambda_2^k\boldsymbol{v}_2 \\ \qquad\vdots \\ A^k\boldsymbol{v}_n = \lambda_n^k\boldsymbol{v}_n \end{cases}$$

である．

よって，任意に選んだベクトル $\boldsymbol{x}$ に行列 A を繰り返しかけていったものも，最初に $\boldsymbol{x}$ を固有ベクトルを基底として表現しておけば（といっても固有ベクトルも未知であるから基底の成分も未知である！）

$$\begin{aligned} A^k\boldsymbol{x} &= x_1A^k\boldsymbol{v}_1 + x_2A^k\boldsymbol{v}_2 + \cdots + x_nA^k\boldsymbol{v}_n \\ &= x_1\lambda_1^k\boldsymbol{v}_1 + x_2\lambda_2^k\boldsymbol{v}_2 + \cdots + x_n\lambda_n^k\boldsymbol{v}_n \end{aligned}$$

となる．話を簡素化するために，固有値の間に

$$|\lambda_1| \geqq |\lambda_2| \geqq \cdots \geqq |\lambda_n|$$

という不等式が成り立っているならば，任意のベクトル $\boldsymbol{x}$ に行列 A をかけていくだけで絶対値において最大の固有値 λ_1 とそれに属する固有ベクトル $\boldsymbol{v}_1$ の値を近似的に見てとれる簡単な方法が以上の記述から示唆される．

それは, $\boldsymbol{x}$ に行列 A を繰り返しかけていくことは, $A\boldsymbol{x}$, $A(A\boldsymbol{x})$, $A(A(A\boldsymbol{x}))$, $\cdots$ を計算していくことであり，これは,

$$A^k\boldsymbol{x} = x_1\lambda_1^k\boldsymbol{v}_1+x_2\lambda_2^k\boldsymbol{v}_2+\cdots+x_n\lambda_n^k\boldsymbol{v}_n \qquad k = 1, 2, 3, \cdots$$

と続けていくことであるが，$|\lambda_i|$ についての仮定から，$A^k\boldsymbol{x}$ を正規化（単位ベクトルに直しておく）などして最大固有値の影響が明確に指数関数的に効いてくるように演出する．固有値以上に，固有ベクトルとしての方向が収束して来ることも重要である．というのも最大固有値に属する固有ベクトルの近似ベクトルとして $\boldsymbol{x}_\infty$ が予測できれば，ほぼ同方向であるはずの $A\boldsymbol{x}_\infty$ と $\boldsymbol{x}_\infty$ の比が最大固有値の近似値であるはずであるからである．

基本的には毎回行列 A をかける際に，元のベクトル $A^{k-1}\boldsymbol{x}$ を単位ベクトルにして A をかけて伸びる方向と拡大倍率に収束性が見られないかをチェックするというものである．単調に接近するとは限らないので,「通り過ぎ」をチェックするためのいろいろな工夫がある．

上に述べたように，もしほぼ一定方向にほぼ一定倍率で伸びる傾向が明白に見えるならしめたもので，絶対値最大の固有値の近似値とその固有値に属する固有ベクトルのその方向の倍率も推定できる．実際，上の操作をかなりの回数反復してある決まった方向の単位ベクトル $\boldsymbol{x}_M$ がほぼ同方向に，λ_M 倍に伸びているとすれば，絶対値最大の固有値はほぼ λ_M, それに属する固有ベクトルとして $\boldsymbol{x}_M$ が推定できる．

といってもこれは虫が良い話であり，絶対値最大の固有値が二つあって，それらの符号が逆転しているような場合には，この素朴な方法では正しい解が得られないこともある．さらにまた，$\lambda_1 = -32.0902$, $\lambda_2 = 31.9972$ のように絶対値が近接していて，しかもそれぞれの固有ベクトルが直交している場合には収束の判定は難しくなり得る．このような特殊な状況に対

しては特別の工夫が必要になる.

実用的な世界には，理論の世界とは違った難しさと面白さがある.

この実用の世界が大きく開拓されたからこそ，線型代数という現代数学の現代的な応用の可能性が想像を絶する速度で開拓され，現代社会の製造，金融，商品開発，流通，インターネット広告のあらゆる分野で線型代数が活躍しているともいえる.

他方，最小限の理論的な理解が，巨大システムを実用性の面で合理的に動かす基本となっている，という忘れられがちなパラドクスをつねに心にとめておかなくてはならない．理論的な理解なしに本当に有用な応用の可能性は決して開拓されるものではない——これはいまも厳然と生きる冷徹な戒律である．安直な AI package は決して技術の break through にはなるはずがない．老年の著者の若い世代へのメッセージとして残しておきたい.

Question 19

線型代数の目標は，固有値・固有値問題であるとよく耳にするのですが，それはどうしてなのでしょう．固有値が求められて行列が対角化できる場合には，一つの目標が達成されたとはいえると思いますが，反対に，対角化できない場合には目標が達成できないことになり，固有値問題には達したが残念な結果に終ったということにならないでしょうか．素朴な質問ですみません.

【Answer 19】

面白い良い視点です！ 厳密な意味では現段階ではご指摘の通りといってもよいでしょう．それでも，絶対値が最大の固有値，固有ベクトルが求められると行列の表す線型変換の巨視的な振る舞いに接近する道が開かれるという現実的な利益があります．それは，比喩的にいえば，様々な基本波が重なっている複雑な振動現象でも，破壊力がもっとも大きな最大振幅の波が実際上は重要であるようなものです.

対角化に関していえば，実は，理論的には対称行列なら，必ず対角化できるとか，対角化できない場合には，準対角化とでもいうべき「ジョルダンの標準形」への変形という手段があります．後者は複素数の行列，あるいは複素数体上の線型変換ならつねに実行可能であり，固有値・固有ベクトル問題の最終的な解決が得られるのですが，残念ながら本書の目標をだいぶ超えてしまいます．

Question 20

そもそも行列の対角化はどういう意味があるのでしょうか．対角行列であれば，それらの積を計算することがたやすくできるという計算上のメリットは分からなくはありませんが，コンピュータを用いれば繁雑な行列の積といえどもやってできないことはないでしょうし，そもそも対角化のための計算の負担を考えると，対角化のメリットは相対的に大きくないような気がしてこの質問をしています．きっと，本書では十分に説明されていない裏に隠されている巨大なメリットがあるに違いないと想像しています．理論的に難しいことを避けて端的に説明して頂けると幸いです．

【Answer 20】

とても大切な質問をありがとうございます．私自身も最初に線型代数に触れたときには同じような疑問をもった記憶が今も鮮明です．対角化の計算は，最初の固有値問題で躓いてしまう人もいて，高次の行列になると本当にどういう意味があるのか，という疑問ですね．近似的な計算方法やジョルダンの標準型を学ぶと，だいぶ違う境地が開かれるのですが，初心者のうちはなかなかピンときませんね．しかし，行列の対角化は，単に行列の積，特に累乗の計算を簡単に行なうための手段ではありません．次節でより具体的に扱いますが，t の関数 x, y についての連立微分方程式

$$\begin{cases} \dfrac{d}{dt}x = y \\ \dfrac{d}{dt}y = -6x+5y \end{cases}$$

の解や，それの有限版ともいうべき数列のいわゆる漸化式，

$$\begin{cases} a_{n+1} = \qquad b_n \\ b_{n+1} = -6a_n + 5b_n \end{cases} \quad \forall n = 1, 2, 3, \cdots$$

で定められる一般項を求めるような問題を解決するのにも役立ちます．実は，このような問題は，見掛けの違いにも関わらず線型変換の典型的な問題なのです．

これらは連立条件として複雑に与えられていますが，基底の取り換えに対応する未知関数，未知数列の置き換えを通じて新しい未知関数や数列がそれぞれに分離された単独方程式に還元される，というところが肝腎です．言い換えると，このような《ちょっとした回り道》をすることで元の連立条件の問題がとてもすっきりとさせることができるという点が線型変換の対角化のポイントです．これを，「うまい手段を使って複雑に与えられた条件を変数が分離された解法可能な形への単純化を達成する手法」と，より数学的に抽象化して考えれば，対角化をまだ知らなかった皆さんもとっくの昔から親しんできた手法でもありました．実際，中学生の時に学んだ「連立 1 次方程式の解法」においてすら経験済みの話です．例えば，$\begin{cases} 4x+2y+2z = 14 \\ x+3y+z \quad = 10 \\ x+4y-2z \quad = 3 \end{cases}$ のような連立 1 次方程式を解くことは，これを $\begin{cases} x = 1 \\ y = 2 \\ z = 3 \end{cases}$ という形に変形することですが，これは解を求めたというよりは，複雑に与えられた条件を，x, y, z が分離したすっきりした連立方程式に同値変形しているにすぎません．

対角化に直接関連して，それ以外の実践的にもっと重要な話題としては，最初に考察した連立微分方程式が，行列とベクトルを使って $\dfrac{d}{dt}\boldsymbol{v} = A\boldsymbol{v}$ と表現できますが，これを単純化した $\dfrac{d}{dt}v = av$ ならば，直ちに，$v = ce^{at}$ という解が得られるでしょう．これとの大胆な類比を元の行列・ベクトルを用いて行なえば，$\boldsymbol{v} = e^{tA}\boldsymbol{c}$ が得られるということです．ここで困難は，正方行列 M を指数にもつ e^M を定義してその意味を確定することですが，これも対角化の応用例として私達のすぐ近くに存在する話題です．

Question 21

私は，本書の中でちらりと触れられるだけの話題の裏に何があるか，気になってしまいます．大切なのは，固有ベクトルでなく固有空間であり，さらには変換 T に関する不変空間であるという記述があるのですが，さっぱりわかりません．私のいまの知識と理解では全体を理解できないということはわかっておりますので，ヒントだけで結構です．

【Answer 21】

著者が隠した背景的な記述に敏感であることは素晴しい数学的読解力をお持ちですね．詳しい解説は無理なので，ごくかいつまんで解説しましょう．

もし n 次元線型空間 V 上の線型変換 T について，V が T 不変な部分空間 W_1, W_2, W_3 に分解できたとしましょう．部分空間に分解できるとは，部分空間 W_1, W_2, W_3 の基底 $\mathcal{A}_1 = <\boldsymbol{a}_1, \boldsymbol{a}_2, \cdots, \boldsymbol{a}_l>$，$\mathcal{A}_2 = <\boldsymbol{a}_{l+1}, \cdots, \boldsymbol{a}_{l+m}>$，$\mathcal{A}_3 = <\boldsymbol{a}_{l+m+1}, \cdots, \boldsymbol{a}_n>$ を合わせて全空間 V の基底ができるということです．この合わせた基底に関して線型変換 T を表現すれば，その行列は，$\mathcal{A}_1$，$\mathcal{A}_2$, $\mathcal{A}_3$ に関する部分はそれぞれそれらだけに関係し，他の部分には無関係ですから $\begin{pmatrix} * & O & O \\ O & *' & O \\ O & O & *'' \end{pmatrix}$ のように，0 でない成分は対角線周辺だけに集中している行列に変形できるということ，$V \to V$ の変換 T を $W_1 \to W_1$, $W_2 \to W_2$, $W_3 \to W_3$ の制限された変換に帰着できるということです．

線型代数は，現代では線型変換の世界を解明する標準的な手法であり，対角化はその大きな目標の一つではありますが，対角化できない場合もあり，不変部分空間の説明で分かるように，対角化だけが線型代数の唯一のゴールではありません．

第10章

高次元空間の中でも意外に難しい 3次元空間

n 次元空間のことがわかれば，$n = 3$ の場合のような《低次元の空間》ももちろんわかると思いがちである．しかし，私達人類が感覚（とりわけ視覚や触覚）を通じて感じることができると素朴に信じている3次元空間は，私達にとって，小学校以来の数学の学習を通じて親しみの経験を蓄積して来た2次元空間（平面の世界）と比べると，ある種，特有の難しさがある．それは日常的な経験を通じて《接近》しやすいはずであるとは思うものの，他方で，立体の認識は，《紙と鉛筆》に象徴される2次元的なスタイルの学習で日々身につけてしまった頑固な悪癖の結果として，期待されるほど《平凡》でないからである．

その典型的な例として引くのにふさわしいものに「三垂線の定理」と名前をつけて呼ばれる「定理」がある．いろいろな表現があるが例えば次のような主張である．（§4.4 も参照）

三垂線の定理

空間内にある平面 π とそれに含まれる直線 ℓ，π 上にない1点 A がある．点 A から平面 π に下ろした垂線の足，直線 ℓ に下ろした垂線の足をそれぞれ H, I とおくと，2点 H, I は一致するか，直線 HI は ℓ に垂直である．

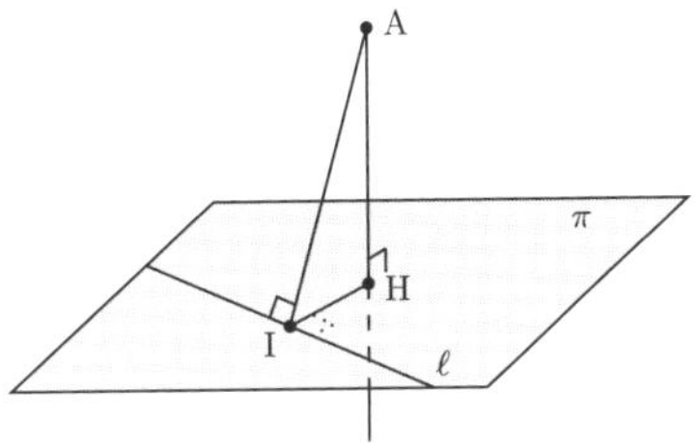

3次元の関係を平面に図示するから難しく見えるのであって，立体的な

空間で考えれば,《証明の必要性を想像する方が難しい》ほど直観的に自明な関係である. ことがらの本質は,「平面」の《2 次元性》のなかに

- 「(1 点と) 2 本の線型独立なベクトルで生成される」
- 「**0** でないあるベクトルと直交する, 互いに線型独立なベクトルは 2 本までしかとれない」

という二つの側面が混在して共存していることにあるのではないだろうか. 前者は, **2 次元の平面**が何次元の世界におかれていても同じように通用する話である (いわば 1+1 = 2 という話題) が, 他方, 後者は, n 次元空間では**超平面** hyperplane と呼ばれるものである ($n = 3$ の場合には $n-1 = 2$ となる) からである.

高校数学で空間における平面や直線の話題が学習指導要領から除外されたことを嘆く風潮があるように聞くが, その限界を理解していない中途半端な扱いがもたらす将来の混乱や困惑を考慮すると, 私などは, いっそのことやらない方が良いという言い回しにも考慮すべき理があると考える《醒めた大人》の一人になった.

しかし, にも関わらず, エンジニアを含め実学に携わるであろう圧到的に多数の若者に対しては, 19 世紀以前の近代人としての必須の数学的な教養として《健全な立体幾何への数学的な接近の機会と手段》をきちんと保証することが, 一種の大人の責任であると思ったことが, 本書の最後に本章を置くことにした大きな動機である. 以下では, 18 世紀以前の人々が疑いようのない前提として考えて来た 3 次元空間を, それに近い感覚でこれまで論じて来た $\mathbb{R}^n$ の $n = 3$ という《自明な出発点》として考えて述べる.

10.1　3 次元空間 $\mathbb{R}^3$ とは

我々は, 本章では紙面を倹約することと中学高校との接続性を意識して**点 P の座標**を, 原点から点 P に向かう行ベクトルとして表現することにしよう. 本当に深く考えれば行ベクトルと列ベクトルという見掛けの違いを理論的に区別することの方が危ういのであるが. 中学以来, 曖昧にされてき

た座標概念の要点は以下の通りである．

【弁解】 本章では，**有向線分**とそれの表す**ベクトル**を一応区別しているかのように記述するが，それらを理論的に区別するのは本書のレベルでは生産的でないので，「平行移動して重ねられる有向線分は同一のベクトルを表現する」という学校数学の健全さに留まることを弁解しておく．

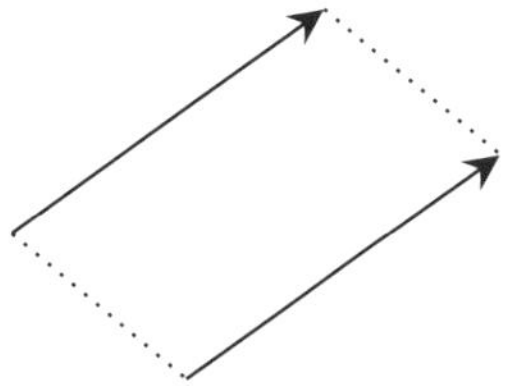

平行移動して重なる有向線分は同一のベクトルを表現する

座標の概念の出発点

原点 origin と呼ばれる空間内の 1 点を定め，記号 O で表現し，そして点 O から伸びる 3 つの有向線分 $\overrightarrow{OE_1}, \overrightarrow{OE_2}, \overrightarrow{OE_3}$ で表現される線型独立なベクトル $\boldsymbol{e}_1, \boldsymbol{e}_2, \boldsymbol{e}_3$ を固定して考えるのが座標概念の出発点である．

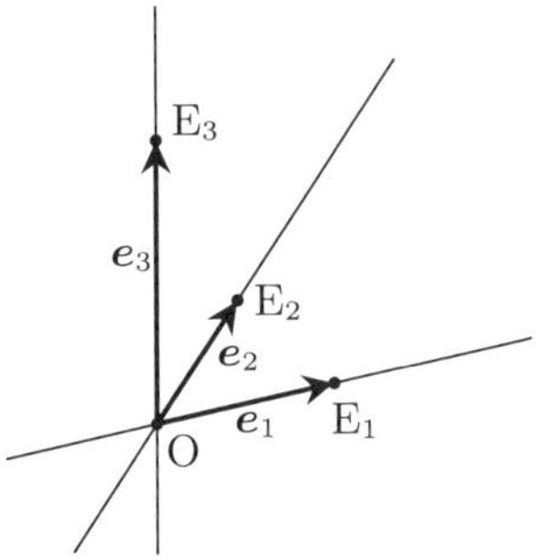

ここで仮定するのは線型独立性だけで，長さや角につながる計量はまだ一切考えていないことに注意したい．とりあえずはベクトルというだけで論じられる世界に限定して話を進める．

ここに登場している $\boldsymbol{e}_1, \boldsymbol{e}_2, \boldsymbol{e}_3$ が，基底と呼んできた重要な基礎概念の空間 $\mathbb{R}^3$ 版である．そしてこれに基づいて座標が定義される．

空間における点の座標

【定義】実数 x, y, z に対し，原点と呼ばれる定点 O を視点として点 P に向かう有向線分 $\overrightarrow{OP}$ の表すベクトルが $\boldsymbol{e}_1, \boldsymbol{e}_2, \boldsymbol{e}_3$ の線型結合で $x\boldsymbol{e}_1+y\boldsymbol{e}_2+z\boldsymbol{e}_3$ と表現されるとき，この表現に登場する実数の順序対 (x, y, z) を，点 P の

O を原点とし，$\boldsymbol{e}_1, \boldsymbol{e}_2, \boldsymbol{e}_3$ を基底のベクトルとする座標 coordinate と呼ぶ．

Notes

1° 座標を定める上で原点と呼ばれる特別の 1 点と，線型独立なベクトルが前提となっていることが，ここの理解のポイントである．

2° **基底を構成するベクトル**は，一般には**基底**を構成するベクトル空間の基本となるものであるが，ここに現れているように，原点から座標軸の基準点（座標の単位となる点）に向かう有向線分の表すベクトルであるものの，これらに，《直交性》や《長さの等しさ》のような計量を仮定していないことがもう一つ重要な点である．

3° ベクトルでは実数倍が定義されているので，**同じ座標軸上では，基準の長さの実数倍は定義される**が，異なる座標軸の間では長さの比較に関してはなにもいえない．中等教育では，極めて厳格な計量が暗黙に前提とされてきたことを思い出したい．

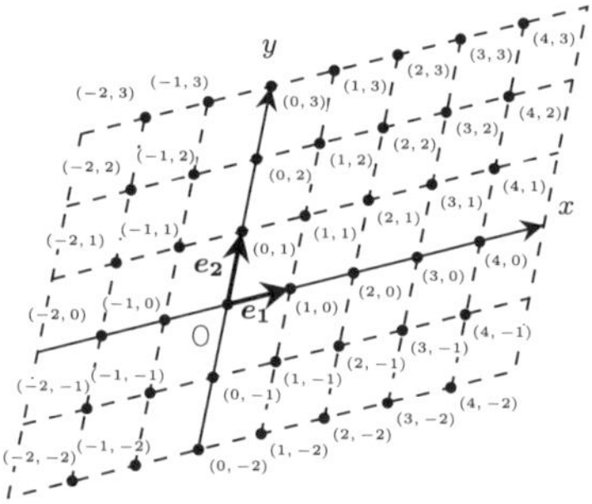

2 個の場合

4° なお，いわずもがなではあろうが，線型独立なベクトルが 1 個だけのときはいわゆる数直線，2 個のときは一般座標（斜交座標）を定義された座標平面になる．我々は 3 個の場合を考えているので一般座標（斜交座標）を定義された座標空間になる．

図形とは

【定義】　この空間においてある種の纏（まと）まりと考えることができる点の集合を**図形** figure と呼ぶ．

座標が定められ得る空間 $\mathbb{R}^3$ において，その中の図形 $\mathcal{F}$ を定めることは，空間内の任意の点 P に対し，点 P がその図形 $\mathcal{F}$ に登場するための必要十分条件，平たくいえば P が**図形** $\mathcal{F}$ を作る**点集合**の要素をなすかどうかの必要十分条件を決定することと同じである．
この点 **P** が図形の要素であるための必要十分条件を，短く図形を定める条件という現代では，この条件を，**P** の座標で表現した等式で代表させることにしてこれを**図形の方程式**という言い回しが一般化している．

Notes

1° この章では，以下で話題とする図形は $\mathbb{R}^3$ 内の**直線** straight line と**平面** plane と呼ばれる図形だけである．

2° とはいえ，$\mathbb{R}^3$ の中の図形は，等式だけで表現できるものではない．例えば，半直線や線分という図形を表現するには，ふつうに考えれば不等式も必要になりそうである．しかしこのようなものも含めて図形を定める必要十分条件のことを**図形の方程式**と総称するのが現代日本の数学教育の現状である．

3° 「空間内に点の集合があったらそれで図形ができる」というのは近代人的な空間の自然な感覚であるから，それをここで徹底して疑問視する必要はない．しかし，少し高級なことであるが，点集合自身が図形のような《形》をもっているわけではないことだけは踏まえたい．点が寄せ集まるだけで図形ができるのは，**点の集まりがおかれる世界に，点集合が《図形という形》を実現する空間的な構造が前提されている**からである．現代数学では，これを幾何学的な空間構造，より一般には**位相構造** topological struture と呼ぶ．
あまり的確な例ではないが，これは海に巨大な数の鰯（いわし）などの群がいると，ときにそれが全体として不思議な模様を描く現象に似ている．個々の魚は鰹（かつお），鮪（まぐろ）などの捕食者から逃げているだけ（のようであるのに）群が全体として目にも止まらぬ速さでダイナミックに変化する図形を描いている．それは，個々の魚の集団的な配置にある種の秩序ないし規則性が潜んで見えるからである．
反対に，狭い水族館の水槽のような世界を緊張感なく平凡に泳ぐ鰯の動きには，ただ一方向に退屈そうに泳ぐ等速円運動する鰯の集団のようなものしか見えまい．鰯が捕食者から必死に逃げるという弱肉強食という緊張感のある場があってこそ，鰯の集まりが演ずる生きるか死ぬかを賭けた図形が生ずる．
我々がこの章で見る線型空間 $\mathbb{R}^3$ には，平面や直線という図形は観察されるが，円や球という図形は登場しない．それらが登場するには出発点となる空間 $\mathbb{R}^3$ に，円や球という図形を登場させるための基礎となる《計量》を仮定していないからである．集合が図形になるには，おかれている空間に幾何学構造が前提とされなければならない，ということだけわかってもらえばここではよい（第 4 章参照）．

逃げ回る鰯の群の作る図形を数学的に叙述するためには，通常の空間に，数多くの魚たちの動きを表現する点が配置されている，という近代人の平凡な発想では接近することすら困難であり，時空の歪みが時々刻々と複雑に変化するようなかなり高級な空間を想定する必要があるのではないか，と筆者は雑に予想しているのだが，そんな理解をぼんやりとでも共有してもらえばありがたい．それによって，《$\mathbb{R}^3$ 内の図形を点集合として捉える》という，これから述べる《近代的な空間把握の方法》が，空間に向かっての唯一の方法ではないことを，その否定的な限界を覗き見ることを通じてわかってもらえれば，現代的な空間論への序章としても小さな一歩が達成できるかと期待するからだ．

■ 10.2　直線

誰もが知っていると確信している基本的図形である直線からはじめよう．

直線という図形の定義

【定義】　一般に，線型空間 $\mathbb{R}^3$ 内に，
O を原点 $(0,0,0)$ として

- $\overrightarrow{\mathrm{OA}} = (x_0, y_0.z_0)$ で定まる 1 点 A
- $\mathbf{0}$ でない $\boldsymbol{u} \in \mathbb{R}^3$

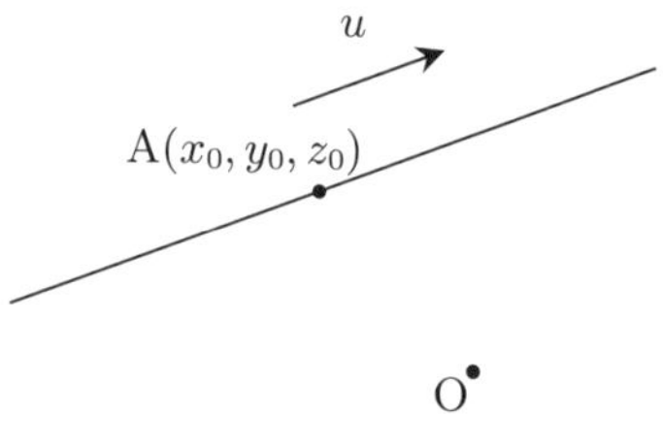

とが与えられたとき，

$$\overrightarrow{\mathrm{AP}} = s\boldsymbol{u} \text{ となる実数 } s \text{ が存在する}$$

という条件を満たす点 P が作る図形を，「点 A を通りベクトル $\boldsymbol{u}$ を方向ベクトルにもつ直線」，あるいは，「点 A を通り，ベクトル $\boldsymbol{u}$ で生成される直線」という．

$\boldsymbol{u}$ のことを直線の方向ベクトルと呼ぶこともある．

Notes

1° 上の直線の定義では，空間内の 2 点 A, B に対して「A を始点，B を終点とする有向線分 $\overrightarrow{\mathrm{AB}}$ 」や「有向線分 $\overrightarrow{\mathrm{AB}}$ の表すベクトル」という《幾何ベクトル》の概念や，「ベクトルの実数倍」の概念があらかじめ用意されている必要がある．逆にこれらの概念が準備されていれば「そもそも直線とは何か」という理解を共有している必要はない．なぜならこれが直線の定義だからだ．（ただし，我々のベクトルの記述は，前者のような《幾何ベクトル》については高校数学との衝突を考慮して意図的にサボって簡略化した．）

2° 上の定義から，$\boldsymbol{u}$ がある直線の方向ベクトルであるなら，ベクトル $\boldsymbol{u}$ の 0 を除く任意の実数倍もその直線の方向ベクトルである．言い換えれば，与えられた直線の方向ベクトルは，実数倍の不定性を許す．

3° 高校数学風にいえば，上の方程式は，**直線のベクトル方程式**，あるいは，**直線のパラメタ表示**というところである．しかし，我々は，ここで，直線という概念をベクトルを利用して定義していることに注意してほしい．

4° 点 P の座標を (x, y, z)，点 A の座標を (a, b, c) とおき，$\boldsymbol{u} = \begin{pmatrix} \alpha \\ \beta \\ \gamma \end{pmatrix}$ と成分表示すると，上の定義の式は

$$\begin{pmatrix} x-a \\ y-b \\ z-c \end{pmatrix} = s \begin{pmatrix} \alpha \\ \beta \\ \gamma \end{pmatrix}$$

となり，これを成分ごとに分けて表現すれば，

$$\begin{cases} x-a = s\alpha \\ y-b = s\beta \\ z-c = s\gamma \end{cases}$$

となる．$\boldsymbol{u} \neq \boldsymbol{0}$ の仮定から α, β, γ の少なくとも 1 つは 0 でないからいま仮に $\alpha \neq 0$ とすれば（他のものが 0 でないとすればそれに対して以下と同様に話を運ぶだけのことである），第 1 式を満たす実数 s は

$$s = \frac{x-a}{\alpha}$$

というただ一つなので，3 式をともに満たす実数 s が存在するための条件は

$$\begin{cases} y-b = \beta \dfrac{x-a}{\alpha} \\ z-c = \gamma \dfrac{x-a}{\alpha} \end{cases}$$

という x, y, z の連立 1 次方程式で表現できる．

5° 話が少し狭くなってしまうが，α, β, γ がいずれも 0 でないという場合には，3 式を満たす実数 s が存在するための条件を，いわば x, y, z に関して対称的な次の形で表現することができる．

$$\frac{x-a}{\alpha}=\frac{y-b}{\beta}=\frac{z-c}{\gamma}$$

これは x, y, z についての連立 1 次方程式であり，それが自由度 1 の解をもつことを確認することはたやすい．

問題 46　これを確認せよ．

6° 唯一の確定解をもたない，という 1 以上の自由度がある「不定」な解をもつ連立方程式が，確定解をもつ古典的な連立 1 次方程式以上に重要な意義をもっていることを理解することが大切である．

7° 高校数学風にはこれこそが直線の方程式である，という気分の読者もいよう．確かに，中学で学んだ「平面における直線の方程式」が $y=ax+b$ とか $\dfrac{x}{\alpha}+\dfrac{y}{\beta}=1$ のような形の，未知数 x, y についての単独方程式で表されていたのも，線型代数の立場から見ると，成立が自明な方程式 $0x+0y=0$ を書き加えてやれば，自由度 1 の x, y についての連立 1 次方程式と見ることが容易になろう．

8° そうなると連立方程式

$$\frac{x-a}{\alpha}=\frac{y-b}{\beta}=\frac{z-c}{\gamma}$$

を構成している各々はなにか，という問題が生じる．これには，次節で明確な解決が見えるであろう．

10.3　平面

平面という図形の定義

【定義】 一般に，空間内に 1 点 A と線型独立な 2 つのベクトル $\boldsymbol{u}$, $\boldsymbol{v}$ が与えられたとき

$\overrightarrow{\mathrm{AP}}=s\boldsymbol{u}+t\boldsymbol{v}$ となる実数 s, t が存在する

という条件を満たす点 P の作る図形を，点 A を通り $\boldsymbol{u}, \boldsymbol{v}$ で張られる平面という．

Notes

1° 「張る」span という用語は平面の場合に特に気分が出る表現であるが，数学的には，従来から使ってきた「生成する」generate という，より一般的な用語と同じ意味である．

2° 直線のときは，方向ベクトルについて $\boldsymbol{u} \neq \boldsymbol{0}$ と表現されていたが，1 個であっても「線型独立なベクトル」という表現を使うことはできる．平面では線型独立という表現が必須である．言い換えれば，ここでいう「直線」と「平面」との違いは，生成する線型独立なベクトルの個数の違いに過ぎない．

3° 線型独立なベクトルの組 $\boldsymbol{u}, \boldsymbol{v}$ が与えられたとき，$\boldsymbol{u}, \boldsymbol{v}$ の線型結合で表現できるベクトルで線型独立な組はいくらでもある．それらは一般に $ad-bc \neq 0$ である定数 a, b, c, d に対して $a\boldsymbol{u}+b\boldsymbol{v}$ と $c\boldsymbol{u}+d\boldsymbol{v}$ と表現できる．というわけで，平面を生成する二つのベクトルの取り方は無数にある．

4° 高校数学風にいえば，上の方程式は，平面のベクトル方程式，ないし平面のパラメタ表示である．しかし上の記述は線型代数における平面の定義であることを強調しておこう．

5° 点 P の座標を (x, y, z)，点 A の座標を (a, b, c) とおき，

$\boldsymbol{u} = \begin{pmatrix} \alpha \\ \beta \\ \gamma \end{pmatrix}$，　$\boldsymbol{v} = \begin{pmatrix} \alpha' \\ \beta' \\ \gamma' \end{pmatrix}$ とおくと，上の定義の式は

$$\begin{pmatrix} x-a \\ y-b \\ z-c \end{pmatrix} = s \begin{pmatrix} \alpha \\ \beta \\ \gamma \end{pmatrix} + t \begin{pmatrix} \alpha' \\ \beta' \\ \gamma' \end{pmatrix}$$

となり，これを成分ごとに分けて表現すれば，

$$\begin{cases} x-a = s\alpha+t\alpha' \\ y-b = s\beta+t\beta' \\ z-c = s\gamma+t\gamma' \end{cases}$$

となる．$\boldsymbol{u}, \boldsymbol{v}$ が線型独立であるという仮定から上の連立方程式の二つから s, t を解くことができて，それを第 3 式に代入して最終的に s, t の現れない

$$A(x-a)+B(y-b)+C(z-c) = 0$$

という x, y, z についての 1 次方程式を導くことができる．これが高校数学風にいえば「空間における**平面の方程式**」ということになる．

6° ここで A, B, C という定数は，$\boldsymbol{u}$, $\boldsymbol{v}$ に依存して決まる定数であるが，$\boldsymbol{u}$, $\boldsymbol{v}$ と同様，全体として定数倍の不定性が許される．

7° この事情を鮮明に理解するためには空間の次元を一つ落として

$$\begin{pmatrix} x-a \\ y-b \end{pmatrix} = s\begin{pmatrix} \alpha \\ \beta \end{pmatrix} + t\begin{pmatrix} \alpha' \\ \beta' \end{pmatrix}$$

を成分ごとに分けて書いた

$$\begin{cases} x-a = s\alpha+t\alpha' \\ y-b = s\beta+t\beta' \end{cases}$$

を考えるとわかりやすかろう．$\begin{pmatrix} \alpha \\ \beta \end{pmatrix}, \begin{pmatrix} \alpha' \\ \beta' \end{pmatrix}$ の線型独立性があれば上式を満たす実数 s, t は（一意的に）存在する．これを $z-c = s\gamma+t\gamma'$ に代入すれば，x, y, z の 1 次方程式が登場してくるというわけである．

8° x, y, z の 1 次方程式が空間内の平面を表現することがわかると，前節の最後で述べた直線を表現する連立 1 次方程式

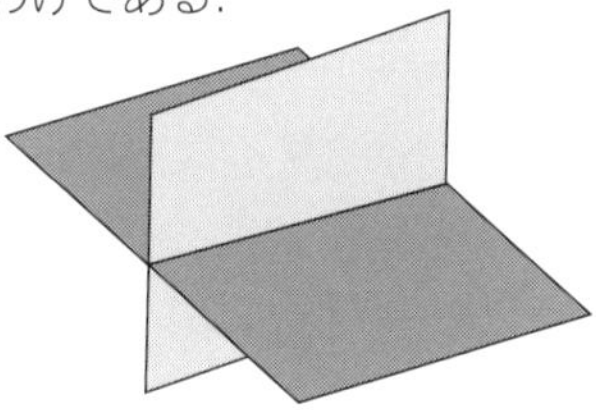

$$\frac{x-a}{\alpha} = \frac{y-b}{\beta} = \frac{z-c}{\gamma}$$

を構成している 2 つの等式の各々，例えば

$$\frac{x-a}{\alpha} = \frac{y-b}{\beta} \qquad と \qquad \frac{y-b}{\beta} = \frac{z-c}{\gamma}$$

のそれぞれは，x, y, z の 1 次方程式として平面（z が登場しない前者は z が任意であるから z 軸に平行な平面，x が登場しない後者は x が任意であるから x 軸に平行な平面）を表し，したがってそれらを連立した方程式はそれぞれの表す 2 平面の**交線**として**直線**を表現していることがわかる．

10.4　計量空間における直線と平面

ここまでは一般的な線型空間で考えてきた．しかし既に見たように $\mathbb{R}^3$ では，内積を定義し，それによって距離（長さ），角を考えることができる．そのような計量ベクトル空間では，前節で見た図形の方程式にそれ以外の見方ができるだろうか．

前節で見た平面の方程式

$$A(x-a)+b(y-b)+C(z-c)=0$$

は，次のように解釈できる．

二つのベクトル $\boldsymbol{n}=\begin{pmatrix}A\\B\\C\end{pmatrix}$ と

ベクトル $\boldsymbol{x}=\begin{pmatrix}x-a\\y-b\\z-c\end{pmatrix}$ との間に

$$(\boldsymbol{n},\boldsymbol{x})=0$$

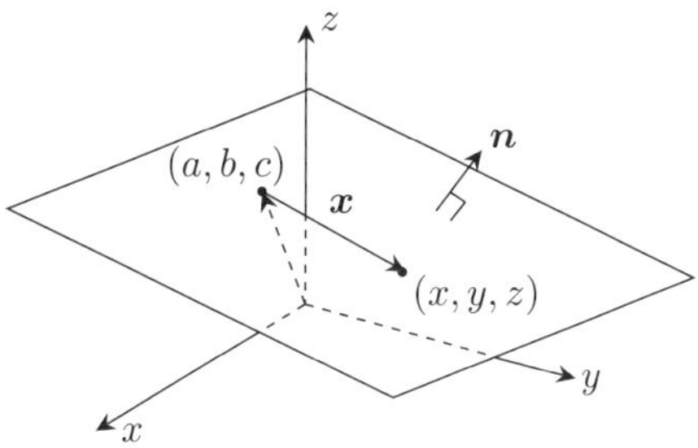

という関係が成り立つことを主張している．これは点 $\mathrm{A}(a,b,c)$ から平面上の任意の点 $\mathrm{P}(x,y,z)$ に向かう有向線分の表すベクトル $\boldsymbol{x}$ が，$\mathbf{0}$ でない定ベクトル $\boldsymbol{n}$ と直交することを主張している．この定ベクトルをその平面の**法線ベクトル** normal vector という．

計量空間における平面の方程式

3 次元計量空間では，平面を決定するのに，

- それを含む 1 点
- その傾き加減を決定する法線ベクトル 1 本

が与えられればよい．

Notes

1° 平面の法線ベクトルは，直線の方向ベクトルと同様，0 でない実数倍の不定性を許す．

2° 3 次元計量空間では，平面を決定するのに，通る 1 点と法線ベクトルの他に，それを垂直 2 等分平面にもつ**線分の両端点** を指定する方法もある．この場合には，方程式を導くには，そのような 2 点から等距離にある点全体を考えるという簡便な手段がある．

平面の場合と同様に，計量線型空間においては，直線を特徴付けるのに，（同一直線上にない）異なる 3 点から等距離にある点全体を考えるという方

法がある．それは 3 点のうちの 2 点から等距離にある点全体として考えられる 3 平面（2 平面でも同じ）の交線として直線を捉えるということであるとすれば，直線に関する計量線型空間の特質付けは，平面の捉え方の違いに過ぎず，直線の特徴付けは，本質的には計量とは異質であるということである．

■ 10.5　3 次の線型変換を表現する行列の対角化

3 次元の空間 V から V への線型変換は，一般に，3 次の正方行列 $A = \begin{pmatrix} a_{11} & a_{12} & a_{13} \\ a_{21} & a_{22} & a_{23} \\ a_{31} & a_{32} & a_{33} \end{pmatrix}$ で表現される．添字を書くのはうるさいので 3 次正方行列の単純さを利用して以下では $A = \begin{pmatrix} a & b & c \\ d & e & f \\ g & h & i \end{pmatrix}$ と簡潔に表し，理論的な叙述も発展的な部分に関しては実際の計算は具体例に沿って示そう．

固有値を求めるにあたり，最初に必要となる固有多項式を計算するための行列式の計算公式を確立しておこう．

第 8 章で述べた定理の結論をこの趣旨で簡単に述べると次のようになる．

3 次の正方行列の行列式

$A = \begin{pmatrix} a & b & c \\ d & e & f \\ g & h & i \end{pmatrix}$ に対してその行列式は

$$\begin{vmatrix} a & b & c \\ d & e & f \\ g & h & i \end{vmatrix} = aei+dhc+gbf-ahf-dbi-gec$$

である．

Notes

1° 実は，むしろ反対に，行列 A の成分を添字を使って行列式の結果を書くと，サラスの公式のような暗記方法では見えない行列式の本質が見えてくる．

$A=(a_{ij})$ と表しているならば，上の公式は，$\begin{vmatrix} a_{11} & a_{12} & a_{13} \\ a_{21} & a_{22} & a_{23} \\ a_{31} & a_{32} & a_{33} \end{vmatrix} =$

$a_{11}a_{22}a_{33}+a_{21}a_{32}a_{13}+a_{31}a_{21}a_{23}-a_{11}a_{23}a_{32}-a_{12}a_{23}a_{32}-a_{13}a_{22}a_{31}$

となって，和を形成する各項は，「それぞれの列からの成分の代表を順に 1 個ずつ，その際，行番号が重ならないように全部で 3 個をとってきて掛け合わせそれに (+1) または (−1) を掛けたもの」に過ぎないことが見える．じっくりと考えるのが好きな人なら (+1) または (−1) のどちらがつくのかその規則性を発見することが小学生でもできる程度の難しさである．

10.6　3 次正方行列の対角化の計算

具体例で示そう．例えば，$A=\begin{pmatrix} 1 & 0 & 1 \\ -2 & 3 & 1 \\ 2 & -2 & 2 \end{pmatrix}$ の固有多項式は

$\Phi_A(x)=\det(xE-A)=\begin{vmatrix} x-1 & 0 & -1 \\ 2 & x-3 & -1 \\ -2 & 2 & x-2 \end{vmatrix}$ である．これを上に述べた公式（あるいはサラスの公式）を使って実直に計算すると　$\Phi_A(x)=$

$\{(x-1)(x-2)(x-3)-4\}-\{2(x-3)-2(x-1)\}=(x-1)(x-2)(x-3)$

となるので，固有方程式の解として，相異なる固有値

$$x=1,2,3$$

を得られる．これらを順に $\lambda_1,\lambda_2,\lambda_3$ とおく（λ は l に相当するギリシア文字）．これで，行列 A は

$\begin{pmatrix} \lambda_1 & 0 & 0 \\ 0 & \lambda_2 & 0 \\ 0 & 0 & \lambda_3 \end{pmatrix}$ と対角化できるはずであることがわかる．

そこで，固有値 $\lambda_1=1$ に属する固有ベクトルを $\boldsymbol{p}_1=\begin{pmatrix} p_1 \\ p_2 \\ p_2 \end{pmatrix}$ とおくと，固有ベクトルの条件 $(A-\lambda_1E)\boldsymbol{p}_1=\mathbf{0}$ の自明でない解として

$\boldsymbol{p}=s\begin{pmatrix} 1 \\ 1 \\ 0 \end{pmatrix}$（ここで s は 0 でない任意の実数）が得られる．同様に，固有

値 λ_2, λ_3 に属する固有ベクトル $\boldsymbol{p}_2, \boldsymbol{p}_3$ を

$$\boldsymbol{p}_2 = t\begin{pmatrix}1\\1\\1\end{pmatrix}, \qquad \boldsymbol{p}_3 = u\begin{pmatrix}1\\0\\2\end{pmatrix}$$

と求めることができる．ここで，t, u は 0 でない任意の実数である．したがって具体的に $\boldsymbol{p}_1, \boldsymbol{p}_2, \boldsymbol{p}_3$ を考えるには，もっとも単純な $s = t = u = 1$ の場合を考え，それらを横に並べた行列 $P = (\boldsymbol{p}_1, \boldsymbol{p}_2, \boldsymbol{p}_3) = \begin{pmatrix}1 & 1 & 1\\1 & 1 & 0\\0 & 1 & 2\end{pmatrix}$ を考えると，$P^{-1}AP$ が固有値 $\lambda_1 = 1$，$\lambda_2 = 2$，$\lambda_3 = 3$ を並べた対角行列 $B = \begin{pmatrix}1 & 0 & 0\\0 & 2 & 0\\0 & 0 & 3\end{pmatrix}$ になる．

Notes

1° ここでは，3 次の正方行列 A の 3 次の固有方程式が相異なる 3 つの実数解をもったので，相異なる固有値が 3 個存在することになり，対角化ができることが確信できる．このようにならない場合は次々節で取り上げる．

2° 行列 P は固有ベクトルを並べて作られるだけであり，上の場合でもそれぞれの固有ベクトルには 0 を除く定数倍の不定性が許されるので，P の決め方は一通りではないが，P に応じて P^{-1} が決まるので $P^{-1}AP$ の結果は，対角成分の並び順を除けば P の決め方には依存しない．

3° 固有値問題の応用のためには，固有値を求めること以上に，固有ベクトルを並べた行列 P を得ることが大切であるが，対角化のために必要なはずの P^{-1} を具体的に求めることは（検算が大好きな真面目な人を除いては）必要ないことに注意したい．固有ベクトルを並べた行列 P を作れば $P^{-1}AP$ が固有値を並べた対角行列になることは理論的にわかり切っているからである．

4° そもそも上の計算では P^{-1} の成分を計算して求めてさえいないことに注意しよう．しかし理論がわかっていないうちは，P^{-1} を求めて実際に対角化できることを確認するのもよい．その計算の大変さを経験すると理論的な理解のもつ圧倒的な威力を実感できると思うからである．

10.7　対角化できるとなにがありがたいのか

対角行列の計算――とりわけ，積や累乗の――扱いやすさについては，既に触れた通りである．

前節で取り上げた行列 A についてそのままの形では A^n を計算する（結果を予想することすら）ことが困難であるが，$P^{-1}AP$ で得られるという対角行列 B であれば B^n は対角成分 $\lambda_1, \lambda_2, \lambda_3$ を n 乗した対角行列として容易に計算できる．そして B^n が計算できれば $A = PBP^{-1}$ という基本関係から

$$\begin{aligned} A^n &= AA\cdots A = (PBP^{-1})(PBP^{-1})\cdots(PBP^{-1}) \\ &= PB(P^{-1}P)B\cdots(P^{-1}P)B = PBB\cdots BP^{-1} = PB^nP^{-1} \end{aligned}$$

として，A^n も簡単に計算できる．この成分は，A の固有値 $\lambda_1^n, \lambda_2^n, \lambda_3^n$ の定数倍の和として表現される．

したがって，もし $|\lambda_1| > 1$, $|\lambda_2| < 1$, $|\lambda_3| < 1$ であるなら n が極めて大きくなったとき，A^n の中で大きな影響を与えるのは，λ_1 だけで，λ_2, λ_3 の影響は無視できるものになる．

実用的な世界で次数の高い行列を扱いながらその表現する線型変換でもっとも重要な役割を果たす固有値を考える際，固有方程式を厳密に解くことは実際上不可能であるにも関わらず，絶対値が最大の固有値だけを見付けることならば，数値的なアプローチができるのである．そのような目的にはいろいろなアプローチの方法があるが，本書ではもっとも簡単な冪法について前章で触れた．

10.8　3次正方行列で対角化不可能な場合

3次の正方行列では，固有方程式が3次方程式になる．良く知られているように，実係数の3次方程式では，3つの解がすべて実数という場合（固有値が重複度を考慮すると3個存在する場合）であっても相異なる3実数解，二重解ともう一つの実数解，三重解という3つの場合があり，最初の

場合を除くと，後の場合にはそれぞれ，対角化可能なこともあれば対角化不可能な場合もある．

具体例で示そう．

I. 例えば，$A=\begin{pmatrix}1 & 0 & 0\\ -\frac{1}{2} & \frac{3}{2} & \frac{1}{2}\\ -\frac{1}{2} & \frac{1}{2} & \frac{3}{2}\end{pmatrix}$ を考えよう．

この固有多項式は $\Phi_A(x) = \det(xE-A) = \begin{vmatrix}x-1 & 0 & 0\\ \frac{1}{2} & x-\frac{3}{2} & -\frac{1}{2}\\ \frac{1}{2} & -\frac{1}{2} & x-\frac{3}{2}\end{vmatrix} =$ $(x-1)(x-\frac{3}{2})^2-\frac{1}{4}(x-1) = (x-1)^2(x-2)$ である．

よって A の固有値は $\lambda_1 = 1$（重複度 2）と $\lambda_2 = 2$（重複度 1）である．それぞれに属する固有ベクトルを求めよう．

重複度 2 で面倒そうな $\lambda_1 = 1$ についてそれに属する固有ベクトルを $\boldsymbol{p}_1 = \begin{pmatrix}p_1\\ p_2\\ p_3\end{pmatrix}$ とおくと，p_1, p_2, p_3 は $(\lambda_1 E-A)\boldsymbol{p}_1 = \mathbf{0}$ を書き換えた連立方程式 $\begin{cases}0p_1+0p_2+0p_3 = 0\\ \frac{1}{2}p_1-\frac{1}{2}p_2-\frac{1}{2}p_3 = 0\\ \frac{1}{2}p_1-\frac{1}{2}p_2-\frac{1}{2}p_3 = 0\end{cases}$ すなわち，$p_1-p_2-p_3 = 0$ で定まるから，

この方程式は自由度 2 の解 $\begin{pmatrix}p_1\\ p_2\\ p_3\end{pmatrix} = s\begin{pmatrix}1\\ 0\\ 1\end{pmatrix} + t\begin{pmatrix}1\\ 1\\ 0\end{pmatrix}$ をもつ．つまり重複度 2 の固有値 1 に属する線型独立な固有ベクトルが 2 個とれる．

他方，重複度 1 の固有値 $\lambda_2 = 2$ については，それに属する固有ベクトルは，同じようにして，自由度 1 の解として，$u\begin{pmatrix}0\\ 1\\ 1\end{pmatrix}$ が求められる．

こうして，全部で 3 個の線型独立な固有ベクトルが求められたので，対角化に必要な行列 P として，$P = \begin{pmatrix}1 & 1 & 0\\ 0 & 1 & 1\\ 1 & 0 & 1\end{pmatrix}$ をとれば，$P^{-1}AP$ が対角

行列 $B=\begin{pmatrix}1&0&0\\0&1&0\\0&0&2\end{pmatrix}$ になる．

II. これに対して，例えば，$A=\begin{pmatrix}1&3&-2\\-1&2&1\\-1&3&0\end{pmatrix}$ の固有多項式は $\Phi_A(x)=\det(xE-A)=\begin{vmatrix}x-1&-3&2\\1&x-2&-1\\1&-3&x\end{vmatrix}=x^3-3x^2+4=(x+1)(x-2)^2$ である．したがって固有値は $\lambda_1=-1$（重複度 1）と $\lambda_2=2$（重複度 2）である．$\lambda_1=-1$ については自由度 1 の解として固有ベクトル $\boldsymbol{p}_1=s\begin{pmatrix}1\\0\\1\end{pmatrix}$（$s$ は 0 でない任意の実数）が選び出せる．他方，$\lambda_2=2$ については固有ベクトルを $\boldsymbol{p}_2=\begin{pmatrix}p_1\\p_2\\p_3\end{pmatrix}$ とおくと，p_1,p_2,p_3 は $(\lambda_2E-A)\boldsymbol{p}_2=\mathbf{0}$ を書き換えた連立方程式 $\begin{cases}p_1-3p_2+2p_3=0\\p_1-p_3=0\\p_1-3p_2+2p_3=0\end{cases}$ が，$\begin{cases}p_1-3p_2+2p_3=0\\p_1-p_3=0\end{cases}$ と同値であるので，これを解いて $p_1=p_2=p_3$ となり，自由度 1 の解 $t\begin{pmatrix}1\\1\\1\end{pmatrix}$ をもつ．言い換えると線型独立な固有ベクトルとしては，1 本しかとれない．よって行列 A は対角化できない．

III. さらに，例えば，$A=\begin{pmatrix}3&4&3\\-1&2&-1\\1&2&3\end{pmatrix}$ の固有多項式は $\Phi_A(x)=\det(xE-A)=\begin{vmatrix}x-3&-4&3\\1&x&-1\\-1&-2&x-3\end{vmatrix}=x^3-6x^2=12x-8=(x-2)^3$ である．したがって固有値は $\lambda=2$（重複度 3）である．

$\lambda=2$ に属する固有ベクトルを $\boldsymbol{p}=\begin{pmatrix}p_1\\p_2\\p_3\end{pmatrix}$ とおくと，p_1,p_2,p_3 は

$(\lambda E-A)\boldsymbol{p} = \mathbf{0}$ を書き換えた連立方程式 $\begin{cases}-p_1-4p_2-3p_3=0\\ p_1+2p_2+p_3=0\\ -p_1-2p_2-p_3=0\end{cases}$ が，

$\begin{cases}p_1+4p_2+3p_3=0\\ p_1+2p_2+p_3=0\end{cases}$ と同値であるので，これを解いて $\begin{pmatrix}p_1\\p_2\\p_3\end{pmatrix}=t\begin{pmatrix}1\\-1\\1\end{pmatrix}$

という自由度 1 の解をもつ．言い換えると線型独立な固有ベクトルとしては，1 本しかとれない．よって行列 A は対角化できない．

IV. なお，最後にばかばかしい例であるが $A=\begin{pmatrix}2&0&0\\0&2&0\\0&0&2\end{pmatrix}$ の固有多項式は $(x-2)^3$ となり，固有値は，$\lambda=2$（重複度 3）だけである．すぐにわかるようにこの固有値には任意のベクトルが固有ベクトルとして属するので，線型独立な固有ベクトルは 3 本とれる．したがって，任意の正則行列 P に対して対角化でき，その結果は $P^{-1}AP=\begin{pmatrix}2&0&0\\0&2&0\\0&0&2\end{pmatrix}$ となる．なお，この結果は固有値を計算するまでもなく，はじめから $A=2E$ と対角化できている．

詳細は省くが，II では 3 次の正方行列で，固有値が重複度を込めると 3 個求められているのに，線型独立な固有ベクトルの個数が足りずに対角化できない．このような場合にも，ジョルダンの標準型という形には変形することができる．例えば II の行列では，$P=\begin{pmatrix}1&0&1\\1&1&0\\1&1&1\end{pmatrix}$ とおくと $P^{-1}AP=\begin{pmatrix}2&1&0\\0&2&0\\0&0&-1\end{pmatrix}$ と，対角成分に重複度を込めて固有値が並ぶが，$(1,2)$ 成分が 0 でなく 1 である形になっている．

詳細な証明は省くが，重要な事実として，次の定理は納得してもらえるだろう．

対角化可能であるための必要十分条件

【定理】　正方行列が対角化できるのは，それが固有値の多重度と同じ個数の線型独立な固有ベクトルをもつときである．

Notes

1° 要するに，n 次正方行列なら，線型独立な固有ベクトルが n 本とれれば対角化可能である，ということである．

2° 3 次の正方行列の場合，固有方程式の実数解が 1 つだけで，残り 2 個の解が共役の複素数解になる場合は，当然，実行列としては，対角化はできない．

Question 22

3 次元特有の難しさがあるというのが本章のはじめに謳われていますが，3 次元空間 $\mathbb{R}^3$ はこれまで扱ってきた一般の n 次元空間 $\mathbb{R}^n$ の $n=3$ という特殊な場合に過ぎないと思います．実際，$\mathbb{R}^3$ から $\mathbb{R}^3$ への線型変換の固有値問題，あるいは 3 次の正方行列の固有値問題は，一般の $\mathbb{R}^n$ から $\mathbb{R}^n$ への線型変換の固有値問題，あるいは n 次の正方行列の固有値問題の特殊な具体例に過ぎません．なぜ 3 次元空間が難しいのでしょうか．

【Answer 22】

理論的にいえばおっしゃる通りです．そして，多くの線型代数の本では，3 次元空間を扱うとしても，その後に議論される n 次元空間論への準備として叙述されるのが一般的であると思います．

しかし，それは教育的な配慮としてもっともらしく映りますが，私はそれが論理的合理性だけに基づく教育学者的な勝手な思い込みではないかと考えました．そのわけを説明しましょう．

1970 年頃から 2020 年頃まで，約半世紀に渡って 3 次元空間論は，高校 2 年生の数学で扱われて来ました．かつて，平面の解析幾何（日本の学校数学用語では「式と図形」）と「平面ベクトル」が高校 1 年次に配当されていた，いまになってみると「先進的」な時代ですら，「空間ベクトル」は高校 2 年次に配当されていました．この背景には，紙に正確な図が描ける平面と，紙に図を描くと必然的に歪みが生ずる 3 次元の異なる難しさが考慮されていたということにあると思います．西欧語では 1 個と 2 個以上の違い（単数形と複数形）が強調されますが，図形としては，2 次元と 3 次元の間に大きな飛躍があるということです．

私が通常の線型代数の書籍の常識を敢えて破り，3 次元空間を最後にもって来たのは，一つには，ベクトルを含め，3 次元空間論の高校の平常の必修カリキュラムから，追放，選択単元に大幅に降格，削減されたことに対して，多くの教育現場には反発や嘆きの声があると聞きますが，高校進学率の上昇を受けた文教行政の方針として，あり得る政策的選択であると考えています．他方，2 次元と 3 次元との上に述べた大きな違い以上に，3 次元空間の場合，身近であるだけに，より詳細に探求されるという具体性に由来する難しさがあるという，逆説的な事情を強調したかったわけです．もっとも典型的には，本章で触れたように，直線の方程式の扱いにおいて 3 次元特有の話があるということです．

さらに線型代数の取り敢えずの最大目標である固有値問題について，一般の n 次元空間の場合には，固有値を求める方程式が n 次正方行列の行列式を計算して出てくる n 次方程式になり，$n \geqq 5$ のときですら，一般には複素数の範囲で考えても代数的な方法で厳密解を得ることが不可能になること，他方，$n = 4$ の場合は不可能ではないとしても処理があまりに繁雑になること，一方，$n = 1$ の場合は単純すぎ，$n = 2$ の場合もごく簡単であり，考慮すべきいろいろな場合がはじめて出てくるのは $n = 3$ の場合であることです．

本書では，その面倒な場合は体系的に扱っていませんが，具体的には固有方程式の解が実数の範囲に 3 個存在する場合ですら，2 重解／3 重解として登場する場合には対角化が可能／不可能と分類が複雑化すること，その他に，1 実数解，2 虚数解の場合もあることで，3 次元の固有値問題を詳しく研究すれば，$n \geqq 4$ の場合にも理論的には通用する一般性が確保できる，ということがあります．

それからこれは，本当は学生には内緒の話ですが，大学の先生が n 次元空間について語っているとき，実際に念頭においているのは 3 次元空間の一般化でしかないことも多い，ということもこっそりとお伝えしましょう．

私が，高校における線型代数的な単元に否定的だったのは，3 次元空間を扱ってもその表層だけで，$\mathbb{R}^3$ における線型変換を扱わず，2 次の正方行列に限定されていたからです．

ただし，3 次の線型変換では，固有値問題の解決には，まず 3 次方程式の解法の壁につき当たりますが，3 次方程式には Cardano の公式と呼ばれる解の公式が存在するとはいえ，これが実践的に有効なのは，実数係数の場合ですら，1 実数解，2 虚数解に過ぎず，3 つの実数解をもつというもっとも身近な場合は「非還元の場合」と呼ばれる困難を抱えていますので，因数分解などで初等的に解ける場合を除くと実際上は $n \geqq 4$ の場合と似た困難があります．それが，本書でも 3 次の場合を大きく取り上げながら，実際には体系的に論じ尽くしていないことの裏にある事情です．

Question 23

「これからの時代，線型代数を学ばなければ話にならない」という理工系の知人のアドバイスで本書を手にとって頑張ってここまで読み進めて来たのですが，ここまで来ても，大変恐縮ですが，そもそも「線型代数」という言葉の意味が分かりません．そもそも「線型」という熟語は，「線型空間」,「線型変換」というそれを一部に使った述語から見て，linear つまり line ＝直線のような，という意味の修飾語だと思うのですが，前章の Question に登場した微分方程式まで線型代数の守備範囲であると聞きかじると，是非とももう少し深く本質的に知りたいと思います．特に，最近良く耳にする「非線型」とか「複雑系」という熟語と並べて見て《一体，何が直線のようなであるのか》という根本問題が私の中で未解決のままです．「それは高級だから，まだ分からなくて良い」という木で鼻を括ったような回答でなく，できれば，私のような未熟者でも分かった気になるようなすっきりした回答を期待します．

【Answer 23】

厳しい質問，というより詰問ですね（冷汗）．確かに，このような素朴で率直な質問が出るのは当然ですね．数学関係者が全員納得するような唯一の正解ではなく，君の得心が行く回答を試みたいと思います．

まず「線型」はまさに linear の訳語ですが，分かりにくいのはそれが 2 次方程式などの解法を扱う「代数」と結び付いている理由が全く見えないという点から来るのではないでしょうか．実は，日本語の「代数」は algebra の邦訳と思われているものの，かなりの意訳（違訳）です．さらに，algebra という語のもっている意味が時代とともに変遷してきたことが高校以下では触れられる機会がまったくないことが，代数という言葉の意味を理解しにくくしている原因の一つだと思います．

歴史的にいえば，古代に提起された幾何学的作図の三大難問（与えられた角の 3 等分線，与えられた立方体の 2 倍の体積をもつ立方体，与えられた円と等しい面積をもつ正方形）の否定的解決や，5 次以上の「代数」方程式に対する「代数」的な解法の不可能性の証明の発見に代表されるような，様々な不可能性の証明が，方程式に関連させることを通じて発見されてきたことは有名なので，なんとなくご存知ではないでしょうか．

このような証明の基本は，問題が肯定的に解決できるものの全体がもっているはずの性質を定式化し，そのような全体の中に，目的のものが入っていないことを証明する，という歴史上は極めて斬新なものでした．

さて，難問の解決に関してもっとも厄介であったのは，$n \geqq 3$ のとき $x^n + y^n = z^n$ を満たす正の整数 x, y, z の不在の主張（フェルマーの大定理）でしたが，これを解決するために払われた手法も，大雑把に見れば上の不可能性の証明と似た，解の全体を考えるという手法でした．

全体という代りに集合といってもよいのですが，単なる集合ではなく，加法とか乗法のような基本的な代数的演算に関する基本構造をもったものでしたので広く「代数系」と呼ばれることになりました．本書で前に触れた，「群」「体」，そして「環」と呼ばれるものなどがその典型です．最後の「環」は，「群」ほど単純でなく，「体」ほど自由自在でないのでいまだにその本質は深い闇の中にありますが，正方行列全体はまさにこのような環の代表的な例です．

「代数」というのはこの「環」と似た代数系に対して一般的に使われる言葉です．「線型代数」とは，そのような「代数」という構造の中で，加法とスカラー倍に関して，本書で扱ったような性質をもつ，もっとも基本的なものです．「線型代数」の代表的な存在が，まさに本書で論じた線型空間（あるいはベクトル空間）です．以上を平たくいえば，「線型代数」とは，線型空間という代数的構造と，その間の関係を論じる理論を広く指す言葉である，ということです．

以上はいわば丁寧な「お役所」的公式回答です．

しかしこれでは納得いかないと言われてしまうでしょうね．それでは以下のような説明ではいかがでしょう．

線型代数とは，2 次元の座標平面，3 次元の座標空間のように，無限に果てしなく広がる世界を，次元ごとに別々に扱うことなくまたさらに高次元まで含めて統一的に扱う数学的な理論一般のことを指していう表現です．その空間に線型ないし線型的であるという修飾語をつけるのは，その空間が，1 次元の直線が 2 次元の平面に一般化されるのとまさに同じように，高次元に一般化したものであるからです．その空間が，どこまでも同じように延長される歪みのないまっすぐに延びた空間であるからです．

近代以降の多くの人が抱いている空間像は，3 次元の計量線型空間であるといって良いかと思います．宇宙に果てがあるとしたらその果ての先は何があるか，という素朴な疑問が出て来るような世界です．線型代数は，そのように果てしなく広がっている空間を宇宙のある一点を中心として全方向に比例して延びて行くと考えて，その性質をあれこれと探求する数学的手法全体を指して使う言葉です．

これは，説明というより納得へと誘う釈明のようなものですが，実践的にはこれで困ることはないと思います．

反対に非線型の典型を引きましょう．V, W が両方とも集合としては $\mathbb{R}$ であるとして，$\mathbb{R}$ には，常識的な距離があるとします．このとき，V, W の要素 x, y の間に $y = x^2$ という関係があると仮定します．x が数直線である x 軸の上を等速に進行して行くとき，y の方は等速でありませんね．これは非線型の関係です．

もっと有名な非線型の例は，$f(x) = 4x(1-x)$ という簡単な関数の合成関数です．これは，区間 $I = \{t \in \mathbb{R} \mid 0 \leqq t \leqq 1\}$ を区間 I に移す関数ですから $f(f(f(\cdots f(x)\cdots)))$ のように f を何回でも繰り返すことができ，どれも区間 I を区間 I に移します．

前の例と違って，区間 I に限定すれば，$y = f(x)$ に関しては，x, y の間で速度の巨大な違いはなさそうですが，f を繰り返していくと話が変わります．分かりやすく，

$$x_{n+1} = f(x_n) \quad \forall n \in \mathbb{N}$$

で定められる数列 $x_1, x_2, x_3, \cdots, x_k, x_{k+1}, \cdots$ を考えましょう．ここで $\mathbb{N}$ は自然数全体の集合ですから数列は無限に続きます．

$f(x)$ が $ax+b$ (a, b は定数) のような線型的関数（1 次関数）であるときは，

高校数学でも扱うように，関数 $f(x)$ の不動点と呼ばれる

$$\alpha = f(\alpha)$$

で定められる α を用いて，$g(x) = f(x-\alpha)$ とおくと，$g(x)$ は線型で，

$$x_n = \alpha+(x_1-\alpha)a^{n-1} \quad \forall n \in \mathbb{N}$$

であるという結論が簡単に得られるので，初項と呼ばれる x_1 がわかれば，どんなに大きな n についても x_n が簡単に計算できます．いちいちそんな計算しなくても，$n \to \infty$ のときの x_n の振る舞いを $|a|<1$ ならば α に収束するなどと記述することもできます．いわば未来予測ができるのですが，これに対して，上で紹介した 2 次関数 $f(x)$ の場合には様子が一変します．x_1 の値が $0, 1, \frac{1}{2}$ などの特殊な値 ($f(f(x)) = x, 1,\ f(f(f(x))) = x, 1,\ \cdots$ となる値) を除いて，$0<x<1$ の範囲で与えられると，数列 $x_1, x_2, x_3, \cdots, x_k, x_{k+1}, \cdots$ の各項は決まるはずですが，n を大きくしていったときの x_n の値は区間 I にあたかも一様であるかのように分布してしまうのです．つまり x_1 の値から，$x_{100}, \cdots x_{50000}, \cdots$ のように数列の先の値を厳密に計算することに意味がなくなるのです．x_1 の値が通常の科学的観測のように精密に計測された値であってもそこにほんの小さな誤差があるだけで x_1 に基づく x_{10000} の計算結果に巨大な変動が起きてしまうということです．いくら観測精度を高めても少しでも誤差があれば，そこから遠くの振る舞いは予測不可能であることを意味します．これを混沌現象とか初期値敏感性と呼びます．近年は「バタフライ・エフェクト」という言葉でも呼ばれます．

これは，さらに一般化して，λ が $0 \leqq \lambda \leqq 4$ という定数であるとして，関数 $f_\lambda(x) = \lambda x(1-x)$ とすると，定数 λ のある値に対して，このような混沌が生まれはじめるという現象として発見され，ファイゲンバウム分岐などの名前で有名になりました．数学的な詳細は，その種の書籍に当たって下さい．

非線型の世界では，このように，数学的な厳密解に近似解で迫ることで得られると考えてきた未来予測が理論的に不可能になってしまいます．

線型代数は，微分方程式も含め，ときには近似的にでも，非線型のものはとり敢えず除外し線型変換に帰着できるような近代科学誕生時の基本的な世界を広く扱う基礎的な数理解析の方法の理論体系といってよいかと思います．しかし，前世紀後半から注目を浴び出した非線型の世界には上に述べた初期値敏感性という，近似が本質的な意味で通用しないという問題があるので，天気予報

も含め，スーパー・コンピュータによるシミュレーションもなかなか通用しないことが分かって来ています．困ったことに多くの自然現象はその数理モデルを作ると非線型になってしまうのです．

それでも 1 次関数以外の一般の関数 $y = f(x)$ も，もし点 $(\alpha, f(\alpha))$ を含む区間で《滑らか》であればこの近傍では $dy = f'(\alpha)dx$ という線型的な関係で近似できるように，線型代数の通用する世界も必ずしもちっぽけなものではないということも，現代科学のあらゆる分野で数学が活躍する理由です．

m 個の関数 $y_1, y_2, y_3 \cdots, y_m$ が n 個の変数 $x_1, x_2, \cdots, x_n$ の関数として

$$\begin{cases} y_1 = f_1(x_1, x_2, \cdots, x_n) \\ y_2 = f_2(x_1, x_2, \cdots, x_n) \\ \qquad \vdots \\ y_m = f_m(x_1, x_2, \cdots, x_n) \end{cases}$$

と表現される場合，これ自身は，$\mathbb{R}^n$ から $\mathbb{R}^m$ への変換ではあるものの一般には線型変換ではありませんが，微分を考えることで，局所的には，線型変換として捉えることができ，それから数学的な解析の世界が拡がります．このように $\mathbb{R}^n$ のような高次元空間も実は抽象的な数学だけの話題ではないのです．皆さんの線型代数の知識が増えれば，その応用世界は，さらに拡大していくことでしょう．

終りに

本書を執筆しはじめた動機は，本書のはしがきに書かせて頂いた通りである．ただし，今回の場合少しその後の展開が違った．

はしがきに書いたことであるが，いつもは新しい企画の書籍を世に送る責任として，書籍の詳細な全体設計案までを作るところまでが，大変に時間がかかり，それは，良くいえば（≒著者の気持としては？）新しい本の構想の新しさをいかにして実装するかを巡る思索作業，悪くいえば（≒編集者の気持としては？）著者が原稿の執筆に入る前の雑談のような「無駄な時間」であるのだが，今回は，記録的な効率で一気に進めることができた．

しかし，こうしてできた詳細案のスケッチを，本当に数学書として実現する，つまり，一応目標としていたことがらの全体をカバーできる範囲まで書き続ける（実際には Emacs を起動して $\LaTeX$ のソースを作るために keyboard を打ち続ける）のは，大変に気力のいる作業で，これを継続することができたのは，私自身の格別の思いによる．それを説明しよう．

それは，高校数学の学習指導要領から，約半世紀の間続いて来たベクトルという単元が少なくとも表面上は学習指導要領の「正式な表舞台」から姿を消したことへの複雑な思いがあったからである．（昨今のわが国の学校数学は，教育の名において表と裏を使い分ける不思議な世界であるから裏世界の事情は分からない．）

筆者は，教育すべき数学の内容の名目的な単元数が「充実」しているよりは，単元の数がたとえ限られていたとしても，内容の濃い発展的な学習に可能性の含みをもたせるような余韻のあるカリキュラムが理想的であると思っているので，解析幾何の他にベクトル幾何を教える重複感に罪悪感に近い感覚を感じて来た大人の一人であったからである．

しかし，高校数学からベクトルが形式的に衰退したいまこそ，数学を研究の必携ツールとして使う大学初年級の諸君に，かつては，一種の誤解と無理解から高校数学の重要単元と見なされていた「平面ベクトル／空間ベクトル」の本来の理論的な意義を述べる絶好の機会ではないかと思い，それが線型代数の枠組の準備できるところまでの必要な準備は整えなくては，と考えたからである．

本書がそのような用途にとって有益であることを，そして本書をバネとして，より本格的な線型代数学へ飛躍し先に進んでいく人が数多く出ることを祈るような気持で期待している．

2023 年 6 月 15 日

長岡 亮介

本当のあとがき

実は，あとがきを書いてからも必要な作業があった．校正，図版，演習問題，索引などであるが，加齢黄斑変性症という眼病のため視力が急低下した筆者には，この作業が予想を遥かに上回る膨大さでもって迫ってきた．この圧迫感から解放して下さったのはまた東京図書清水剛氏である．数学科らしくない？ 実直で誠実な清水剛氏の貢献なしには，さらに半年は私の手元から離れなかったに違いない．改めて深く感謝する．

2023 年 11 月 24 日

長岡 亮介

問題　解答例

問題 1　加法群 A について考える．(i)　加法群 A の任意の要素 a, b, c に対し，$(a+b)+c = a+(b+c)$ が成り立ち，括弧を省いた $a+b+c$ が定義できる．
(ii)　同様に，任意の要素 a, b, c, d に対し，

$$\{(a+b)+c\}+d = \{a+(b+c)\}+d = a+\{(b+c)+d\} = a+\{b+(c+d)\} = (a+b)+(c+d)$$

が成り立つ．それゆえ，括弧を省いた $a+b+c+d$ が定義できる．

問題 2　加法群 A において，任意の $x \in A$ に対し，$x+n_1 = n_1+x = x$ となり，また，$x+n_2 = n_2+x = x$ となるとする．

このとき，$n_1 = n_1+n_2 = n_2$ で，n_1 と n_2 は一致する．

問題 3　加法群 A において，任意の $x \in A$ に対し，$x+x_1 = x_1+x = n$ となり，また，$x+x_2 = x_2+x = n$ となるとする．このとき，$x_1 = x_1+n = x_1+(x+x_2) = (x_1+x)+x_2 = n+x_2 = x_2$ で，x_1 と x_2 は一致する．

問題 4　線型空間 V は，加法と実数倍に関して閉じている．W の要素は，V に属する $\boldsymbol{v}_1, \boldsymbol{v}_2, \cdots, \boldsymbol{v}_m$ の線型結合であるから，V の要素でもある．

問題 5　【加法群】(1)　$\boldsymbol{v} = \sum_{i=1}^{m} \alpha_i \boldsymbol{v}_i \in W \subset V$ と $\boldsymbol{v}' = \sum_{i=1}^{m} \alpha_i' \boldsymbol{v}_i \in W \subset V$ に対し，$\boldsymbol{v}+\boldsymbol{v}' = \sum_{i=1}^{m} (\alpha_i+\alpha_i')\boldsymbol{v}_i$ は，$\boldsymbol{v}_1, \boldsymbol{v}_2, \cdots, \boldsymbol{v}_m$ の線型結合であり，W の唯一の要素として $\boldsymbol{v}+\boldsymbol{v}'$ が定まる．
(2)　$\boldsymbol{v}, \boldsymbol{v}', \boldsymbol{v}'' \in W \subset V$ に対し，$\boldsymbol{v}, \boldsymbol{v}', \boldsymbol{v}''$ は V の要素だから，$(\boldsymbol{v}+\boldsymbol{v}')+\boldsymbol{v}'' = \boldsymbol{v}+(\boldsymbol{v}'+\boldsymbol{v}'')$ が成り立つ．
(3)　$\boldsymbol{v}, \boldsymbol{v}' \in W \subset V$ に対し，$\boldsymbol{v}, \boldsymbol{v}'$ は V の要素だから，$\boldsymbol{v}+\boldsymbol{v}' = \boldsymbol{v}'+\boldsymbol{v}$ が成り立つ．
(4)　$0\boldsymbol{v}_1 = \boldsymbol{0}$ は $\boldsymbol{v}_1, \boldsymbol{v}_2, \cdots, \boldsymbol{v}_m$ の線型結合の一つだから W の要素であり，W には加法単位元が存在する．
(5)　$\boldsymbol{v} = \sum_{i=1}^{m} \alpha_i \boldsymbol{v}_i \in W \subset V$ に対し，$-\boldsymbol{v} = \sum_{i=1}^{m} (-\alpha_i)\boldsymbol{v}_i$ は，$mbv_1, \boldsymbol{v}_2, \cdots, \boldsymbol{v}_m$ の線型結合だから W の要素であり，$\boldsymbol{v}$ の加法逆元が W に存在する．
【ベクトルの実数倍と加法】　実数 α, β と $\boldsymbol{v}, \boldsymbol{v}' \in W \subset V$ に対し，$\boldsymbol{v}, \boldsymbol{v}'$ は V の要素だから，$\alpha(\beta\boldsymbol{v}) = (\alpha\beta)\boldsymbol{v}$，$\alpha(\boldsymbol{v}+\boldsymbol{v}') = \alpha\boldsymbol{v}+\alpha\boldsymbol{v}'$，$(\alpha+\beta)\boldsymbol{v} = \alpha\boldsymbol{v}+\beta\boldsymbol{v}$ はいずれも成り立つ．

以上により，W は $\mathbb{R}$ 上の線型空間であることが示せた．
【注】　このように確認するのは面倒であることを実感できたら，後は，簡便な方法を利用しよう．

問題 6　それらの基本法則（分配性等）は，W を含むより広い空間 V で成り立っているから．

問題7 W, W' がともに線型空間 V の部分空間であれば，任意の $\boldsymbol{v}_1, \boldsymbol{v}_2 \in W \cap W'$ と実数 α に対し，W は加法と実数倍に関して閉じているから $\boldsymbol{v}_1 + \boldsymbol{v}_2 \in W, \alpha\boldsymbol{v}_1 \in W$ である．W' についても同様に $\boldsymbol{v}_1 + \boldsymbol{v}_2 \in W', \alpha\boldsymbol{v}_1 \in W'$ であるから，$\boldsymbol{v}_1 + \boldsymbol{v}_2 \in W \cap W', \alpha\boldsymbol{v}_1 \in W \cap W'$ が成り立ち，$W \cap W'$ は V の部分空間である．

問題8 まず，$W \cap W'$ の要素 (x, y, z) は，$x = y = z$ かつ $2x + y = z$，すなわち $x = y = z = 3z$ より $x = y = z = 0$ を満たし，$W \cap W' = \{\boldsymbol{v} = (0, 0, 0)\} = \{\boldsymbol{0}\}$ である

他方 $W \cup W'$ に対し，$\boldsymbol{v}_1 = (1, 1, 1) \in W \subset W \cup W'$ と $\boldsymbol{v}_2 = (1, 0, 2) \in W' \subset W \cup W'$ を考えると，$\boldsymbol{v}_1 + \boldsymbol{v}_2 = (2, 1, 3)$ で，$\boldsymbol{v}_1 + \boldsymbol{v}_2 \notin W \cup W'$ である．ゆえに，$W \cup W'$ は加法に関して閉じていない．

問題9 例えば，ベクトル $\boldsymbol{v}_m$ が，他のベクトル $\boldsymbol{v}_1, \boldsymbol{v}_2, \cdots, \boldsymbol{v}_{m-1}$ の線型結合として $\boldsymbol{v}_m = \alpha_1\boldsymbol{v}_1 + \alpha_2\boldsymbol{v}_2 + \cdots + \alpha_{m-1}\boldsymbol{v}_{m-1}$ と表されたとする．このとき，$\alpha_1\boldsymbol{v}_1 + \alpha_2\boldsymbol{v}_2 + \cdots + \alpha_{m-1}\boldsymbol{v}_{m-1} + (-1)\boldsymbol{v}_m = \boldsymbol{0}$ となるが，係数の -1 は 0 でない．これは，ゼロベクトルを表す線型結合は自明なものに限ることに矛盾する．

問題10 [前半] 任意の $\boldsymbol{v} = (x, y, z) \in W$ は，$x + y + z = 0$ すなわち $x = -y - z$ より $\boldsymbol{v} = (-y - z, y, z) = -y(1, -1, 0) - z(1, 0, -1) = -y\boldsymbol{f}_1 - z\boldsymbol{f}_2$ と表され，W は $\boldsymbol{f}_1$ と $\boldsymbol{f}_2$ とで張られることがわかる．

[後半] 任意の $\boldsymbol{v} = (x, y, z) \in V$ は，$\boldsymbol{v} = \{(x - 2y + z)/3\}(1, -1, 0) + \{(x + y - 2z)/3\}(1, 0, -1) + \{(x + y + z)/3\}(1, 1, 1) = \{(x - 2y + z)/3\}\boldsymbol{f}_1 + \{(x + y - 2z)/3\}\boldsymbol{f}_2 + \{(x + y + z)/3\}\boldsymbol{f}_3$ と表され，$< \boldsymbol{f}_1, \boldsymbol{f}_2, \boldsymbol{f}_3 >$ は基底となる．

問題11 実数 $\alpha_1, \alpha_2, \cdots, \alpha_n$ に対し，$\alpha_1\boldsymbol{e}_1 + \alpha_2\boldsymbol{e}_2 + \cdots + \alpha_n\boldsymbol{e}_n = \boldsymbol{0} = (0, 0, \cdots, 0)$ であれば，$(\alpha_1, \alpha_2, \cdots, \alpha_n) = (0, 0, \cdots, 0)$ が成り立ち，$\alpha_1 = 0,\ \alpha_2 = 0,\ \cdots,\ \alpha_n = 0$ である．ゆえに，$\boldsymbol{e}_1, \boldsymbol{e}_2, \cdots, \boldsymbol{e}_n$ は線型独立である．

そして $\forall\boldsymbol{v} = (x_1, x_2, \cdots, x_n) \in \mathbb{R}^n$ は，$\boldsymbol{v} = (x_1, 0, \cdots, 0) + (0, x_2, \cdots, 0) + \cdots + (0, 0, \cdots, x_n) = x_1\boldsymbol{e}_1 + x_2\boldsymbol{e}_2 + \cdots + x_n\boldsymbol{e}_n$ となり，$\boldsymbol{e}_1, \boldsymbol{e}_2, \cdots, \boldsymbol{e}_n$ の線型結合で表される．

したがって，$\boldsymbol{\mathcal{E}}$ は $\mathbb{R}^n$ の一つの基底である．

問題12 (1) $f(1) = 1f(1)$．$f(2) = f(1+1) = f(1) + f(1) = 2f(1)$．$f(3) = f(2+1) = f(2) + f(1) = 2f(1) + f(1) = 3f(1)$．これを繰り返して（正確に言えば数学的帰納法により），$f(n) = f((n-1)+1) = (n-1)f(1) + f(1) = nf(1)$ が成り立つ．

(2) $f(1) = f(1+0) = f(1) + f(0)$ より，$f(0) = 0$ である．

(3) (1) と同様に考えて，$f(m \cdot \frac{1}{m}) = mf(\frac{1}{m})$ が示される．言い換えると，$mf(\frac{1}{m}) = f(1)$ である．よって，$f(\frac{1}{m}) = \frac{f(1)}{m}$ である．

(4) $r = 0$ の場合は，(2) で示したことを使えばよい．正の有理数 r について，$r = \frac{n}{m}$ （m, n は自然数）と表されるとすると，再び (1) と同様に考えて $f(n \cdot \frac{1}{m}) = nf(\frac{1}{m}) = n \cdot \frac{f(1)}{m}$ であるから，$f(r) = f(1)r$ が示される．負の有理数 r については，$-r$ が正の有理数であるから，

$f(-r)=f(1)(-r)=-f(1)r$．そして，$f(r)+f(-r)=f(r+(-r))=f(0)=0$ であるから，$f(r)=-f(-r)=f(1)r$ が示される．

問題13　$\boldsymbol{x}=(x_1,x_2,\cdots,x_n)$ とする．[前半] $(\boldsymbol{x},\boldsymbol{x})=x_1^2+x_2^2+\cdots+x_n^2 \geqq 0$.
[後半] $(\boldsymbol{x},\boldsymbol{x})=0$ ならば，$x_1^2+x_2^2+\cdots+x_n^2=0$ である．もし $x_k=0$ となる $k(1\leqq k\leqq n)$ が存在すると，$x_1^2+x_2^2+\cdots+x_n^2>0$ となるから，$x_1=x_2=\cdots=x_n=0$ すなわち $\boldsymbol{x}=\boldsymbol{0}$ が示された．

問題14　$\|\boldsymbol{x}+\boldsymbol{y}\|^2 \leqq (\|\boldsymbol{x}\|+\|\boldsymbol{y}\|)^2$ を証明するという方針で考えてみる．$(\|\boldsymbol{x}\|+\|\boldsymbol{y}\|)^2-\|\boldsymbol{x}+\boldsymbol{y}\|^2=(\|\boldsymbol{x}\|^2+2\|\boldsymbol{x}\|\|\boldsymbol{y}\|+\|\boldsymbol{y}\|)^2)-(\boldsymbol{x}+\boldsymbol{y},\boldsymbol{x}+\boldsymbol{y})=(\|\boldsymbol{x}\|^2+2\|\boldsymbol{x}\|\|\boldsymbol{y}\|+\|\boldsymbol{y}\|)^2)-((\boldsymbol{x},\boldsymbol{x})+(\boldsymbol{x},\boldsymbol{y})+(\boldsymbol{y},\boldsymbol{x})+(\boldsymbol{y},\boldsymbol{y}))=2(\|\boldsymbol{x}\|\|\boldsymbol{y}\|-(\boldsymbol{x},\boldsymbol{y}))$ であるから，$(\boldsymbol{x},\boldsymbol{y})\leqq\|\boldsymbol{x}\|\|\boldsymbol{y}\|$ に帰着される．

問題15　$\|\boldsymbol{e}\|=\left\|\frac{1}{\|\boldsymbol{v}\|}\boldsymbol{v}\right\|=\frac{1}{\|\boldsymbol{v}\|}\cdot\|\boldsymbol{v}\|=1$ より，$\boldsymbol{e}$ は単位ベクトルである．

問題16　$\boldsymbol{e}=(\cos\alpha,\sin\alpha)$，$\boldsymbol{f}=(\cos\beta,\sin\beta)$ のとき，不等式 $(\boldsymbol{e},\boldsymbol{f})\leqq 1$ は，$\cos\alpha\cos\beta+\sin\alpha\sin\beta\leqq 1$ となり，三角関数の加法定理より $\cos(\alpha-\beta)\leqq 1$ と変形される．

問題17　[$n=2$ の場合] $\left(\sum_{k=1}^2 x_k^2\right)\left(\sum_{k=1}^2 y_k^2\right)-\left(\sum_{k=1}^2 x_ky_k\right)^2=(x_1^2+x_2^2)(y_1^2+y_2^2)-(x_1y_1+x_2y_2)^2=(x_1^2y_1^2+x_1^2y_2^2+x_2^2y_1^2+x_2^2y_2^2)-(x_1^2y_1^2+2x_1x_2y_1y_2+x_2^2y_2^2)=x_1^2y_2^2-2x_1x_2y_1y_2+x_2^2y_1^2=(x_1y_2-x_2y_1)^2\geqq 0$.
[$n=3$ の場合] $\left(\sum_{k=1}^3 x_k^2\right)\left(\sum_{k=1}^3 y_k^2\right)-\left(\sum_{k=1}^3 x_ky_k\right)^2=(x_1^2+x_2^2+x_3^2)(y_1^2+y_2^2+y_3^2)-(x_1y_1+x_2y_2+x_3y_3)^2=(x_1^2+x_2^2)(y_1^2+y_2^2)+(x_1^2+x_2^2)y_3^2+x_3^2(y_1^2+y_2^2)+x_3^2y_3^2-(x_1y_1+x_2y_2)^2-2(x_1y_1+x_2y_2)x_3y_3-x_3^2y_3^2=(x_1^2+x_2^2)(y_1^2+y_2^2)-(x_1y_1+x_2y_2)^2+(x_1^2+x_2^2)y_3^2+x_3(y_1^2+y_2^2)-2(x_1y_1+x_2y_2)x_3y_3=(x_1y_2-x_2y_1)^2+(x_2y_3-x_3y_2)^2+(x_3y_1-x_3y_1)^2\geqq 0$．（$(x_1y_2-x_2y_1)^2$ への変形は，$n=2$ の場合の計算を用いた.）

問題18　$\boldsymbol{x},\boldsymbol{y}$ の張る平行四辺形の面積の 2 乗を表す．

問題19　$\boldsymbol{v}_1,\boldsymbol{v}_2,\cdots,\boldsymbol{v}_m$ が線型独立でない，すなわち線型従属だとすると，m 個のベクトルのうちの 1 つは，他の $m-1$ 個の線型結合で表される．

例えば，ベクトル $\boldsymbol{v}_m$ が，他のベクトル $\boldsymbol{v}_1,\boldsymbol{v}_2,\cdots,\boldsymbol{v}_{m-1}$ の線型結合として $\boldsymbol{v}_m=\alpha_1\boldsymbol{v}_1+\alpha_2\boldsymbol{v}_2+\cdots+\alpha_{m-1}\boldsymbol{v}_{m-1}$ と表されたとしよう．このとき，$(\boldsymbol{v}_m,\boldsymbol{v}_m)=\alpha_1(\boldsymbol{v}_m,\boldsymbol{v}_1)+\alpha_2(\boldsymbol{v}_m,\boldsymbol{v}_2)+\cdots+\alpha_{m-1}(\boldsymbol{v}_m,\boldsymbol{v}_{m-1})=0$ である．（直交するベクトルの内積が 0 であることを用いた.）

これは，$\boldsymbol{v}_m$ が $\boldsymbol{0}$ でないことに矛盾する．

問題20　$\boldsymbol{p}=t\boldsymbol{a}$（$t$ はある実数）とおき，条件 $(\boldsymbol{p}-\boldsymbol{v},\boldsymbol{a})=0$ に代入すると，$(\boldsymbol{a},\boldsymbol{v}-t\boldsymbol{a})=0$，$(\boldsymbol{a},\boldsymbol{v})=t(\boldsymbol{a},\boldsymbol{a})$ より，$t=\dfrac{(\boldsymbol{a},\boldsymbol{v})}{\|\boldsymbol{a}\|^2}$ であり，$\boldsymbol{p}=\dfrac{(\boldsymbol{a},\boldsymbol{v})}{\|\boldsymbol{a}\|^2}\boldsymbol{a}$ が示された．

問題21　$\boldsymbol{v}_3$ の $\boldsymbol{e}_1$ と $\boldsymbol{e}_2$ の張る空間への正射影 $\boldsymbol{p}_3$ を，実数 s,t を用いて $\boldsymbol{p}_3=s\boldsymbol{e}_1+t\boldsymbol{e}_2$ と表す．$(\boldsymbol{e}_1,\boldsymbol{v}_3-\boldsymbol{p}_3)=0$ より $(\boldsymbol{e}_1,\boldsymbol{v}_3-s\boldsymbol{e}_1-t\boldsymbol{e}_2)=0$ で，$(\boldsymbol{e}_1,\boldsymbol{e}_1)=1$，$(\boldsymbol{e}_1,\boldsymbol{e}_2)=0$ であるから $s=(\boldsymbol{e}_1,\boldsymbol{v}_3)$．同様に $t=(\boldsymbol{e}_2,\boldsymbol{v}_3)$ で，$\boldsymbol{p}_3=(\boldsymbol{e}_1,\boldsymbol{v}_3)\boldsymbol{e}_1+(\boldsymbol{e}_2,\boldsymbol{v}_3)\boldsymbol{e}_2$ となる．

問題 22　「計量線型空間 $V=\mathbb{R}^3$ において，線型独立な 2 つのベクトル $\boldsymbol{v}_1, \boldsymbol{v}_2$ の張る空間を W_2 とし，$\boldsymbol{v}_1$ の張る空間を W_1 とする．$\boldsymbol{p}\in W$ の，W_2 への正射影を $\boldsymbol{q}$ とし，W_1 への正射影を $\boldsymbol{r}$ とする．このとき，$\boldsymbol{q}-\boldsymbol{r}$ と $\boldsymbol{v}_1$ は直交する.」
（前提条件）$(\boldsymbol{p}-\boldsymbol{q}, \boldsymbol{v}_1)=(\boldsymbol{p}-\boldsymbol{q}, \boldsymbol{v}_2)=0,\quad (\boldsymbol{p}-\boldsymbol{r}, \boldsymbol{v}_1)=0.$
（証明）$(\boldsymbol{p}-\boldsymbol{r}, \boldsymbol{v}_1)=0$ から $(\boldsymbol{p}-\boldsymbol{q}, \boldsymbol{v}_1)=0$ を引くと，$(\boldsymbol{p}-\boldsymbol{r}, \boldsymbol{v}_1)-(\boldsymbol{p}-\boldsymbol{q}, \boldsymbol{v}_1)=0$ すなわち $(\boldsymbol{q}-\boldsymbol{r}, \boldsymbol{v}_1)=0$ であり，$\boldsymbol{q}-\boldsymbol{r}$ と $\boldsymbol{v}_1$ は直交する．

問題 23　$AB=\begin{pmatrix}-a+2c & -b+2d\\ 3a+e & 3b+f\end{pmatrix}$ より $(AB)C=$
$\begin{pmatrix}(-a+2c)x+(-b+2d)z & (-a+2c)y(-b+2d)w\\ (3a+e)x+(3b+f)z & (3a+e)y+(3b+f)w\end{pmatrix}$ で，$BC=\begin{pmatrix}ax+bz & ay+bw\\ cx+dz & cy+dw\\ ex+fz & ey+fw\end{pmatrix}$ より
$(AB)C=\begin{pmatrix}(-a+2c)x+(-b+2d)z & (-a+2c)y(-b+2d)w\\ (3a+e)x+(3b+f)z & (3a+e)y+(3b+f)w\end{pmatrix}$ であり，それらは等しい．

問題 24　例えば，$m\times n$ 型行列 A, B と n 次列ベクトル $\boldsymbol{x}$ について　$(A+B)\boldsymbol{x}=A\boldsymbol{x}+B\boldsymbol{x}$　が成り立つ．左辺は，行列の和と，ベクトルとの積である．右辺は，行列とベクトルの積同士の和である．

問題 25　AB は $l\times n$ 型で，${}^t(AB)$ は $n\times l$ 型である．${}^tB$ は $n\times m$ 型で ${}^tA$ は $m\times l$ 型であるから，積 ${}^tB{}^tA$ は定義され，$n\times l$ 型である．$A=(a_{ij})$，$B=(b_{jk})$ とおくと，${}^tB{}^tA$ の (k,i) 成分 $=\sum_{j=1}^m[{}^tB$ の (k,j) 成分 $]\,[{}^tA$ の (j,i) 成分 $]=\sum_{j=1}^m b_{jk}a_{ij}=AB$ の (i,k) 成分 $={}^t(AB)$ の (k,i) 成分　が成り立つ．よって ${}^tB\,{}^tA={}^t(AB)$.

問題 26　任意の $m\times n$ 型行列 $X=(x_{ij})$ に対して，XE の (i,k) 成分は，$\sum_{j=1}^n x_{ij}\delta_{jk}=x_{ij}$ で，X の (i,k) 成分に等しく，$XE=X$ が成り立つ．$EY=Y$ も同様に示される．

問題 27　$AX=XA=E,\ AY=YA=E$ となるとする．このとき，$X=XE=X(AY)=(XA)Y=EY=Y$ で，X と Y は一致する．

問題 28　$(AB)(B^{-1}A^{-1})=(A(BB^{-1}))A^{-1}=(AE)A^{-1}=AA^{-1}=E$. 同様に，$(BA)(A^{-1}B^{-1})=E$. そして，$(A^{-1}B^{-1})(BA)=(A^{-1}(B^{-1}B))A=(A^{-1}E)A=A^{-1}A=E$.

問題 29　$A\boldsymbol{x}=\boldsymbol{b}$ の両辺に左から A^{-1} を掛けると，$A^{-1}A\boldsymbol{x}=A^{-1}\boldsymbol{b},\ \ E\boldsymbol{x}=A^{-1}\boldsymbol{b},\ \ \boldsymbol{x}=A^{-1}\boldsymbol{b}$.　そして，$\boldsymbol{x}=A^{-1}\boldsymbol{b}$ の両辺に左から A を掛けると，元に戻れる．

問題 30　${}^tB={}^t(A+{}^tA)={}^tA+{}^t({}^tA)={}^tA+A=A+{}^tA=B$ より，B は対称行列である．${}^tC={}^t(A-{}^tA)={}^tA-{}^t({}^tA)={}^tA-A=-(A-{}^tA)=-C$ より，C は交代行列である．

したがって，$\frac{1}{2}{}^tB$ も対称行列で，$\frac{1}{2}{}^tC$ も交代行列である．A は $A=\frac{1}{2}{}^tB+\frac{1}{2}{}^tC$ となり，それらの和で表現できる．

問題 31　(1) i)　$\mathrm{tr}(\alpha A)=\sum_{i=i}^n \alpha a_{ii}=\alpha\sum_{i=i}^n a_{ii}=\alpha\ \mathrm{tr}(A)$.　ii)　$\mathrm{tr}(A+B)=\sum_{i=i}^n(a_{ii}+b_{ii})=\sum_{i=i}^n a_{ii}+\sum_{i=i}^n b_{ii}=\mathrm{tr}(A)+\mathrm{tr}(B)$.
(2)　AB の (i,k) 成分は $\sum_{j=1}^n a_{ij}b_{jk}$ であるから，(i,i) 成分は $\sum_{j=1}^n a_{ij}b_{ji}$ であり，$\mathrm{tr}(AB)=$

$\sum_{i=1}^{l}(\sum_{j=1}^{n} a_{ij}b_{ji})$.

また, BA の (i,k) 成分は $\sum_{j=1}^{l} b_{ij}a_{jk}$ であるから, (i,i) 成分は $\sum_{j=1}^{l} b_{ij}a_{ji}$ であり, $\mathrm{tr}(BA) = \sum_{i=1}^{n}(\sum_{j=1}^{l} b_{ij}a_{ji}) = \sum_{i=1}^{n}(\sum_{j=1}^{l} a_{ji}b_{ij})$. ここで, i と j を入れ替えると, $\mathrm{tr}(BA) = \sum_{j=1}^{n}(\sum_{i=1}^{l} a_{ij}b_{ji}) = \sum_{i=1}^{l}(\sum_{j=1}^{n} a_{ij}b_{ji})$.

ゆえに, $\mathrm{tr}(AB) = \mathrm{tr}(BA)$ が成り立つ.

【注】A も ${}^tB$ も $l\times n$ 型行列で, それぞれ ln 個の成分からなる. A の (i,j) 成分と ${}^tB$ の (i,j) 成分との積を, すべての (i,j) について加えた和が, $\mathrm{tr}(AB) = \mathrm{tr}(BA)$ になっている.

問題32　ある行に 0 でない定数 α をかけるという基本変形 1 は, 同じ行に定数 $\dfrac{1}{\alpha}$ をかけるという変形で元に戻る. つまり可逆である.

これは本文に示したように, また次問のようにこの基本変形に対応する行列, 単位行列 E のある一つの対角成分 (i,i) 成分を 1 から α に書き換えた行列 $F(i;\alpha)$ が, 逆行列として $F(i;1/\alpha)$ をもつ, という行列の言葉で証明することもできる.

問題33　基本変形 2 に対応するのは単位行列 E において第 i 行 と第 j 行を入れ換えた行列である. これを $F(i,j)$ とおくと, $F(i,j)F(i,j) = E$ である.

基本変形 3 に対応するのは単位行列 E においてある非対角成分第 (i,j) 成分を 0 から α に書き換えた行列 $F(i,j;\alpha)$ である. (これをある行列 A に左からかけると A の第 i 行が, それに第 j 行を加えたもので置き換えられる. この行列 $F(i,j;\alpha)$ は, $F(i,j;-\alpha)$ を逆行列にもつ.

問題34　直前の議論で述べたように, 行列 A を単位行列に変形する左右の基本変形の行列を順序を考慮して, それぞれ $P_1 \to P_2 \to \cdots \to P_l$. $Q_1 \to Q_2 \to \cdots \to Q_k$ とおき, これらの積を $P = P_l\cdots P_2P_1$, $Q = Q_1Q_2\cdots Q_k$ とおけば $PAQ = E$ が成り立つ. (ここまでは本文で述べた通り.) この両辺に Q^{-1} を右からかけると (ここで $Q_1, Q_2, \cdots, Q_k$ の正則性が効き Q^{-1} の存在が保証される.), $PA = Q^{-1}$ が得られ, この両辺に Q を左からかけて $QPA = E$ を得る. ここで行列 A に左からかかっている行列 QP は $Q_1Q_2\cdots Q_kP_l\cdots P_2P_1$ という基本行列の積である.

問題35　上の問題に示したように, $PAQ = E$ のように, 行列 A が左右の基本変形の組合せで単位行列に変形できるならば, $QPA = E$ の形式で, A の左逆行列 QP が得られる. (本当は, 以下は不要なのであるが) 同様に, $PAQ = E$ から $AQ = P^{-1}$ を経て $AQP = E$ が得られ, QP が A の右逆行列であることが示される.

問題36　線型変換 $T: V \to W$ を特徴づける第一式において, $\boldsymbol{x} = \mathbf{0}_V$, $\boldsymbol{x}' = \mathbf{0}_V$ とおくと

$$T(\mathbf{0}_V) = T(\mathbf{0}_V) + T(\mathbf{0}_V)$$

という線型空間 W の等式を得る. これより線型空間 W の加法群の性質から, $T(\mathbf{0}_V) = \mathbf{0}_W$.

【注意】空間 V, W の要素であることがわかっているならば, いちいち $\mathbf{0}_V, \mathbf{0}_W$ と書かずに $\mathbf{0}$ で済ませてよい.

問題37　$\boldsymbol{u}, \boldsymbol{v} \in K$ ならば, $T(\boldsymbol{u}) = T(\boldsymbol{v}) = \mathbf{0}$ より $T(\boldsymbol{u}-\boldsymbol{v}) = T(\boldsymbol{u})-T(\boldsymbol{v}) = \mathbf{0}$ であるから, $\boldsymbol{u}-\boldsymbol{v} \in K$. さらに $\alpha \in \mathbb{R}$ ならば, $T(\alpha\boldsymbol{u}) = \alpha T(\boldsymbol{u}) = \mathbf{0}$ で, $\alpha\boldsymbol{u} \in K$. ゆえに, K は

V の部分空間をなす．

I についても同様．

問題 38　次元定理はいろいろな示唆に富む主張なので，証明の心はわかった方がよいが，証明の詳細はわからなくてよい．

基本的には，核と呼ばれる K は V の部分空間であるから，この部分空間の基底 $\mathcal{E}_1 = <\boldsymbol{a}_1, \cdots, \boldsymbol{a}_k>$ をとり，$\mathcal{E}_1$ に $\mathcal{E}_2 = <\boldsymbol{a}_{k+1}, \cdots, \boldsymbol{a}_n>$ を付け加える形で，空間 V の基底 $\mathcal{E} = <\boldsymbol{a}_1, \cdots, \boldsymbol{a}_k, \boldsymbol{a}_{k+1}, \cdots, \boldsymbol{a}_n>$ をとると，I の任意の要素は，$T(\boldsymbol{a}_1), \cdots, T(\boldsymbol{a}_k), T(\boldsymbol{a}_{k+1}), \cdots, T(\boldsymbol{a}_n)$ の線型結合で，したがって，線型独立なベクトル $T(\boldsymbol{a}_{k+1}), \cdots, T(\boldsymbol{a}_n)$ の線型結合で表現できる．これは，空間 W の部分空間 I の次元は，$\dim(I) = n-k$ を意味する，ということである．

【注】線型変換 T を表す行列を A として $T = T_A$ と考えると行列のランクに関係させる議論で証明を運ぶこともできる．

問題 39　これは行列の積（あるいは行列とベクトルの積）の基本性質から直ちに証明できる．すなわち，$T_A(\boldsymbol{x}+\boldsymbol{x}') = A(\boldsymbol{x}+\boldsymbol{x}') = A\boldsymbol{x}+A\boldsymbol{x}' = T_A(\boldsymbol{x})+T_A(\boldsymbol{x}')$，$T_A(\alpha\boldsymbol{x}) = A(\alpha\boldsymbol{x}) = \alpha A\boldsymbol{x} = \alpha T_A(\boldsymbol{x})$．

問題 40　$V \to V$ の変換 T が，$T(\boldsymbol{a}_i) = \boldsymbol{a}'_i \; \forall i = 1, 2, \cdots, n$ を満たし，かつ線型変換であるとすると，これによって，T は，一意的に定まり（任意の $\boldsymbol{v} \in V$ に対してその像 $T(\boldsymbol{v})$）が決まり），T は当然 $V \to V$ の線型変換となる（線型変換の満たすべきすべての性質を満たす）．

問題 41　それぞれ $\mathcal{A} = <\boldsymbol{a}_1, \cdots, \boldsymbol{a}_n>$，$\mathcal{B} = <\boldsymbol{b}_1, \cdots, \boldsymbol{b}_m>$ を基底とする空間 V, W において線型変換 $T : V \to W$ をこれらの基底に関して表す $m \times n$ 型行列 $K = (k_{ij})$ は

$$(T(\boldsymbol{a}_1, \cdots, \boldsymbol{a}_n)) = (\boldsymbol{b}_1, \cdots, \boldsymbol{b}_m)K$$

を満たすものであった．$V = W = \mathbb{R}^n$ で共通の基底として，$\mathcal{E} = <\boldsymbol{e}_1, \cdots, \boldsymbol{e}_n>$ をとれば，上式は

$$(T(\boldsymbol{e}_1, \cdots, \boldsymbol{e}_n)) = (\boldsymbol{e}_1, \cdots, \boldsymbol{e}_n)K = K$$

となる (第 2 項の第一因子は単位行列のブロック分割である) から本問の直前にあるベクトルを横に並べた行列が変換 T を表現する行列になる．

問題 42　固有値 $\lambda_1, \cdots, \lambda_n$ がすべて異なっていれば，後に述べる定理のように，対応する固有ベクトル $\boldsymbol{p}_1, \cdots, \boldsymbol{p}_n$ は線型独立である．しかし，値の異なる固有値が，n 個存在するとは限らないので，楽観的すぎる話になっている．

問題 43　$\boldsymbol{v}$ が固有値 λ に属する線型変換 T の固有ベクトルであれば，$T(\boldsymbol{v}) = \lambda\boldsymbol{v}$ であり，したがって，$T(k\boldsymbol{v}) = kT(\boldsymbol{v}) = k(\lambda\boldsymbol{v}) = \lambda(k\boldsymbol{v})$，したがって，任意の $k \neq 0$ について，$k\boldsymbol{v}$ も固有値 λ に属する線型変換 T の固有ベクトルである．

問題 44　$T(\boldsymbol{v}) = 0\boldsymbol{v} = \boldsymbol{0}$ となる $\boldsymbol{v} \neq \boldsymbol{0}$ が存在する場合，すなわち線型変換 T の核 kernel が 1 次元以上である場合である．

問題 45　ここにあげた性質 (1),(2) は，多項式 $\det(xE-A)$ の最高次，及び次の次数の項が行列 $xE-A$ の対角成分の積 $(x-a_{11})(x-a_{22})\cdots(x-a_{nn})$ からしか出てこない（それより次数の低い項は，$x-a_{11}, x-a_{22}, \cdots, x-a_{nn}$ の中から二個以上をとったときの $n-2$ 次以下しか出てこない）ことから導かれる．(3) は $x=0$ とおくことで得られる．なお，$\det(-A)=(-1)^n\det(A)$ である．

問題 46　x, y, z の連立方程式として

$$\frac{x-a}{\alpha}=\frac{y-b}{\beta}=\frac{z-c}{\gamma}$$

は $\begin{cases}\beta(x-a)=\alpha(y-b)\\ \gamma(x-a)=\alpha(z-c)\end{cases}$ と同値であり，まず，これは $x=a$, $y=b, z=c$ という解をもつ．一方，$\begin{cases}\beta x-\alpha y=\beta a-\alpha b\\ \gamma x-\alpha z=\gamma a-\alpha c\end{cases}$ と書き換えることができる．この係数行列は 2×3 型の行列 $\begin{pmatrix}\beta & -\alpha & 0\\ \gamma & 0 & -\alpha\end{pmatrix}$ であり，$\beta\neq 0$ のときには，$(1,1)$ 成分を 1 にしてそれをピヴォットとして第 1 列を掃き出すと $\begin{pmatrix}1 & -\frac{\alpha}{\beta} & 0\\ 0 & \frac{\alpha\gamma}{\beta} & -\alpha\end{pmatrix}$ となり，$\alpha\gamma\neq 0$ のときには，標準型 $\begin{pmatrix}1 & 0 & 0\\ 0 & 1 & -\frac{\beta}{\gamma}\end{pmatrix}$ となる，つまり係数行列のランクは 2 である．連立方程式の解が存在することからも，この係数行列の形からも，拡大係数行列を考えてもランクが 2 より大となることはない．よって，連立 1 次方程式は，自由度 1 の解をもつ．

索　　引

さ行

た行

な行

は行

著者紹介

長岡亮介（ながおか・りょうすけ）

1947 年，長野県に生まれる．
東京大学理学部数学科卒業，同大学院理学系研究科博士課程満期退学．
津田塾大学助教授，大東文化大学教授，放送大学教授，明治大学理工学部特任教授等を経て，
現在，特定非営利活動法人 TECOM© 理事長．
数理哲学，数学史を専攻．

主な著書
『長岡亮介 線型代数入門講義――現代数学の《技法》と《心》』東京図書，2010
『数学者の哲学・哲学者の数学――歴史を通じ現代を生きる思索』共著，東京図書，2011
『東大の数学入試問題を楽しむ――数学のクラシック鑑賞』日本評論社，2013
『総合的研究 数学 I+A』『総合的研究 数学 II+B』旺文社，2012，2013
『数学の森――大学必須数学の鳥瞰図』共著，東京図書，2015
『数学の二つの心』日本評論社，2017
『総合的研究 論理学で学ぶ数学――思考ツールとしてのロジック』旺文社，2017
『数学的な思考とは何か――数学嫌いと思っていた人に読んで欲しい本』技術評論社，2020
『本当は私だって数学が好きだったんだ――知りたかった本質へのアプローチ』技術評論社，2020
『君たちは，数学で何を学ぶべきか――オンライン授業の時代にはぐくむ《自学》の力』日本評論社，2020

長岡亮介（ながおかりょうすけ）　はじめての線型代数（せんけいだいすう）

2024 年 4 月 25 日　第 1 刷発行

Printed in Japan

著者　長岡亮介

発行所　東京図書株式会社

〒 102-0072 東京都千代田区飯田橋 3-11-19
振替 00140-4-13803　電話 03(3288)9461
http://www.tokyo-tosho.co.jp

ISBN 978-4-489-02425-2